Java

基础与实践

吴仁群　编著

·北京·

内 容 提 要

本书共分 10 章，基本涵盖了 Java 程序设计语言最基础的知识，内容包括 Java 语言发展历程、Java 语言的特点、开发平台和开发过程以及如何上机调试程序；Java 语言编程的基础语法知识及上机实验实例；Java 的面向对象技术基础知识及相关上机实验实例；数组和字符串的特点、使用及上机实验实例；Java 常见类库；Java 语言的异常处理机制等。源代码在中国水利水电出版社网站 http://www.waterpub.com.cn/softdown 免费下载。

本书内容由浅入深，注重理论联系实践，案例丰富，可操作性强。本书既可作为高等院校本、专科计算机相关专业的程序设计课程教材，也可作为 Java 技术基础培训教材，是一本适合广大计算机编程初学者学习的入门级读物。

图书在版编目（CIP）数据

Java基础与实践 / 吴仁群编著. -- 北京 : 中国水利水电出版社, 2020.4

ISBN 978-7-5170-8663-5

Ⅰ. ①J… Ⅱ. ①吴… Ⅲ. ①JAVA语言－程序设计－高等学校－教材 Ⅳ. ①TP312.8

中国版本图书馆CIP数据核字(2020)第114299号

书 名	**Java 基础与实践** Java JICHU YU SHIJIAN
作 者	吴仁群 编著
出版发行	中国水利水电出版社 （北京市海淀区玉渊潭南路 1 号 D 座 100038） 网址：www.waterpub.com.cn E-mail：sales@waterpub.com.cn 电话：（010）68367658（营销中心）
经 售	北京科水图书销售中心（零售） 电话：（010）88383994、63202643、68545874 全国各地新华书店和相关出版物销售网点
排 版	中国水利水电出版社微机排版中心
印 刷	清淞永业（天津）印刷有限公司
规 格	184mm×260mm 16 开本 19.25 印张 493 千字
版 次	2020 年 4 月第 1 版 2020 年 4 月第 1 次印刷
定 价	59.80 元

前　　言

Java 语言是目前使用最为广泛的网络编程语言之一，它具有面向对象、与平台无关、安全、多线程等特点，已被广泛应用于大型企业级分布式应用系统的开发和小型嵌入式设备系统应用程序的开发。当前，中国高等教育毛入学率接近 45.7%，已进入大众化教育阶段。现在在校大学生全都是 2000 年前后出生，如何适应这些新情况培养应用型高级专门人才是众多应用型本科院校必须思考的问题。教材建设在人才培养过程中起着非常重要的作用。

作为一本实践性很强的 Java 语言基础教材，本书具有以下特点：

（1）包含了 Java 程序设计语言最基础知识，知识点的讲述由浅入深，符合学生学习计算机语言的习惯。

（2）遵循理论知识和实践知识并重的原则，尽量采用图例的方式描述理论知识，并辅以大量的实例来帮助学生理解知识、巩固知识、运用知识。

（3）大部分章节都提供综合性上机实验，帮助学生学会综合利用各种知识来解决实际问题。

本书共有 10 章。第 1 章讲述 Java 语言发展历程、Java 语言的特点、开发平台和开发过程以及如何上机调试程序；第 2 章介绍 Java 语言编程的基础语法知识及上机实验实例；第 3 章和第 4 章讲述 Java 的面向对象技术基础知识及相关上机实验实例；第 5 章介绍数组和字符串的特点、使用及上机实验实例；第 6 章介绍 Java 常见类库；第 7 章介绍 Java 语言的异常处理机制；第 8 章介绍 Java 语言中输入输出流、数据库操作方法及上机实验实例；第 9 章介绍 Applet 程序的概念、应用及上机实验实例；第 10 章介绍在 Java 语言中如何进行图形用户界面设计、处理功能的实现及上机实验实例。

本书由北京印刷学院吴仁群老师编写。在编写过程中，得到了中国水利水电出版社的大力支持，此外，编者还参考了本书参考文献中所列举的图书，在此对参考文献中所列图书的作者及中国水利水电出版社表示深深的感谢。

由于时间仓促，书中难免存在一些不足之处，敬请读者批评指正。

编者

2020 年 1 月

目　　录

前言

第 1 章　Java 语言概述 ······ 1

1.1　Java 语言的特点及相关概念 ······ 1

1.1.1　Java 语言的特点 ······ 1

1.1.2　Java 虚拟机（JVM） ······ 3

1.2　Java 程序开发 ······ 4

1.2.1　运行平台 ······ 4

1.2.2　Java 程序开发过程 ······ 8

1.3　上机实验 ······ 11

1.3.1　一个简单的 Application 程序 ······ 11

1.3.2　一个简单的 Applet 程序 ······ 11

1.3.3　联合编译 ······ 12

1.4　本章小结 ······ 13

1.5　思考和练习题 ······ 14

第 2 章　Java 语言基础 ······ 15

2.1　Java 程序概况 ······ 15

2.1.1　Java 程序结构 ······ 15

2.1.2　Java 注释 ······ 16

2.1.3　Java 关键字 ······ 17

2.1.4　Java 标识符 ······ 17

2.1.5　变量与常量 ······ 18

2.2　基本数据类型 ······ 18

2.2.1　基本数据类型概况 ······ 18

2.2.2　基本数据类型转换 ······ 21

2.3　运算符和表达式 ······ 23

2.3.1　算术运算符和算术表达式 ······ 23

2.3.2　关系运算符与关系表达式 ······ 24

2.3.3　逻辑运算符与逻辑表达式 ······ 24

2.3.4　赋值运算符与赋值表达式 ······ 25

2.3.5　位运算符 ······ 26

2.3.6　条件运算符 ······ 27

2.3.7　instanceof 运算符 ······ 27

2.3.8　一般表达式 ······ 27

2.4　Java 语句 ······ 29

2.4.1　Java 语句概述 ······ 29

2.4.2　分支语句 ······ 29

2.4.3　循环语句 ······ 34

2.4.4　跳转语句 ······ 36

2.5　综合上机实验 ······ 40

2.6　本章小结 ······ 44

2.7　思考和练习题 ······ 44

第 3 章　类与对象 ······ 47

3.1　类 ······ 47

3.1.1　类的声明 ······ 47

3.1.2　成员变量的声明 ······ 48

3.1.3　成员方法 ······ 50

3.2　对象 ······ 51

3.2.1　对象的创建 ······ 51

3.2.2　对象的使用 ······ 52

3.2.3　对象的消亡 ······ 53

3.3　变量 ······ 54

3.3.1　类中变量的分类 ······ 54

3.3.2　变量的内存分配 ······ 55

3.3.3　实例变量和静态变量的简单比较 ······ 56

3.3.4　变量初始化与赋值 ······ 58

3.4　方法 ······ 60

3.4.1　方法概述 ······ 60

3.4.2　方法分类 ······ 60

3.4.3　方法调用中的数据传递 ······ 63

3.4.4　三个重要方法 ······ 66

3.4.5　方法的递归调用 ······ 71

3.5　package 语句和 import 语句 ······ 72

3.5.1　package 语句 ······ 72

3.5.2　import 语句 ······ 74

3.6　访问权限 ······ 74

3.6.1　类的访问控制 ······ 74

3.6.2　类成员的访问控制 ······ 77

3.7　综合上机实验 ······ 80

3.7.1 自定义向量类的应用举例 …… 80
3.7.2 成员变量内存分配的应用举例 …… 81
3.7.3 递归应用举例 …… 82
3.7.4 综合应用举例 …… 83
3.8 本章小结 …… 87
3.9 思考和练习题 …… 87
第 4 章 继承与接口 …… 90
4.1 继承 …… 90
4.1.1 继承的含义 …… 90
4.1.2 子类的继承性访问控制 …… 91
4.1.3 子类对象的构造过程 …… 93
4.1.4 子类的内存分布 …… 94
4.1.5 子类对象的成员初始化 …… 95
4.1.6 成员变量的隐藏 …… 97
4.1.7 方法的重载与方法的覆盖 …… 97
4.1.8 this 关键字 …… 99
4.1.9 super 关键字 …… 102
4.1.10 对象的上下转型 …… 103
4.2 接口 …… 103
4.2.1 abstract 类 …… 103
4.2.2 接口的含义 …… 105
4.2.3 接口回调 …… 106
4.2.4 接口和抽象类的异同 …… 107
4.3 特殊类 …… 108
4.3.1 final 类 …… 108
4.3.2 内部类 …… 109
4.4 综合上机实验 …… 110
4.5 本章小结 …… 114
4.6 思考和练习题 …… 114
第 5 章 数组与字符串 …… 116
5.1 数组 …… 116
5.1.1 数组概述 …… 116
5.1.2 数组应用举例 …… 119
5.2 字符串概述 …… 122
5.2.1 String 类 …… 123
5.2.2 StringBuffer 类 …… 125
5.2.3 字符串应用 …… 126
5.3 应用实例 …… 130
5.3.1 数组的综合应用 …… 130
5.3.2 字符串的综合应用 …… 136
5.4 本章小结 …… 139
5.5 思考和练习题 …… 139
第 6 章 Java 常见类库 …… 142
6.1 Java 类库的结构 …… 142
6.2 常用类 …… 143
6.2.1 System 类 …… 143
6.2.2 Math 类 …… 148
6.2.3 随机数类 Random …… 150
6.2.4 基本数据类型的包装类 …… 152
6.2.5 Vector 类 …… 154
6.2.6 Stack 类 …… 159
6.2.7 Queue 类 …… 162
6.2.8 Arrays 类 …… 164
6.2.9 哈希表 …… 167
6.3 本章小结 …… 171
6.4 思考和练习题 …… 171
第 7 章 Java 的异常处理机制 …… 172
7.1 异常的含义及分类 …… 172
7.2 异常处理 …… 173
7.2.1 异常处理的定义及必要性 …… 173
7.2.2 异常处理的基本结构 …… 173
7.2.3 多个 catch 块 …… 175
7.2.4 finally 语句 …… 176
7.3 两种抛出异常的方式 …… 177
7.3.1 throw——直接抛出 …… 177
7.3.2 throws——间接抛出异常（声明异常） …… 181
7.4 自定义异常 …… 182
7.5 常见异常 …… 183
7.6 综合应用案例 …… 184
7.7 本章小结 …… 185
7.8 思考和练习题 …… 185
第 8 章 输入和输出及数据库操作 …… 186
8.1 输入和输出 …… 186
8.1.1 流的含义 …… 186
8.1.2 流的层次结构 …… 187
8.1.3 标准输入输出 …… 188
8.1.4 File 类 …… 188

8.1.5 FileInputStream 类和 FileOutputStream 类 ············ 190
8.1.6 DataInputStream 类和 DataOutputStream 类 ············ 193
8.1.7 随机访问文件 ···················· 197
8.1.8 Reader 类和 Writer 类 ·········· 199
8.1.9 IOException 类的 4 个子类 ···· 200
8.1.10 应用上机实验 ·················· 201
8.2 数据库操作 ······························ 207
8.2.1 ODBC 概述 ························ 207
8.2.2 JDBC 概述 ························ 208
8.2.3 使用 JDBC-ODBC 技术访问数据库 ··························· 210
8.2.4 基本 SQL 语句 ···················· 212
8.2.5 数据库操作应用实验 ·········· 214
8.3 建立数据源的操作 ······················ 219
8.4 本章小结 ································ 223
8.5 思考和练习题 ···························· 223
第 9 章 Applet 程序及应用 ···················· 224
9.1 Applet 程序基础 ························ 224
9.1.1 Applet 程序概述 ················ 224
9.1.2 Applet 类 ························ 226
9.1.3 Applet 程序的生命周期 ········ 228
9.1.4 Applet 的显示 ···················· 228
9.1.5 Applet 程序和 Application 程序结合使用 ···················· 230
9.2 Applet 程序典型应用 ···················· 232
9.2.1 图形绘制 ·························· 232
9.2.2 获取图像 ·························· 235
9.2.3 音频处理 ·························· 236
9.2.4 动画处理 ·························· 238
9.2.5 综合上机实验 ···················· 241
9.3 本章小结 ································ 243
9.4 思考和练习题 ···························· 243
第 10 章 图形用户界面设计 ···················· 244
10.1 Java AWT 和 Swing 基础 ·············· 244
10.1.1 Java 的 AWT 和 Swing 概述 ································ 244
10.1.2 Java 的 AWT 组件和 Swing 组件 ······························· 245
10.1.3 利用 AWT 组件和 Swing 组件进行程序设计的基本步骤 ··· 247
10.2 常用容器 ································ 248
10.2.1 框架 ······························ 248
10.2.2 面板 ······························ 251
10.2.3 滚动窗口 ························ 252
10.2.4 菜单设计 ························ 254
10.2.5 对话框 ·························· 256
10.3 布局管理器 ······························ 259
10.3.1 FlowLayout 布局 ················ 259
10.3.2 BorderLayout 布局 ·············· 260
10.3.3 GridLayout 布局 ················ 262
10.3.4 CardLayout 布局 ················ 263
10.3.5 null 布局 ························ 264
10.4 事件处理 ································ 265
10.4.1 委托事件模型 ···················· 265
10.4.2 键盘事件 ························ 268
10.4.3 鼠标事件 ························ 270
10.5 常用组件 ································ 272
10.5.1 按钮 ······························ 272
10.5.2 标签 ······························ 273
10.5.3 文本行 ···························· 274
10.5.4 文本域 ···························· 275
10.5.5 复选框 ···························· 276
10.5.6 单选框 ···························· 277
10.5.7 选择框 ···························· 278
10.5.8 列表 ······························ 279
10.6 综合上机实验 ·························· 280
10.6.1 常用控件的综合应用 ·········· 280
10.6.2 控件与数据库的综合应用 ································ 287
10.7 本章小结 ································ 298
10.8 思考和练习题 ···························· 299
参考文献 ······································ 300

第 1 章　Java 语 言 概 述

Java 语言是目前使用最为广泛的编程语言之一，是一种简单、面向对象、分布式、解释、健壮、安全、与平台无关的并且性能优异的多线程动态语言。

- ◆ 了解 Java 语言的发展历程。
- ◆ 理解 Java 语言的特点。
- ◆ 理解 Java 虚拟机 JVM。
- ◆ 掌握 Java 运行平台的安装与使用。
- ◆ 掌握 Java 程序开发的过程。
- ◆ 学会调试简单的 Java 程序。

1.1　Java 语言的特点及相关概念

Java 语言的前身是 Oak 语言。James Gosling 项目组在对 Oak 语言进行小规模改造的基础上于 1995 年 3 月推出了 Java 语言，并于 1996 年 1 月发布了包含开发支持库的 JDK 1.0 版本。1998 年 12 月，Sun 公司发布了 JDK 1.2 版本。Java 1.2 版本是 Java 语言发展过程中的一个关键阶段，从此 Sun 公司将 Java 更名为 Java 2。经过十年的发展，Java 语言已经发展到 1.7 版本。现在 Java 已经成为一种相当成熟的语言。在这 10 年的发展中，Java 平台吸引了数百万的开发者，Java 已广泛应用于移动电话、桌面计算机、蓝光光碟播放器、机顶盒甚至车载，更是有 30 多亿台设备使用了 Java 技术。

1.1.1　Java 语言的特点

作为一种面向对象且与平台无关的多线程动态语言，Java 具有以下特点。

1. 语法简单

Java 语言的简单性主要体现在以下 3 个方面：

- Java 的风格类似于 C++，C++程序员可以很快掌握 Java 编程技术。
- Java 摒弃了 C++中容易引发程序错误的地方，如指针和内存管理。
- Java 提供了丰富的类库。

2. 面向对象

面向对象编程是一种先进的编程思想，更加容易解决复杂的问题。面向对象可以说是 Java 最重要的特性。Java 语言的设计完全是面向对象的，它不支持类似 C 语言那样的面向过程的程序设计技术。Java 支持静态和动态风格的代码继承及重用。单从面向对象的特性来看，Java 类似于 SmallTalk，但其他特性，尤其是适用于分布式计算环境的特性远远超越了 SmallTalk。

3. 分布式

Java 从诞生起就与网络联系在一起，它强调网络特性，内置 TCP/IP、HTTP 和 FTP 协议类库，便于开发网上应用系统。因此，Java 应用程序可凭借 URL 打开并访问网络上的对象，其访问方式与访问本地文件系统完全相同。

4. 安全性

Java 的安全性可从两个方面得到保证。一方面，在 Java 语言中，像指针和释放内存等 C++中的功能被删除，避免了非法内存操作。另一方面，当 Java 用来创建浏览器时，语言功能和一些浏览器本身提供的功能结合起来，使它更安全。Java 语言在机器上执行前，要经过很多次的测试。其三级安全检验机制可以有效防止非法代码入侵，阻止对内存的越权访问。

5. 健壮性

Java 致力于检查程序在编译和运行时的错误。除了运行时异常检查外，Java 提供了广泛的编译时异常检查，以便尽早发现可能存在的错误。类型检查帮助用户检查出许多早期开发中出现的错误。Java 自己操纵内存减少了内存出错的可能性。Java 还实现了真数组，避免了覆盖数据的可能，这项功能大大缩短了开发 Java 应用程序的周期。Java 提供 Null 指针检测数组边界及检测异常出口字节代码校验。同时，在 Java 中对象的创建机制（只能用 new 操作符）和自动垃圾收集机制大大减少了因内存管理不当引发的错误。

6. 解释运行效率高

Java 解释器（运行系统）能直接运行目标代码指令。Java 程序经编译器编译，生成的字节码经过精心设计，并进行了优化，因此运行速度较快，克服了以往解释性语言运行效率低的缺点。Java 用直接解释器 1 秒钟内可调用 300000 个过程。翻译目标代码的速度与 C/C++没什么区别。

7. 与平台无关

Java 编译器将 Java 程序编译成二进制代码，即字节码。字节码有统一的格式，不依赖于具体的硬件环境。

平台无关类型包括源代码级和目标代码级两种类型。C 和 C++属于源代码级与平台无关，意味着用它编写的应用程序不用修改只需重新编译就可以在不同的平台上运行。Java 属于目标代码级，与平台无关，主要靠 Java 虚拟机（Java Virtual Machine，JVM）来实现。

8. 多线程

Java 提供的多线程功能使得在一个程序中可同时执行多个小任务。线程有时也称作小进程，是一个大进程中分出来的小的独立的进程。由于 Java 实现了多线程技术，所以比 C 和 C++更健壮。多线程带来的更大的好处是更好的交互性能和实时控制性能。当然实时控制性能还取决于系统本身（UNIX、Windows、Macintosh 等），在开发难易程度和性能上都比单线程要好。比如上网时都会感觉为调一幅图片而等待是一件很烦恼的事情。而在 Java 中，可用一个单线程来调一幅图片，同时可以访问 HTML 中的其他信息而不必等待它。

9. 动态性

Java 的动态性是其面向对象设计时方法的发展。它允许程序动态装入运行过程中所需要的类，这是 C++语言进行面向对象程序设计时所无法实现的。在 C++程序设计过程中，每当在类中增加一个实例变量或一种成员函数后，引用该类的所有子类都必须重新编译，否则将导致程序崩溃。Java 编译器不是将对实例变量和成员函数的引用编译为数值引用，而是将符号引用信息在字节码中保存下来传递给解释器，再由解释器在完成动态连接后，将符号引用信息转换为数值偏移量。这样，一个在存储器中生成的对象不是在编译过程中确定，而是延迟到运行时由解释器确定的，因此对类中的变量和方法进行更新时就不至于影响现存的代码。解释执行字节码时，这种符号信息的查找和转换过程仅在一个新的名字出现时才进行一次，随后代码便可以全速执行。在运行时确定引用的好处是可以使用已被更新的类，而不必担心会影响原有的代码。如果程序连接了网络中另一系统中的某一类，该类的所有者也可以自由对该类进行更新，而不会使任何引用该类的程序崩溃。Java 还简化了使用一个升级的或全新的协议的方法。如果系统运行 Java 程序时遇到了不知怎样处理的程序，Java 能自动下载所需要的功能程序。

1.1.2 Java 虚拟机（JVM）

虚拟机是一种对计算机物理硬件计算环境的软件实现。虚拟机是一种抽象机器，内部包含一个解释器（Interpreter），可以将其他高级语言编译为虚拟机的解释器能执行的代码[这种代码被称为中间语言（Intermediate Language）]，实现高级语言程序的可移植性与平台无关性（System Independence），无论是运行在嵌入式设备还是多个处理器的服务器上，虚拟机都执行相同的指令，所使用的支持库也具有标准的 API 和完全相同或相似的行为。

Java 虚拟机是一种抽象机器，它附着在具体的操作系统上，本身具有一套虚拟机器指令，并有自己的栈、寄存器等运行 Java 程序不可缺少的机制。编译后的 Java 程序指令并不直接在硬件系统 CPU 上执行，而是在 JVM 上执行。在 JVM 上有一个 Java 解释器用来解释 Java 编译器编译后的程序。任何一台机器只要配备了解释器，就可以运行这个程序，而不管这种字节码是在何种平台上生成的。

JVM 是编译后的 Java 程序和硬件系统之间的接口，程序员可以把 JVM 看作一个虚拟处理器。它不仅解释执行编译后的 Java 指令，而且还进行安全检查，它是 Java 程序能在多平台间进行无缝移植的可靠保证，同时也是 Java 程序的安全检查引擎，如图 1-1 所示。

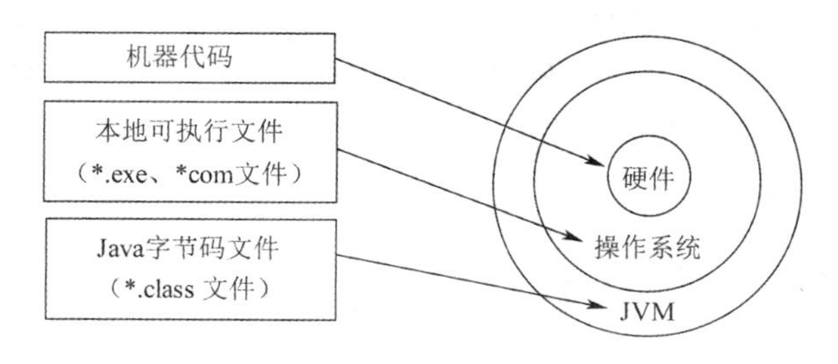

图 1-1 计算机硬件、操作系统、JVM 与各种可执行程序之间的关系

JVM 由多个组件构成，包括类装载器（Class Loader）、字节码解释器（Bytecode Interpreter）、安全管理器（Security Manager）、垃圾收集器（Garbage Collector）、线程管理（Thread Management）及图形（Graphics），如图 1-2 所示。

- 类装载器：负责加载（Load）类的字节码文件，并完成类的链接和初始化工作。类装载器首先将要加载的类名转换为类的字节码文件名，并在环境变量 CLASSPATH 指定的每个目录中搜索该文件，把字节码文件读入缓冲区。其次将类转换为 JVM 内部的数据结构，并使用校验器检查类的合法性。如果类是第一次被加载，则对类中的静态数据进行初始化。加载类中所引用的其他类，把类中的某些方法编译为本地代码。

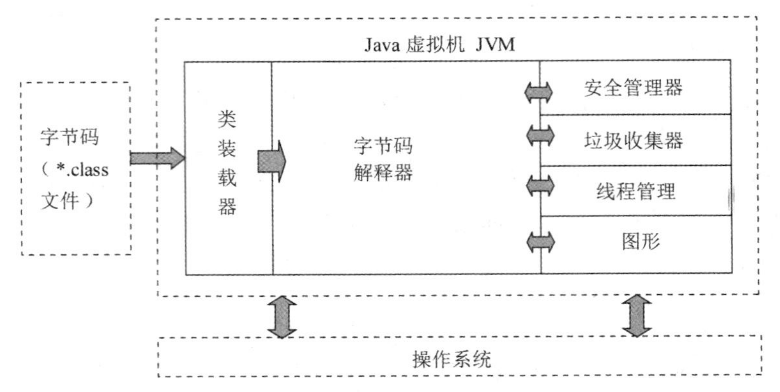

图 1-2　Java 虚拟机体系结构示意图

- 字节码解释器：它是整个 JVM 的核心组件，负责解释执行由类装载器加载的字节码文件中的字节码指令集合，并通过 Java 运行环境（JRE）由底层的操作系统实现操作。通过使用汇编语言编写解释器、重组指令流提高处理器的吞吐量，最大限度地使用高速缓存以及寄存器等措施来优化字节码解释器。
- 安全管理器：根据一定的安全策略对 JVM 中指令的执行进行控制，主要包括那些可能影响下层操作系统的安全性或者完整性的 Java 服务调用，每个类装载器都与某个安全管理器相关，安全管理器负责保护系统不受由加载器载入系统的类企图执行的违法操作所侵害。默认的类转载器使用信任型安全管理器。
- 垃圾收集器：垃圾收集器用于检测不再使用的对象，并将它们所占用的内存回收。Java 语言并不是第一个使用垃圾收集技术的语言。垃圾收集是一种成熟的技术，早期的面向对象语言 LISP、SmallTalk 等已经提供了垃圾收集机制。理想的垃圾收集应该回收所有形式的垃圾，如网络连接、I/O 路径等。JVM 中垃圾收集的启动方式可分为请求式、要求式和后台式。请求式是调用 System.gc() 方法请求 JVM 进行垃圾收集的；要求式是使用 new 方法创建对象时，如果内存资源不足，则 JVM 进行垃圾收集；后台式是通过一个独立的线程检测系统的空闲状态，如果发现系统空闲了多个指令周期，则进行垃圾收集。

1.2　Java 程序开发

1.2.1　运行平台

1. 平台简介

Java 运行平台主要分为以下 3 个版本：

- Java SE：Java 标准版或 Java 标准平台。Java SE 提供了标准的 JDK 开发平台。
- Java EE：Java 企业版或 Java 企业平台。
- Java ME：Java 微型版或 Java 小型平台。

提示： 自 JDK 6.0 开始，Java 的 3 个应用平台称为 Java SE、Java EE 与 Java ME（之前的旧名称是 J2SE、J2EE、J2ME）。

本书基于 Java SE 7.0 来介绍 Java 的相关知识，所有程序均在 JDK 7.0 版本下调试通过。

2. 环境变量

环境变量也称为系统变量，是由操作系统提供的一种与操作系统中运行的程序进行通信的机制，一般可为运行的程序提供配置信息。

常用的 Java 运行环境变量包括 JAVA_HOME、CLASSPATH 和 PATH。

JAVA_HOME 为那些需要使用 Java 命令和 JVM 的程序提供了通用的路径信息，其值应设置为 JDK 的安装目录的路径，如在 Windows 平台上 JDK 的安装目录为 C:\java\jdk1.7 时，设置如下所示：

```
set JAVA_HOME=C:\java\jdk1.7
```

CLASSPATH 用于指明字节码文件的位置。没有设置 CLASSPATH 时，Java 启动 JVM 后，会在当前目录下寻找字节码文件（class 文件）。设置后会在指定目录下寻找文件，至于是否还在当前目录下查找，包含两种情况：

（1）如果 CLASSPATH 的路径结尾有“;”，如果在环境变量 CLASSPATH 值的路径列表的每个路径及其子路径中搜索指定的字节码文件，则会在当前目录再找一次。

（2）如果 CLASSPATH 的路径结尾没有“;”，则不会再在当前目录下查找。如果在所有路径都找不到该字节码文件，就报告错误。

环境变量 CLASSPATH 的值一般为一个以分号“;”作为分隔符的路径列表，设置如下所示：

```
set CLASSPATH=C:\java\jdk1.7\jre\lib\rt.jar;.;
```

环境变量 PATH 是操作系统使用的变量，用于搜索在 Shell 中输入的执行命令。为了便于使用，一般可把 JDK 中 Java 命令程序所在目录的路径加入 PATH 变量的值中，设置如下所示：

```
set PATH=…;C:\java\jdk1.7\bin
```

3. JDK1.7 版本的安装

JDK1.7 版本的安装步骤如下：

（1）从 www.oracle.com/technetwork/java/javase/downloads 网站下载 JDK 7.0（程序名如 jdk-7u9-windows-i586.exe），然后安装该程序。

（2）双击该文件进入安装状态，此时出现一个对话框，如图 1-3 所示。

（3）在图 1-3 所示对话框中选择“下一步”按钮，此时出现一个对话框，如图 1-4 所示。

图 1-3　协议证许可

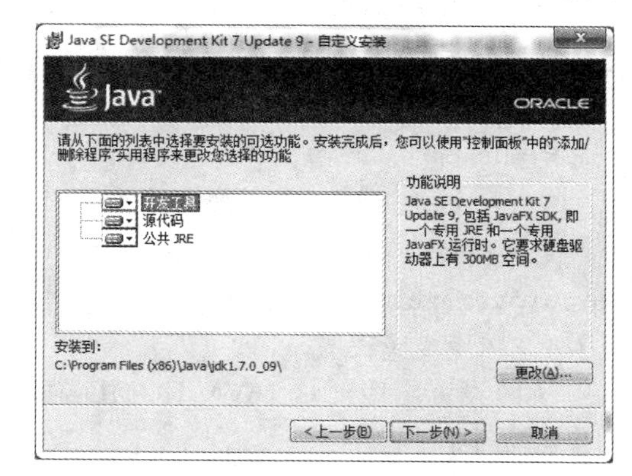

图 1-4　自定义安装

（4）在图 1-4 所示对话框中选择“更改”按钮，将安装路径修改为 c:\Java\jdk1.7，此时出现一个对话框，如图 1-5 所示。

（5）在图 1-5 所示对话框中执行“下一步”按钮，此时出现一个对话框，如图 1-6 所示。

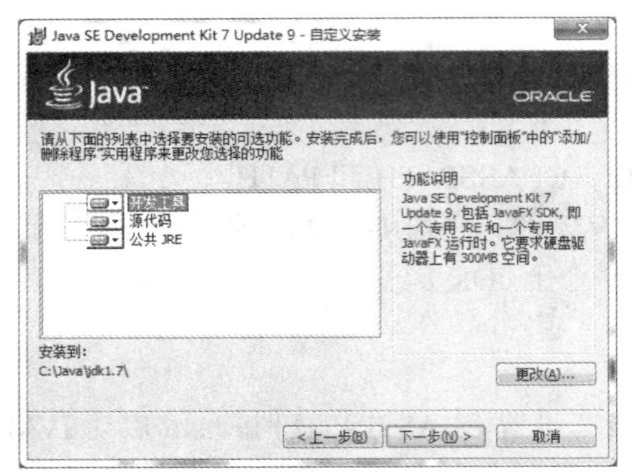

图 1-5　修改安装路径

图 1-6　目标文件夹

（6）在图 1-6 所示对话框中选择“更改”按钮，将此时安装路径变为 c:\Java\jre7，出现图 1-7 所示的对话框。

（7）在图 1-7 所示对话框中单击“下一步”按钮，过一两分钟出现图 1-8 所示的对话框。

（8）在图 1-8 所示对话框中选择“关闭”按钮，至此安装完毕。

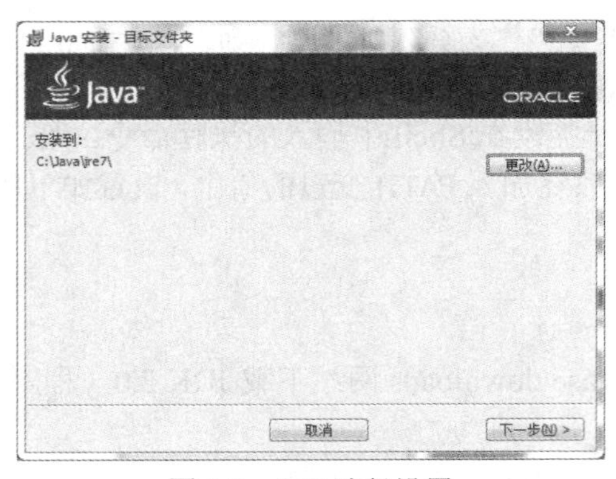

图 1-7　JRE 路径设置

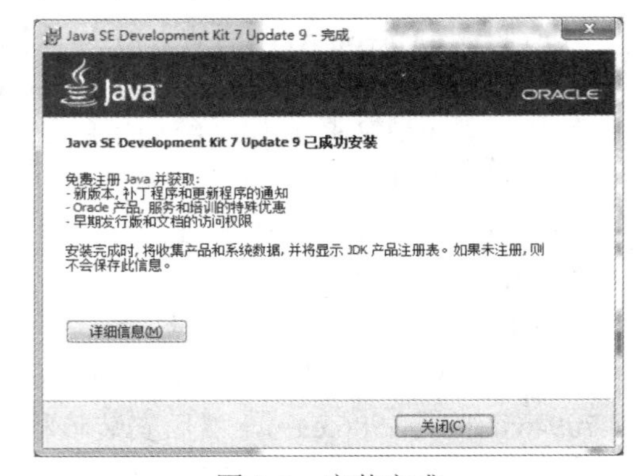

图 1-8　安装完成

安装完毕后的主要目录有以下几个：

- \bin 目录：Java 开发工具，包括 Java 编译器和解释器等。
- \demo 目录：一些实例程序。
- \lib 目录：Java 开发类库。
- \jre 目录：Java 运行环境，包括 Java 虚拟机和运行类库等。

提示：Java 技术官方网站为 http://www.oracle.com/technetwork/java；Eclipse 项目网站为 http://www.eclipse.org; 各种 Java 相关开源项目网站为 http://jakarta.apache.org 和 http://www.sourceforge.net。

4. 环境变量设置

（1）设置环境变量 JAVA_HOME。在 Windows 2000 和 Windows XP 中设置 JAVA_HOME 的步骤如下：

1）鼠标右键单击“我的电脑”。

2）选择“属性”菜单项。

3）在出现的窗口中，选择“高级”选项。

4）在出现的窗口中，选择“环境变量”选项。

此时可以设置 JAVA_HOME 变量，结果如图 1-9 所示。

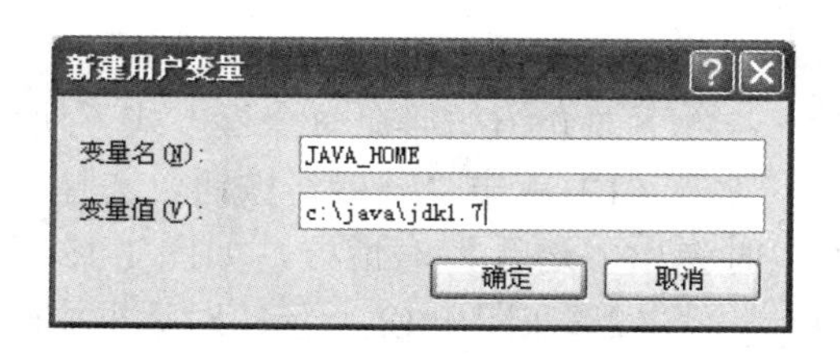

图 1-9　设置环境变量 JAVA_HOME

（2）设置环境变量 PATH。为了能在任何目录中使用编译器和解释器，应在系统特性中设置 PATH。在 Windows 2000 和 Windows XP 中设置 PATH 的步骤同前，结果如图 1-10 所示。

（3）设置变量 CLASSPATH。在 Windows 2000 和 Windows XP 中设置 CLASSPATH 的方法同前，结果如图 1-11 所示。

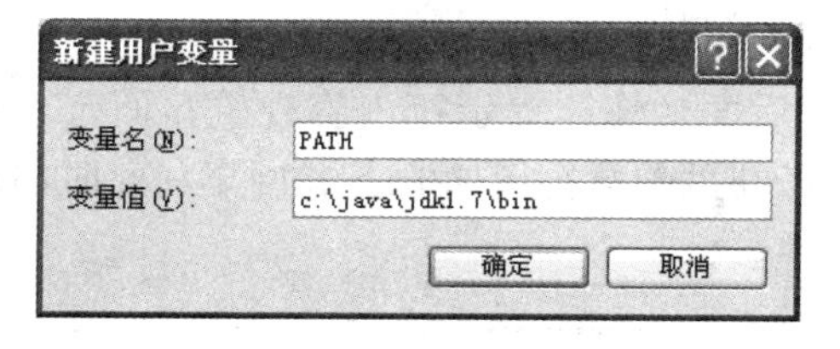

图 1-10　设置环境变量 PATH

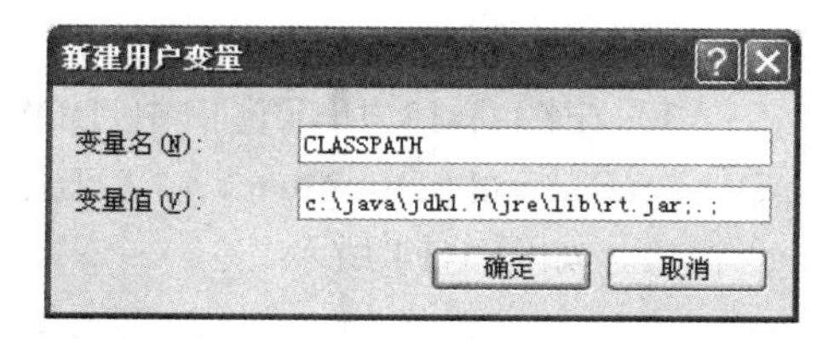

图 1-11　设置变量 CLASSPATH

提示：在 Windows 7 中设置环境变量的步骤如下：

- 鼠标右键单击“计算机”。
- 选择“属性”菜单项。
- 在出现的窗口中，单击“高级系统设置”。
- 在出现的窗口中，单击“环境变量”选项。
- 进行环境变量设置。

（4）命令行键入命令。若只是临时使用环境变量，可在 DOS 窗口的命令行输入设置环境变量的命令，如下所示：

```
set  JAVA_HOME=c:\java\jdk1.7
set  path="%PATH%";c:\Program Files\Python36;
……
```

提示：为了方便，可以将所有在 DOS 窗口命令行下需要输入执行的命令放在一个称之为批命令文件（后缀为“.bat”）的文件中，本书中将该文件命名为 setpath.bat。这样只需在命令行下输入 setpath 便可以此执行其中包含的系列命令。

本书中 setpath.bat 的内容如下：

```
set  PATH="%PATH%";c:\java\jdk1.7\bin;
set  JAVA_HOME=c:\java\jdk1.7
set  CLASSPATH=c:\java\jdk1.7\jre\lib\rt.jar;.;e:\wu\lib;; e:\java;
```

读者可根据具体情况来修改批命令文件 setpath.bat 的内容。

（5）仅安装 JRE。如果只想运行 Java 程序，可以只安装 Java 运行环境 JRE，JRE 由 Java 虚拟机、Java 的核心类以及一些支持文件组成。可以登录 http://www.oracle.com 网站免费下载 Java 的 JRE。

5. 如何使用 JDK

下面介绍如何在命令行方式下使用 JDK。

（1）单击“开始”按钮，选择“运行”菜单，此时弹出“运行”对话框，如图 1-12 所示。

（2）在图 1-12 所示的对话框中输入命令 cmd，之后单击“确定”按钮，弹出一个命令窗口，如图 1-13 所示。

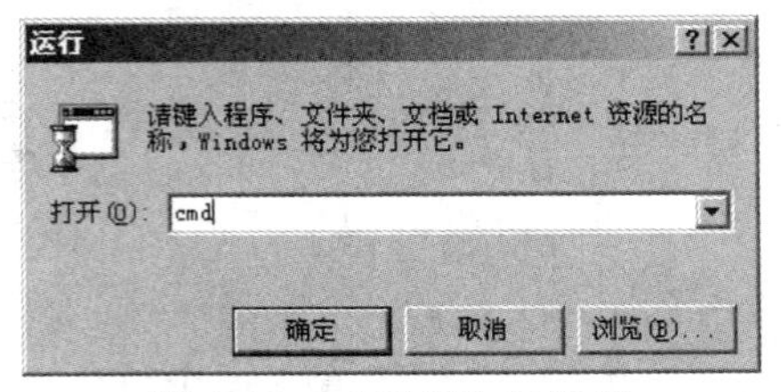

图 1-12　“运行”对话框

```
C:\Documents and Settings\wu>
```

图 1-13　命令窗口

（3）在图 1-13 所示窗口中 DOS 提示符后面（注：提示符内容视机器而定，这里为 C:\Documents and Setting\wu）输入工作路径所在硬盘的盘符（如 E:）并回车，此时出现一个命令窗口，如图 1-14 所示。

```
C:\Documents and Settings\wu>e:
E:\>
```

图 1-14　命令窗口

（4）在图 1-14 所示窗口中 DOS 提示符 E:\>后面输入转换路径的命令“cd 工作路径”，即转换到自己的工作路径，如这里使用的工作路径为 E:\java，则输入的转换工作路径的命令为 cd E:\newbooks\java\work，回车后的命令窗口如图 1-15 所示。

```
C:\Documents and Settings\wu>e:
E:\>cd e:\java
E:\java>
```

图 1-15　命令窗口

（5）在图 1-15 所示窗口中 DOS 提示符 E:\java>后面输入批命令 setpath 来设置系统执行文件的位置。

说明：

- 如果已经设置好环境变量 JAVA_HOME、PATH 和 CLASSPATH，则没有必要执行 setpath。
- 鉴于许多学生是在公共机房学习，一般不让修改系统信息，因此，建议执行 setpath 来临时设置这些环境变量。

1.2.2　Java 程序开发过程

利用 Java 可以开发 Application 程序和 Applet 程序。

Application 程序类似于传统的 C 和 C++ 程序，不需要 WWW 浏览器支持就可以直接运行。执行过程是：先由 Java compiler 对源代码进行编译，然后由 Java 解释器（Interpreter）解释执行。

Applet 程序在网页上运行还需要一个驱动的浏览器，如 Sun 的 HotJava、Microsoft 的 Internet Explorer、网景的 Netscape Navigator。执行过程为：编写好 Applet→交给 Java compiler→生成可执行的字节码→放入 HTML Web 页中→浏览器浏览。

图 1-16 显示了 Application 程序和 Applet 程序的开发过程。

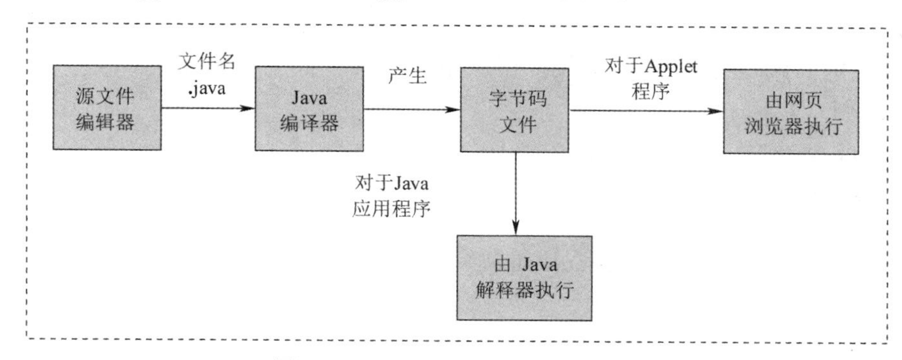

图 1-16　Java 程序开发过程示意图

1. Application 程序的开发

开发一个 Application 程序需经过 3 个步骤：编写源文件、编译源文件生成字节码和加载运行字节码。

（1）编写源文件。可使用任何一个文字编辑器来编写源文件，建议使用 Editplus 或 UltraEdit。一个 Java 程序的源文件由一个或多个书写形式互相独立的类组成。在这些类中，最多只能有一个类是 public 类。

对 Application 程序而言，必须有一个类含有 public static void main(String args[ ])方法，args[ ]是 main 方法的一个参数，它是一个字符串类型的数组（注意 String 的第一个字母是大写的）。

（2）编译源文件生成字节码。假定创建的源文件为 JBE11.java，此时使用编译器（javac.exe）对其进行编译。

```
e:\newbooks\java\work>javac  JBE11.java
```

编译完成后，会生成一个名为 JBE11.class 的字节文件。

提示：如果在一个源程序中有多个类定义和接口定义，则在编译时将为每个类生成一个.class 文件（每个接口编译后也生成.class 文件）。

（3）加载运行字节码。字节码文件必须通过 Java 虚拟机中的 Java 解释器（java.exe）来解释执行。由于 Application 程序总是从 main 方法开始执行，因此命令 Java 后面所带的参数应该是包含 main 方法的类对应的 class 文件名（不含后缀）。

```
e:\newbooks\java\work>java  JBE11
```

提示：Java 中 Application 程序命名具有如下特点：

- 区分大小写。
- 如果程序中有 public 类，则程序名称必须和 public 类的名称一致。
- 如果程序中没有 public 类，则程序名称可以任取。但建议以包含 main()方法的类的名称作为程序名称。因为，无论程序名称如何，使用 Java 命令运行时，其后的字节码文件一定是 main()方法所在类对应的字节码文件。

2. Applet 程序的开发

开发一个 Applet 程序需经过 3 个步骤：编写源文件、编译源文件生成字节码，以及通过浏览器加载运行字节码。

（1）编写源文件。一个 Applet 源文件也是由若干个类组成的，一个 Applet 源文件不再需要 main 方法，但必须有且只有一个类扩展了 Applet 类，即它是 Applet 类的子类（Applet 类是系统提供的类），我们把这个类称作 Applet 源文件的主类。

【实验 1-1】

```
//JBE12.java
import java.applet.*;
import java.awt.*;
public class  JEB12 extends Applet
{
   public void paint(Graphics g)
   {
      g.setColor(Color.blue);
      g.drawString("Java 是一门很优秀的语言", 12, 30);
      g.setColor(Color.red);
      g.drawString("我一定认真学习 Java", 22, 56);
   }
}
```

（2）编译源文件生成字节码。

```
e:\newbooks\java\work>java  JBE12.java
```

编译成功后，文件夹 E:\newbooks\java\work 下会生成一个 JBE12.class 文件。

（3）加载运行字节码。Applet 程序由浏览器运行，因此必须编写一个超文本文件（含有 Applet 标记的 Web 页）通知浏览器来运行这个 Applet 程序。

下面是一个最简单的 html 文件（名称由使用者自己确定，这里不妨假定为 JBE12.html），该文件通知浏览器运行 Applet 程序。使用记事本编辑如下：

```
<applet code=JBE12.class  height=100  width=300>
  </applet>
```

现在可以使用浏览器打开文件 JBE13.html 来运行 Applet 程序，运行结果如图 1-17 所示。

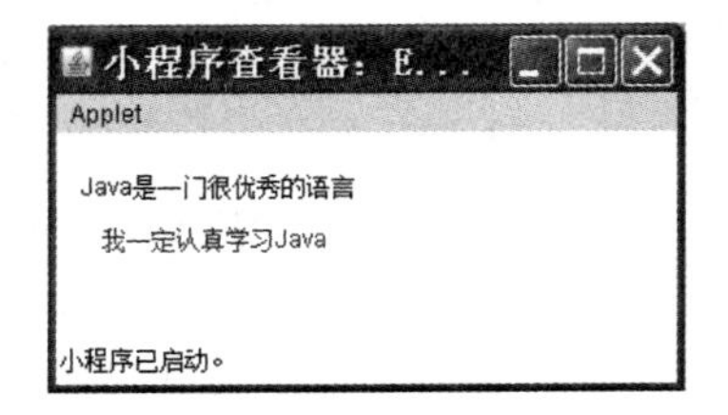

图 1-17　用浏览器打开.html 文件

另外，还可以在 DOS 命令行下使用 appletviewer 来打开网页文件以便执行 Applet 程序，内容如下：

```
e:\newbooks\java\work> appletviewer  JBE12.html
```

提示：Java 中 Applet 程序命名具有如下特点：

- 区分大小写。
- 以 Applet 为父类的子类应为 public 类，程序名称与该类的名称一致。

1.3　上　机　实　验

1.3.1　一个简单的 Application 程序

【实验 1-2】编写一个简单的 Java 应用程序，该程序在命令行窗口输出文字“你好，很高兴学习 Java”。

```
//程序名称：JBE1301.java
//程序功能：演示一个简单的 Application 程序
public class JBE1301 {
    public static void main(String args[ ]){
        System.out.println("你好，很高兴学习 Java");
    }
}
```

上机操作步骤如下：

（1）打开编辑器，建议使用 Editplus。

（2）按“程序模板”的要求输入源程序。

（3）保存源文件，并命名为 JBE1301.java，要求保存在 E:\newbooks\java\work 目录下。

（4）编译源文件 JBE1301.java。

```
e:\newbooks\java\work>javac  JBE1301.java
```

此时可能会出现以下错误：

- Command not Found：出现该错误的原因是没有设置好系统变量 Path，可参见课件。
- File not Found：出现该错误的原因是没有将源文件保存在当前目录中（如 E:\new-books\java\work），或源文件的名字不符合有关规定（如错误地将源文件命名为 JBE1301.java 或 JBE1301.java.txt）。
- 一些语法错误：出现该错误的原因主要是在中文状态下输入了本应该在英文状态下输入的分号、引号等，例如“你好，很高兴学习 Java”中的引号应该在英文状态下输入。

（5）运行程序。

```
e:\newbooks\java\work>java  JBE1301
```

此时可能会出现以下错误：

- Exception in thread"main"java.lang.NoClass Found Error：出现该错误的原因是没有设置好系统的 classpath，或运行的不是主类的名字或程序没有主类。

1.3.2　一个简单的 Applet 程序

【实验 1-3】编写一个简单的 Java Applet 程序，并在 Java Applet 中输入两行文字“Java 是一门很优秀的语言”和“我一定认真学习 Java”。

```
//程序名称：JBE1302.java
//程序功能：演示一个简单的 Applet 程序
import java.applet.*;
```

```
import java.awt.*;
public class JBE1302 extends Applet
{
  public void paint(Graphics g)
  {
     g.setColor(Color.blue);
     g.drawString("Java 是一门很优秀的语言",12,30);
     g.setColor(Color.red);
     g.drawString("我一定认真学习 Java",22,56);
  }
}
```

上机实践步骤如下：

（1）打开编辑器，建议使用 Editplus。

（2）按“程序模板”的要求输入源程序。

（3）保存源文件，并命名为 JBE1302.java，要求保存在 E:\newbooks\java\work 目录下。

（4）编译源文件 JBE1302.java。

```
e:\newbooks\java\work>javac  JBE1302.java
```

（5）编写一个 html 文件 JBE1302.html，要求保存在 E:\newbooks\java\work 目录下。

MyAppletHtm.html 的内容如下：

```
<Applet  code= JBE1302.class width=300 height=300>
</Applet>
```

（6）用浏览器打开 JBE1302.html，或者用 Appletviewer 打开 JBE1302.html。

```
e:\newbooks\java\work> appletviewer  JBE1302.html
```

注意：用浏览器打开时，有些机器上看不到结果，此时建议采用 Appletviewer 打开。

1.3.3 联合编译

【实验 1-4】编写 4 个源文件：JBE1303.java、JBE1304.java、JBE1305.java、JBE1306.java，每个源文件只有一个类，分别是 JBE1303、JBE1304、JBE1305 和 JBE1306。JBE1303.java 是一个应用程序，使用了 JBE1304、JBE1305 和 JBE1306 类。将 4 个源文件提示保存到同一目录 e:\newbooks\java\work 目录下，然后编译 JBE1303.java。

```
//程序名称：JBE1303.java
//功能：演示多类编译运行的情况
public class JBE1303{
     public static void main (String args[ ]){
      JBE1304 obj1=new JBE1304();
      JBE1305 obj2=new JBE1305();
      JBE1306 obj3=new JBE1306();
      obj1.show();
      obj2.show();
      obj3.show();
     }
}
```

```
//JBE1304 .java
public class JBE1304 {
    void show(){
        System.out.println("我是类 JBE1302! ");
    }
}
//JBE1305 .java
public class JBE1305 {
   void show(){
        System.out.println("我是类 JBE1303! ");
    }
}

//JBE1306 .java
public class JBE1306 {
 void show(){
        System.out.println("我是类 JBE1304! ");
 }
}
```

上机实践步骤如下：

（1）打开编辑器，建议使用 Editplus。

（2）按“程序模版”的要求输入源程序。

（3）保存源文件，分别命名为 JBE1303.java、JBE1304.java、JBE1305.java、JBE1306.java，要求保存在 e:\newbooks\java\work 目录下。

（4）编译源文件 JBE1303.java。

```
e:\newbooks\java\work>javac  JBE1303.java
```

说明： 在编译 JBE1303.java 的过程中，Java 系统会自动地先编译 JBE1304.java、JBE1305.java 和 JBE1306.java，并相应地生成 JBE1303.class、JBE1304.class、JBE1305. class 和 JBE1306.java。

（5）运行程序。

```
e:\newbooks\java\work>java  JBE1303
```

说明： 运行时，虚拟机仅将 JBE1303.class、JBE1304.class、JBE1305.class 和 JBE1306.java 加载到内存。

1.4 本 章 小 结

本章主要介绍了 Java 语言的发展历程、Java 语言的特点、平台无关性、Java 虚拟机 JVM 的含义、Java 运行平台、Java 程序开发流程以及 Java 开发工具箱的内容，最后提供了 3 个上机实验实例。

1.5　思考和练习题

1. 简述 Java 语言的发展历程。
2. 简述 Java 语言的特点。
3. 什么是平台无关性？Java 语言的平台无关性属于哪种类型？
4. 简述 Java 虚拟机的工作机制。
5. 简述 Java 程序的开发过程。
6. 学会安装 JDK 1.7 软件，并调试运行本章中所提供的程序。

第 2 章　Java 语言基础

Java 语言是在其他语言（如 C 语言）基础上发展起来的，因此与其他语言有许多相似之处（例如循环结构和判断结构等）。不过作为一门语言，Java 语言也有其自身的特点。读者在学习 Java 语言时，可对比其他语言，重点理解 Java 语言的独特之处。

- 了解 Java 程序的基本结构。
- 掌握 Java 语言的基本数据类型。
- 掌握 Java 语言的常见运算符和表达式。
- 掌握 Java 语言的常见语句。
- 学会使用 Java 语言求解数值问题。

2.1　Java 程序概况

2.1.1　Java 程序结构

Java 源程序一般由一个或多个编译单元组成，每个编译单元只能包含以下内容（空格和注释除外）。

- package 语句。
- import 语句。
- 类。
- 接口（interface）。

Java 程序中各元素及其关系如图 2-1 所示。

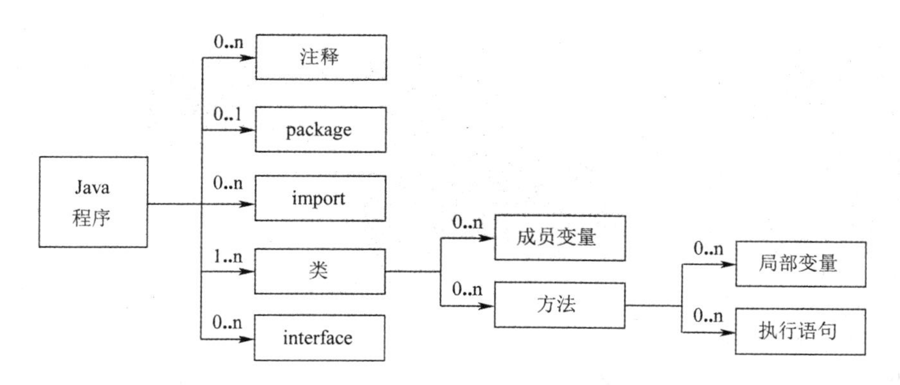

图 2-1　Java 程序中各元素及其关系

因此，一个完整的 Java 源程序应该包括以下部分：

- package 语句：该部分最多只有一句，必须放在源程序的第一句（注释语句除外）。在实际的实现过程中，包是与文件系统相对应的。
- import 语句：该部分可以有若干个 import 语句，也可以没有，它必须放在所有的类定义之前。如果在源程序中用到了除 java.lang 这个包以外的类，无论是系统的类还是自己定义的包中的类，都必须用 import 语句标示，以通知编译器在编译时找到相应的类文件。
- 类定义：定义 1 个或者多个类。
- 接口（interface）定义：定义 0 个或者多个接口。

如图 2-2 所示是一个简单的 Java 程序示例。

/* 这是一个简单的 Java 程序示例 */	注释语句
package mypack;	package 语句
import java.util.*;	import 语句
public class JBE2101 {	类
public static void main (String args[ ]) {	方法
String s="Java 欢迎您！";	变量定义
System.out.println(s);	一般语句
}	
}	

图 2-2　Java 程序示例

2.1.2　Java 注释

Java 中注释的方式有以下 3 种。

1. //注释 1 行

“//”是注释的开始，行尾表示注释结束，一般用来说明变量和语句的功能等，示例如下。

```
num=2;   //num 是计算器，用于累计选课人数
```

2. /*一行或多行注释*/

“/*”是注释的开始，“*/”是注释的结束。“/*”和“*/”之间是注释的内容，一般用于说明方法的功能等，如下所示。

```
/*
本方法用于计算阶乘
开发者：大发
*/
```

3. /**文档注释**/

文档注释一般放在一个变量或函数定义说明之前，表示该段注释应包含在自动生成的任何文档中（即由 javadoc 生成的 html 文件）。这种注释都是对声明条目的描述。

2.1.3　Java 关键字

Java 关键字是字符序列，在 Java 中具有特定含义和用途，不能用作其他用途。Java 关键字见表 2-1。

表 2-1　Java 关 键 字

abstract	const	finally	interface	return	throw
boolean	continue	float	long	safe	transient
break	default	for	native	short	true
by	do	goto	new	static	try
byte	double	if	null	super	value
case	else	implements	package	switch	void
catch	extends	import	private	synchronized	volatile
char	false	instanceof	protected	this	while
class	final	int	public	thread	

说明：

- Java 保留但没有意义的关键字有 const、goto 等。
- true、false 和 null 都是小写，严格来说不属于关键字，应为相应类型的值。

2.1.4　Java 标识符

所谓标识符就是用来标识包名、类名、接口名、方法名、变量名及文件名等的有效字符序列。Java 语言规定标识符由字母、下划线、美元符号和数字组成，并且第一个字符不能是数字。例如，在字符 3 max、class、room#、userName 和 User_name 中，3 max、room#、class 不能作为标识符，因为 3 max 以数字开头，room#包含非法字符“#”，class 为保留关键字。标识符中的字母是区分大小写的，例如 Beijing 和 beijing 表示不同的标识符。一般标识符需按照以下规则命名：

- 标识符尽量采用有意义的字符序列，便于从标识符识别出所代表的基本含义。
- 包名：包名是全小写的名词，中间可以由点分隔开，例如 java.awt.event。
- 类名：首字母大写，通常由多个单词合成一个类名，要求每个单词的首字母也要大写，例如 class HelloWorldApp。
- 接口名：命名规则与类名相同，例如 interface Collection。
- 方法名：往往由多个单词合成，第一个单词通常为动词，首字母小写，中间的每个单词的首字母都要大写，例如 balanceAccount 和 isButtonPressed。
- 变量名：全小写，一般为名词，例如使用 area 表示面积变量，length 表示长度变量等。
- 常量名：基本数据类型的常量名为全大写，如果由多个单词构成，可以用下划线隔开，例如 int YEAR 和 int MAX_VALUE；如果是对象类型的常量，则是大小写混合，由大写字母把单词隔开。
- 对变量和方法，其名称不宜以“_”和“$”为第一个字符，因为这两个字符对于内部有特殊含义。

2.1.5 变量与常量

1. 变量声明

Java 变量是一个由标识符命名的项。变量具有一定的类型，例如 int 型或 class 型，也具有作用域，其值可被改变。变量声明的语法形式如下所示：

```
varType varName[=value] [, varName[=value]…];
```

其中，varType 表示数据类型名，varName 表示变量名，value 表示被赋予变量的该数据类型的值，方括号表示可选项。例如：

```
int x=1, y;
```

定义 int 型变量 x 和 y，其中 x 初值为 1。变量的作用域是指可访问该变量的一段代码。不同类型的变量，其作用域是有差异的。

按照作用域分类，可将变量划分为局部变量、类变量、方法参数和例外处理参数。局部变量在方法或方法的一个代码块中声明，其作用域为所在的方法或代码块；类变量在类中声明，其作用域是整个类；方法参数传递给方法，其作用域为所在方法；例外处理参数传递给例外处理代码，它的作用域就是例外处理部分。

提示：变量名必须是一个合法的标识符，且在同一作用域内必须是唯一的，在不同作用域内允许存在相同名字的变量。

2. 常量声明

在变量声明格式前加上 final 修饰符，就声明了一个常量。常量一旦被初始化就不可改变。常量声明的语法形式如下所示：

```
final varType varName[=value] [, varName[=value]…];
```

例如：

```
final int  MAXNUM=100; //定义常量 MAXNUM，其值为 100
```

2.2 基 本 数 据 类 型

2.2.1 基本数据类型概况

Java 的数据类型可分为基本数据类型和复合数据类型两大类。基本数据类型，也称作简单数据类型，包括 boolean、char、byte、short、int、long、float、double 等 8 种。复合数据类型包括数组、类和接口等，见表 2-2，其中，数组是一个比较特殊的概念，它是对象而不是一个类，一般把它归到复合数据类型中。这里介绍基本数据类型，复合数据类型将在以后的有关章节中进行介绍。习惯上将 8 种基本数据类型分为以下四大类：

- 逻辑类型：boolean。
- 字符类型：char。
- 整数类型：int、byte、short 和 long。
- 实数类型：double 和 float。

表 2-2 Java 语 言 数 据 类 型

<table>
<tr><td rowspan="7">数据类型</td><td rowspan="4">基本数据类型</td><td colspan="2">逻辑类型 boolean</td></tr>
<tr><td colspan="2">字符类型 char</td></tr>
<tr><td rowspan="2">数值类型</td><td>整数类型：int,byte,short, long</td></tr>
<tr><td>实数类型：double, float</td></tr>
<tr><td rowspan="3">复合数据类型</td><td colspan="2">数组 type[]</td></tr>
<tr><td colspan="2">类 class</td></tr>
<tr><td colspan="2">接口 interface</td></tr>
</table>

1. 逻辑类型

常量：如 true 和 false。

变量的定义：使用关键字 boolean 来定义逻辑变量，定义时也可以赋给初值，如下所示：

```
boolean x;        //定义逻辑型变量 x
boolean x=false;     //定义逻辑型变量 x，并赋值为 false
```

2. 字符类型

常量：unicode 字符表中的字符就是一个字符常量，例如'A'、'? '、'9'\'好'和'き'等。Java 还使用转意字符常量，如'\n'为换行转意字符常量。表 2-3 列出了常见的转意字符常量。

表 2-3 常见的转意字符常量

转 义 字 符	unicode 字符	含 义
\ b	\u0008	backspace（BS，退格）
\ t	\u0009	horizontal tab（HT Tab 键）
\ n	\u000a	linefeed（LF，换行）
\ f	\u000c	form feed（FF，换页）
\ r	\u000d	carriage return（CR，回车）
\ "	\u0022	"（double quote，双引号）
\ '	\u0027	'（single quote，单引号）
\ \	\u005c	\（backslash，反斜杠）

变量的定义：使用关键字 char 来定义字符变量，如下所示：

```
char x= 'A', 漂亮='假',y;
```

提示：一个 unicode 字符占两个字节。

char 型变量的值为 unicode 字符表中的一个字符。对 char 型变量，内存分配给两个字节，占 16 位，其取值范围是 0～65536。要观察一个字符在 unicode 表中的顺序位置，必须使用 int 类型显示转换，不可以使用 short 型转换，因为 char 的最高位不是符号位。

```
char  ch='a';
int  i=(int)ch;
```

这里 i=97，即字符‘a’在 unicode 表中的排序位置为 97。同样，要得到一个 0～65536 的数所代表的 unicode 表中相应位置上的字符也必须使用 char 型显示转换。

```
char x=97;
```

等同于

```
char x='a'
```

字符 a 在 unicode 表中的排序位置为 97。

3. 整数类型

整数类型的常量：123、6000（十进制）、077（八进制）和 0x3ABC（十六进制）。

十进制整数：如 12、– 46 和 0。

八进制整数：以 0 开头，如 0123 表示十进制数 83，– 011 表示十进制数– 9。

十六进制整数：以 0x 或 0X 开头，如 0x123 表示十进制数 291，–0X12 表示十进制数–18。

整型变量的定义包括 4 种，详见表 2-4。

表 2-4　整 型 变 量 的 定 义

类型	举例	字节长度
byte	byte x,y=1;	1
short	short x,y=2;	2
int	int x,y=3;	4
long	long x,y=4;	8

提示：整型数字值的默认类型为 int 型，对超过 int 型范围的 long 型数字值后面必须加 l 或 L，否则编译时会出错。例如：

```
long  long0=2147483649L;
```

上述声明 long 型变量 long0 时，给其赋值，由于该值大于 2147483647（int 型的最大值），故后面加上了 L。

4. 实数类型

实数类型包括 float 型和 double 型。实数型数值默认为 double 型，float 型在数值之后加 f 或 F。

（1）实型常量。例如 float 型常量有 453.5439f、21379.987F 和 2e40f；double 型常量有 21389.5439d(d 可以省略)和 6e-140。实型常量通常采用十进制数形式和科学计数法形式两种表示方式：

- 十进制数形式：由数字和小数点组成，且必须有小数点，如 0.123、1.23 和 123.0。
- 科学计数法形式：如 123e3 或 123E3，其中 e 或 E 之前必须有数字，且 e 或 E 后面的指数必须为整数。

（2）实型变量。

float 型变量的定义：

```
float x,y=22.76f;
```

double 型变量的定义：

```
double x,y=12.76;
```

表 2-5 总结了 8 种基本类型所占字节数及取值范围。

表 2-5　基本类型所占字节数及取值范围

类型	位数	取值范围
byte	8 bits	$-2^7 \sim 2^7-1$
short	16 bits	$-2^{15} \sim 2^{15}-1$
int	32 bits	$-2^{31} \sim 2^{31}-1$
long	64 bits	$-2^{63} \sim 2^{63}-1$
char	16 bits	'\u0000' ～ '\uffff'(0 ～ 65535)
float	32 bits	1.4e－45 ～ 3.4028235e＋38
double	64 bits	4.9e－324 ～ 1.7976931348623157e＋308
boolean	1 bit	true/false

2.2.2　基本数据类型转换

所谓类型转换就是将一种数据类型变量转变成另一种类型变量。Java 语言是一种强类型语言（类似于 C++，而不是 C 语言）。当表达式中的数据类型不一致时，就需要进行数据类型转换。Java 语言类型转换方式可分为隐式类型转换和显式类型转换。在隐式类型转换方式下，编译程序在编译时可以自动执行类型转换；而在显式类型转换方式下，则必须在程序中显式地执行强制转换，强制转换的格式为：

（类型）表达式

例如：

```
int  n=65;
char  ch;
ch=(char)n;
```

n 为 int 型，ch 为字符型，(char)n 将 int 型强制转换为 char 型。此时，ch 值为'A'，65 正好是字符'A'在 unicode 字符表中的位置。

Java 语言中基本数据类型之间，低精度值可以直接赋给高精度变量，进行隐式类型转换；高精度值则需要使用强制类型转换后赋给低精度变量，此时可能会导致数据精度的损失，也有可能导致结果出现较大错误。数据精度从“低”到“高”排序如下所示：

byte→short(char)→int→long→float→double

规则 1：当把精度低的变量的值赋给精度高的变量时，系统自动完成数据类型的转换，如 int 型转换成 long 型。此时转换为拓宽转换，示例代码如下所示：

```
int i=100;
float f;
f=i;
```

规则 2：当把精度高的变量的值赋给精度低的变量时，必须使用显示类型转换运算，即采取窄化转换。显示转换的格式如下所示：

(类型名)要转换的值；

示例代码如下所示：

```
int x=(int)34.89;
```

规则 3：char 与 byte 或 short 之间的赋值必须实行强制转换，示例代码如下所示；

```
byte b1=18,b2;
short sint1,sint2;
char ch1,ch2='A';
ch1=char(b1);
b2=(byte)ch2;
sint2=(short)ch2;
```

注意：

（1）强制转换运算可能导致精度的损失。当把一个整数赋值给一个 byte、short、int 或 long 型变量时，不可以超出这些变量的取值范围。

（2）布尔类型不允许进行任何数据类型转换。

（3）对于引用数据类型，类型转换只存在于有继承关系的类中，这将在以后的内容中说明。

◀ 上机实验

【实验 2-1】以下程序用于演示基本数据类型之间的转换。

```
// 程序名称：JBE2201.java
//目的：演示基本数据类型之间的转换
public class JBE2201{
public static void main(String args[ ]) {
    byte b=10;
    short sint=200;
    int i=97;
    char c='w';
    long lint=8000;
    float f;
    double d=0.1234567812345678;
    sint=b;  //低精度直接赋值给高精度
    c=(char)i; //高精度赋值给低精度需强制转换
    i=(int)lint; //高精度赋值给低精度需强制转换
    f=(float)d; //高精度赋值给低精度需强制转换
    System.out.println("b="+b);
    System.out.println("sint="+sint);
    System.out.println("i="+i);
    System.out.println("c="+c);
    System.out.println("lint="+lint);
    System.out.println("f="+f);
    System.out.println("d="+d);
    }
}
```

运行结果：

```
b=10
```

```
sint=10
i=8000
c=a
lint=8000
f=0.12345678
d=0.1234567812345678
```

提示：上机时，可将强制转换去掉，看看编译后会出现什么样的错误提示。

2.3 运算符和表达式

2.3.1 算术运算符和算术表达式

1. Java 算术运算符

Java 算术运算符主要包括一元运算符（如+、–、++及––）和二元运算符（如+、–、*、/及%），与 C/C++基本相同，详见表 2-6。

表 2-6 Java 算术运算符

操作数数目	运算符	表达式	描述
一元	+	+op	正值
	–	–op	负值
	++	++op, op++	自增 1
	––	––op, op––	自减 1
二元	+	op1+op2	加
	–	op1–op2	减
	*	op1*op2	乘
	/	op1/op2	除
	%	op1%op2	取模（求余）

注意：

- %运算符不但可以对整型数据进行运算，还可以对浮点型数据进行运算，例如：3.6 % 2.5 的值等于 1.1。这点在 C/C++中是不允许的。
- +既可用于数值型数据运算，还可用于字符串的连接，如“Hello”+“Java”的结果为“Hello Java”。
- ++x，––x：表示在使用 x 之前，先使 x 的值加（减）1。
- x++，x––：表示在使用 x 之后，使 x 的值加（减）1。

2. Java 算术表达式

算术表达式是用算术符号和操作元连接起来的符合 Java 语法规则的式子，Java 将按运算符两边操作元的最高精度保留结果。操作元的精度从低到高排列顺序是 byte→short→int→long→float→double。

- 执行任何算术运算或按位运算，“比 int 小”的数据（char、byte 和 short）在正式执行运算之前，那些值会自动转换成 int，最终生成的值就是 int 类型。

- 整型、实型及字符型数据可以混合运算。运算中不同类型的数据先转换为同一类型，然后进行运算，转换从低级到高级。通常，表达式中最大的数据类型是决定了表达式最终结果大小的那个类型。例如，若将一个 float 值与一个 double 值相乘，结果就是 double 型；如将一个 int 值和一个 long 值相加，则结果为 long 型。

表 2-7 给出了两操作数执行算术运算后的结果类型。

表 2-7　算术运算结果类型

操作数 1	操作数 2	转换后的类型（结果类型）
byte、short、char	int	int
byte、short、char、int	long	long
byte、short、char、int、long	float	float
byte、short、char、int、long、float	double	double

根据上述规则，5/2 的结果为 2，因为运算符“/”左右操作元为 int 型，因此结果也为 int 型；而 5.0/2 的结果为 2.5，因为运算符“/”左操作元为 double 型，右操作元为 int 型，因此运算时首先统一为 double 型，显然结果也为 double 型。

2.3.2　关系运算符与关系表达式

Java 关系运算符用来比较两个值的关系，关系运算符的运算结果是 boolean 型数据，当运算符对应的关系成立时，运算结果是 true，否则是 false。表 2-8 列出了 Java 关系运算符。

表 2-8　Java 关系运算符

运算符	表达式	返回 true 的情况
＞	op1＞op2	op1 大于 op2
＞=	op1＞=op2	op1 大于或等于 op2
＜	op1＜op2	op1 小于 op2
＜=	op1＜=op2	op1 小于或等于 op2
==	op1==op2	op1 与 op2 相等
!=	op1!=op2	op1 与 op2 不等

说明：

- Java 中任何类型（包括基本类型和复合类型）均可使用==或!=来进行比较判断，这与 C/C++是不同的。
- ==为双等号。

2.3.3　逻辑运算符与逻辑表达式

逻辑运算符用来实现 boolean 型数据的逻辑“与”(&&)、“或”(||)和“非”(!)运算，

运算结果是 boolean 型数据。表 2-9 列出了操作数取不同值时执行各种逻辑运算符时的运算结果。

表 2-9　Java 逻 辑 运 算 符

操作数取值		表达式运算结果		
op1	op2	op1&&op2	op1||op2	!op1
false	false	false	false	true
false	true	false	true	true
true	false	false	true	false
true	true	true	true	false

2.3.4　赋值运算符与赋值表达式

1. 赋值运算符

赋值运算符“=”是双目运算符，左边的操作元必须是变量，右边的操作元可以是常量，也可以是变量，还可以是常量和变量构成的表达式。

注意：假如赋值运算符两侧的类型不一致，若右侧变量类型的级别高，则需要进行强制类型转换。

使用格式如下：

变量 = 表达式

其作用是将一个表达式的值赋给一个变量，如下所示：

a=10 就是将常量 10 赋值给变量 a。

a=x 就是将变量 x 的值赋值给变量 a。

a=x+10 就是将表达式 x+10 的结果赋值给变量 a。

2. 复合赋值运算符

复合赋值运算符是在赋值运算符之前加上其他运算符的运算符。常见的复合赋值运算符有+= 、–=、*=、/=及%=等，如下所示：

x+=1 等价于 x=x+1。

x*=y+z 等价于 x=x*(y+z)。

x/=y+z 等价于 x=x/(y+z)。

x%=y+z 等价于 x=x%(y+z)。

3. 赋值表达式

赋值表达式的一般形式如下：

<变量><赋值运算符><表达式>

上式中的<表达式>可以是一个赋值表达式。例如，x=(y=8) 括号内的表达式是一个赋值表达式，它的值是 8。整个式子相当于 x=8，结果整个赋值表达式的值是 8。又如，a=b=c=5 可使用一个赋值语句对变量 a、b、c 都赋值为 5。这是因为“=”运算符产生右边表达式的值，因此 c=5 的值是 5，然后该值被赋给 b，并依次再赋给 a。使用串赋值是给一组变量赋同一个值的简单办法。

2.3.5　位运算符

Java 位运算符主要面对基本数据类型，包括 byte、short、int、long 和 char。位运算符包括位与(&)、位或(|)、位非(~)、位异或(^)、左移(<<)及右移(>>)。此外，Java 引入一个专门用于逻辑右移的运算符>>>，它采用了所谓的零扩展技术，不论原值是正或负，一律在高位补 0，如下所示：

```
int a= - 2 , b ;
b=a>>>30;
```

表 2-10 列出了 Java 位运算符。

表 2-10　Java 位运算符

<table>
<tr><th>运算符</th><th>表达式</th><th>描　述</th></tr>
<tr><td>&</td><td>op1 & op2</td><td>二元运算，逻辑与，参与运算的两个操作数，如果两个相应位都为 1(或 true)，则该位的结果为 1（或 true），否则为 0（或 false）</td></tr>
<tr><td>|</td><td>op1 | op2</td><td>二元运算，逻辑或，参与运算的两个操作数，如果两个相应位有一个为 1（或 true），则该位的结果为 1（或 true），否则为 0（或 false）</td></tr>
<tr><td>^</td><td>op1 ^ op2</td><td>二元运算，逻辑异或，参与运算的两个操作数，如果两个相应位的值相反，则该位的结果为 1（或 true），否则为 0（或 false）</td></tr>
<tr><td>~</td><td>~ op1</td><td>一元运算，对数据的每个二进制位按位取反</td></tr>
<tr><td><<</td><td>op1 << op2</td><td>二元运算，操作数 op1 按位左移 op2 位，每左移一位，其数值加倍</td></tr>
<tr><td>>></td><td>op1 >> op2</td><td>二元运算，操作数 op1 按位右移 op2 位，每右移一位，其数值减半</td></tr>
<tr><td>>>></td><td>op1>>> op2</td><td>二元运算，操作数 op1 按位右移 op2 位，正整数运算与>>同，负整数则求该数的反码，但符号位不变</td></tr>
</table>

有关左（右）移位运算符<<(>>)的说明如下：

- 操作元必须是整型类型的数据。
- 左边的操作元叫作被移位数，右边的操作数称作移位量。

假设 a 是一个被移位的整型数据，n 是位移量。a<<n 运算的结果是将 a 的所有位都左移 n 位，每左移一个位，左边的高阶位上的 0 或 1 被移出丢弃，并用 0 填充右边的低位。

注意：对于 byte 或 short 型数据，a<<n 的运算结果是 int 型精度。当进行 a<<2 运算时，计算系统首先将 a 升级为 int 型数据，对于正数将高位用 0 填充，负数用 1 填充，然后再进行移位运算，如下所示：

```
byte a= - 8;
1111 1000
```

在进行 a<<1 运算时，首先将 1111 1000 升级为 int 型，将高位用 1 填充，如下所示：

```
1111 1111 1111 1111 1111 1111 1111 1000
```

然后再进行移位运算得到–16，如下所示：

```
1111 1111 1111 1111 1111 1111 1111 0000
```

在进行 a<<n 运算时，如果 a 是 byte、short 或 int 型数据，系统总是先计算出 n%32 的结果 m，然后进行 a<<m 运算。例如，a<<33 的计算结果与 a<<1 相同。对于 long 型数据，系统总是先计算出 n%64 的结果 m，然后进行 a<<m 运算。

2.3.6　条件运算符

条件运算符是一个 3 目运算符，符号是“?:”，用法如下：

```
op1?op2:op3
```

要求第一个操作元 op1 的值必须是 boolean 型数据。运算法则是当 op1 的值是 true 时，运算的结果是 op2 的值；当 op1 的值是 false 时，运算的结果是 op3 的值。Java 要求 op2 与 op3 必须同类型。

例如，12>8?100:200 的结果是 100；12<8?100:200 的结果是 200。

2.3.7　instanceof 运算符

instanceof 运算符是双目运算符，左边的操作元是一个对象，右边是一个类。当左边的对象是右边的类创建的对象时，该运算的结果是 true，否则是 false。

例如：

```
A a=new A();
B b=new B();
```

这里 a 是基于 A 类创建的对象，b 是基于 B 类创建的对象。

a instanceof A 和 b instanceof B 的结果均为 true，b instanceof A 和 a instanceof B 的结果均为 false。有关类的知识将在后面的章节中进行介绍。

2.3.8　一般表达式

Java 的一般表达式就是用运算符及操作元连接起来的符合 Java 规则的式子，简称表达式。一个 Java 表达式必须能求值，即按着运算符的计算法则，可以计算出表达式的值。

例如，假如 int x=1、y=–2、n=10；那么，表达式 x+y+(– –n)*(x>y&&x>0?(x+1):y)的值是 int 型数据，结果为 17。

优先级决定了同一表达式中多个运算符被执行的先后次序，如乘除运算优先于加减运算，同一级里的运算符具有相同的优先级。运算符的结合性则决定了相同优先级的运算符的执行顺序。表 2-11 给出了 Java 语言各运算符的优先级。

表 2-11　运算符优先级一览表

运算符	描　述	优先级	同等优先级结合顺序
()	圆括号	1	左→右
[]	数组下标运算符		左→右
.	成员(属性、方法)选择		左→右
++、--	后缀自增(自减)1	2	右→左
++、--	前缀自增(自减)1		右→左
~	按位取反		右→左
!	逻辑非		右→左
–、+	算术负(正)号		右→左
(Type)	强制类型转换		右→左

续表

<table>
<tr><th>运算符</th><th>描　述</th><th>优先级</th><th>同等优先级结合顺序</th></tr>
<tr><td>*、/、%</td><td>乘、除、取模运算</td><td>3</td><td>左→右</td></tr>
<tr><td>+、-</td><td>加、减运算</td><td>4</td><td>左→右</td></tr>
<tr><td><<、>>、>>></td><td>左右移位运算</td><td>5</td><td>左→右</td></tr>
<tr><td>instanceof、<、<=、>、>=</td><td>关系运算</td><td>6</td><td>左→右</td></tr>
<tr><td>==、!=</td><td>相等性运算</td><td>7</td><td>左→右</td></tr>
<tr><td>&</td><td>位逻辑与</td><td>8</td><td>左→右</td></tr>
<tr><td>^</td><td>位逻辑异或</td><td>9</td><td>左→右</td></tr>
<tr><td>|</td><td>位逻辑或</td><td>10</td><td>左→右</td></tr>
<tr><td>&&</td><td>条件与</td><td>11</td><td>左→右</td></tr>
<tr><td>||</td><td>条件或</td><td>12</td><td>左→右</td></tr>
<tr><td>? :</td><td>条件运算符</td><td>13</td><td>右→左</td></tr>
<tr><td>=、*=、/=、%=、+=、-=、
<<=、>>=、>>>=、&=、^=、|=</td><td>赋值运算符</td><td>14</td><td>右→左</td></tr>
</table>

注意：

- Java 语言中运算符的优先级共分为 14 级，其中 1 级最高，14 级最低。在同一个表达式中运算符优先级高的先执行。
- 结合性是指运算符结合的顺序，通常都是从左到右。从右向左的运算符最典型的就是负号，例如 3+ –4，则意义为 3 加–4，负号首先和运算符右侧的内容结合。
- 注意区分正负号和加减号，以及按位与和逻辑与的区别。
- 在实际的开发中，不需要去记忆运算符的优先级别，也不要刻意的使用运算符的优先级别，对于不清楚优先级的地方使用小括号去进行替代。

```
int m = 12;
int n = m << 1 + 2;
int n = m << (1 + 2); //这样更直观
```

从表 2-11 可知，括号优先级最高。不论在什么时候，当一时无法确定某种计算的执行次序时，可以使用加括号的方法来明确指定运算的顺序，这样不容易出错，同时也是提高程序可读性的一个重要方法。接下来举例说明。

对表达式 $y=(ax^2+bx+c)/(x^2+1)$ 来说，计算时优先次序为：首先进行运算符“/”左边的一对括号中的运算，然后进行运算符“/”右边的一对括号中的运算，然后进行运算符“/”的运算，最后是进行赋值运算符“=”的运算，如图 2-3 所示。图中圆圈数字表示运算符优先执行的次序，①表示第 1 步执行，②表示第 2 步执行，……，依次类推。

对运算符“/”左边的一对括号中的表达式 ax^2+bx+c 在 Java 语句中表示如下：

$$a*x*x+b*x+c$$

该表达式中各运算符执行的次序如图 2-4 所示。

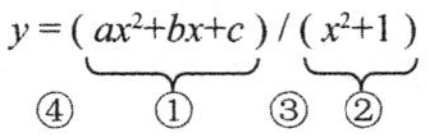

$y=(ax^2+bx+c)/(x^2+1)$

④　①　③　②

图 2-3　表达式执行次序示意图

$a*x*x+b*x+c$

①　②　④　③　⑤

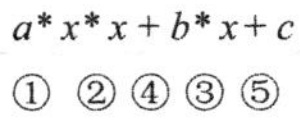

图 2-4　表达式执行次序示意图

2.4 Java 语 句

2.4.1 Java 语句概述

Java 语言中的语句可分为以下 5 类。

1. 方法调用语句

对象可以调用类中的方法产生行为，例如 reader.nextInt( );。

2. 表达式语句

一个表达式的最后加上一个分号就构成了一个语句，称作表达式语句。分号是语句不可缺少的部分，如以下赋值语句所示：

```
x=23;
```

3. 复合语句

可以用“{”和“}”把一些语句括起来构成复合语句，一个复合语句也被称作一个语句块，如下所示：

```
{
            z=23+x;
            System.out.println("hello");
}
```

4. 控制语句

控制语句包括条件分支语句、循环语句和跳转语句。

5. package 语句和 import 语句

package 语句和 import 语句与类和对象有关，将在后面讲解。

2.4.2 分支语句

1. 条件分支语句

（1）if-else 语句。格式如下所示：

```
if(条件表达式)
       {若干语句}
else
       {若干语句}
```

注意：

- *条件表达式左右两边的括号不能省略，否则编译时会出错。*
- *条件表达式中双等于(= =)不能省略为单等于(=)。*
- *条件表达式的值必须是 boolean 型，这点和 C 语言是有差异的。*

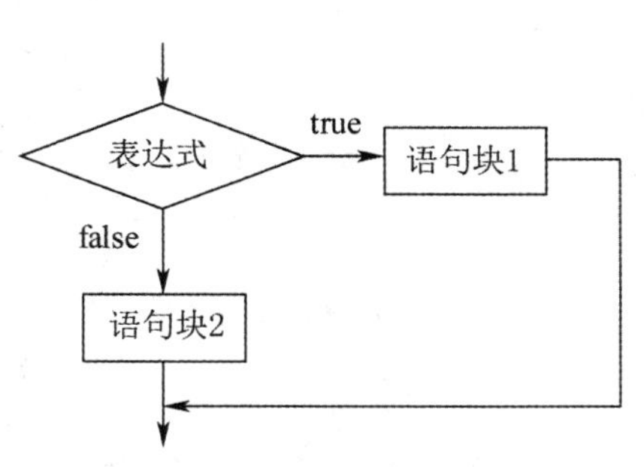

图 2-5　if-else 语句执行过程示意图

图 2-5 给出了 if-else 语句的执行过程。

（2）多条件 if-else if-else 语句。格式如下所示：

```
if(表达式 1)
    {语句 1}
```

```
else if(表达式2)
    {语句2}
   …
else if(表达式n)
   {语句n}
else
   {语句m}
```

图 2-6 给出了多条件 if-else if-else 语句执行过程。

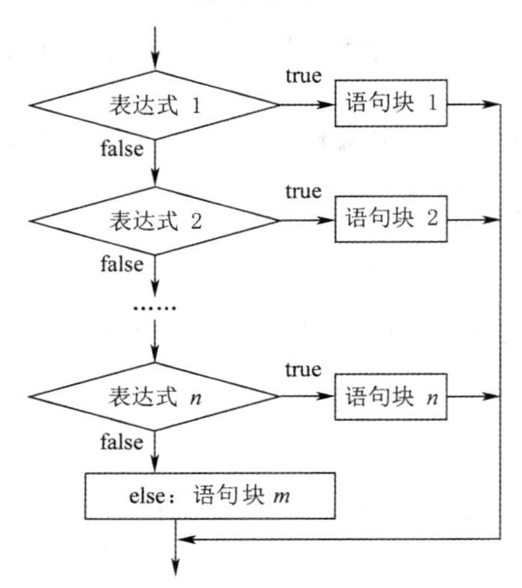

图 2-6　多条件 if-else if-else 语句执行过程示意图

2. switch 开关语句

switch 开关语句格式如下所示：

```
switch(表达式)
    {
      case  常量值1:
                  若干个语句
                  break;
      case  常量值2:
                  若干个语句
                   break;
       …
      case  常量值n:
                 若干个语句
                 break;
      default:
                 若干个语句
    }
```

对 switch 语句的说明如下：

（1）switch 语句中表达式 expr 的值和常量值 1～n 必须是整型、字符型或字符串型。

（2）switch 语句首先计算表达式的值，然后通过比较 expr 的值和常量值 1~n，找到入口位置，即从此入口位置开始执行，直到碰到 break 语句或 switch 块末尾为止。执行中，遇到 break 语句，则终止 switch 语句的执行。如果没有遇到 break 语句，就继续执行后面的语句，包括其后的其他 case 下的语句。因此，case 后的常量值起到标签作用，并不是判断语句。

（3）一般一个 case 分支对应一个 break 语句，break 语句使得程序在执行完对应 case 分支语句后跳出 switch 语句，即终止 switch 语句的执行(在一些特殊情况下，多个不同的 case 值要执行一组相同的操作，这时可以不用逐一使用 break，而是在最后一个 case 后使用一个 break)。

（4）若没有任何常量值与表达式的值相同，则从 default 处开始执行其后面的若干个语句，直到碰到 break 语句或 switch 块末尾为止。因此，为了避免错误，一般 default 位于最后面。default 可有可无。

（5）正确使用 break 可以使得多个 case 分支之间以及与 default 之间的先后次序不影响程序的结果。

（6）case 后的常量值必须互不相同。

提示：在 switch 语句中，一般情况下每个 case 分支对应的一组复合语句可以不使用{}来明确其是独立的符合语句。但有时则需要在 case 分支中使用{}来明确所属的独立的复合语句。如下所示在某个 case 里定义一个变量：

```
switch (表达式)
{
   case 1 :
     int a=2;  //错误。由于 case 不明确的范围，编译器无法在此处定义一个变量
     …
   case 2 :
     …
}
```

在这种情况下，加上 { } 可以解决问题。

```
switch (formWay)
{
   case 1 :
   {
     int a=2;  //正确，变量 a 被明确限定在当前 { } 范围内
     …
   }
   case 2 :
     …
}
```

◀　**上机实验**：if-else 语句和 switch 语句的应用

【实验 2-2】一般来说，每个月适宜吃的水果是不一样。每个月适宜吃的水果如下：

月份	水果	月份	水果
一月	猕猴桃	七月	桃子
二月	甘蔗	八月	西瓜
三月	菠萝	九月	葡萄
四月	山竹	十月	白梨
五月	草莓	十一月	苹果
六月	樱桃	十二月	橘子

请分别用 if-else 语句和 switch 语句编写能够实现以下功能的程序。
输入月份，显示该月适宜吃的水果。

```
// 程序名称：JBE2401.java
//目的：演示 if-else 的使用
import java.io.*;
import java.util.*;
public class JBE2401 {
 public static void main(String args[ ]) {
       Scanner stdin = new Scanner(System.in);
       System.out.print("输入月份：");
       int month= stdin.nextInt();
       System.out.println("");
       //String grade=stdin.nextLine();
       String  fruit=null;
       if(month==1)  {fruit="猕猴桃";}
       else if(month==2)  {fruit="甘蔗";}
       else if(month==3)  {fruit="菠萝";}
       else if(month==4)  {fruit="山竹";}
       else if(month==5)  {fruit="草莓";}
       else if(month==6)  {fruit="樱桃";}
       else if(month==7)  {fruit="桃子";}
       else if(month==8)  {fruit="西瓜";}
       else if(month==9)  {fruit="葡萄";}
       else if(month==10)  {fruit="白梨";}
       else if(month==11)  {fruit="苹果";}
       else if(month==12)  {fruit="橘子";}
       System.out.printf("%2d 月份适宜吃的水果为=%s\n",month,fruit);
      }
 }

// 程序名称：JBE2402A.java
//目的：演示 switch 的使用，expr 为整数
import java.io.*;
import java.util.*;
```

```
public class JBE2402A {
     public static void main(String args[ ]) {
          Scanner stdin = new Scanner(System.in);
          System.out.print("输入月份: ");
          int month= stdin.nextInt();
          System.out.println("");
          //String grade=stdin.nextLine();
          String  fruit=null;
          switch (month)
          {
               case 1:  fruit="猕猴桃";break;
               case 2:  fruit="甘蔗";break;
               case 3:  fruit="菠萝";break;
               case 4:  fruit="山竹";break;
               case 5:  fruit="草莓";break;
               case 6:  fruit="樱桃";break;
               case 7:  fruit="桃子";break;
               case 8:  fruit="西瓜";break;
               case 9:  fruit="葡萄";break;
               case 10:  fruit="白梨";break;
               case 11:  fruit="苹果";break;
               case 12:  fruit="橘子";break;
          }
          System.out.printf("%2d 月份适宜吃的水果为=%s\n",month,fruit);
     }
}
```

```
// 程序名称: JBE2402B.java
//目的: 演示 switch 的表达式值为字符串
import java.io.*;
import java.util.*;
public class JBE2402B {
     public static void main(String args[ ]) {
          Scanner stdin = new Scanner(System.in);
          System.out.print("输入月份: ");
          String month=stdin.nextLine();
          System.out.println("");
          String  fruit=null;
          switch (month)
          {
                    case "一月":  fruit="猕猴桃";break;
                    case "二月":  fruit="甘蔗";break;
                    case "三月":  fruit="菠萝";break;
                    case "四月":  fruit="山竹";break;
```

```
                case "五月":  fruit="草莓";break;
                case "六月":  fruit="樱桃";break;
                case "七月":  fruit="桃子";break;
                case "八月":  fruit="西瓜";break;
                case "九月":  fruit="葡萄";break;
                case "十月":  fruit="白梨";break;
                case "十一月":  fruit="苹果";break;
                case "十二月":  fruit="橘子";break;
        }
        System.out.printf("%s 月份适宜吃的水果为=%s\n",month,fruit);
    }
}
```

2.4.3　循环语句

1. while 循环

while 语句的一般格式如下：

```
while(表达式)
{若干语句}
```

2. do while 循环

do while 语句的一般格式如下：

```
do
    {若干语句}
    while (表达式);
```

3. for 循环

for 语句的一般格式如下：

```
for (表达式 1；表达式 2；表达式 3)
    {若干语句}
```

说明：“表达式 2”必须是一个求值为 boolean 型数据的表达式。

图 2-7 显示了以上 3 种循环的执行过程。

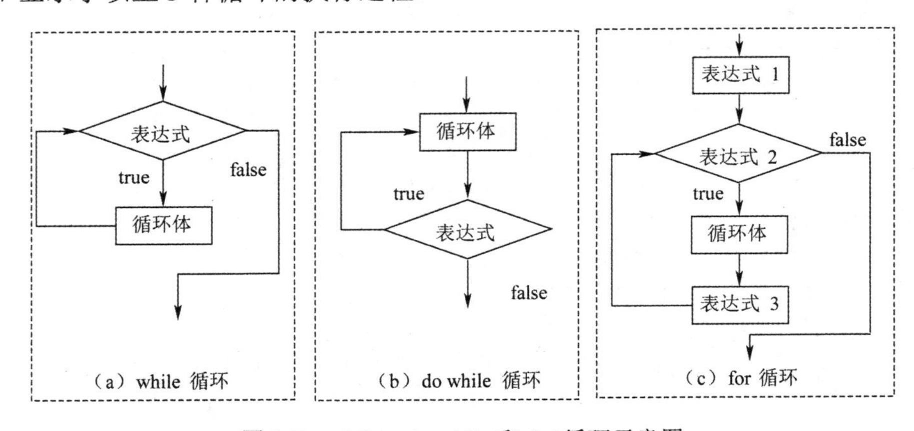

图 2-7　while、do while 和 for 循环示意图

◀ 上机实验：for 语句、while 语句以及 do while 语句的应用

【实验 2-3】分别利用 for 语句、while 语句以及 do while 语句编写一个程序实现以下功能：求 1 至 n 之间能被 m 整除的整数的和。

```
//程序名称：JBE2403.java
//功能：演示 for 循环应用
public class JBE2403 {
public static void main(String args[]){
    int n=10,i,m=5;
    long sum=0;
    for(i=1;i<=n;i++){
        if (i%m==0)
        {
            sum=sum+i;
        }
    }
    System.out.println("sum="+sum);
}
}
//程序名称：JBE2404.java
//功能：演示 while 循环应用
public class JBE2404 {
 public static void main(String args[ ]){
      int n=10,i=0,m=5;
      long sum=0;
      while(i<=n)   {
           if (i%m==0)
           {sum=sum+i;}
           i=i+1;
      }
      System.out.println("sum="+sum);
 }
}
//程序名称：JBE2405.java
//功能：演示 do  while 循环应用
public class JBE2405 {
public static void main(String args[ ]){
      int n=10,i=0,m=5;
      long sum=0;
      do{
           if (i%m==0)
           {sum=sum+i;}
           i=i+1;
      }while(i<=N);
```

```
        System.out.println("sum="+sum);
    }
  }
```

2.4.4　跳转语句

跳转语句包括 break 语句、continue 语句和 return 语句。

1. break 语句

在 Java 语言中，break 语句的作用如下：

- 在 switch 语句中，break 语句用来终止 switch 语句的执行，使程序从 switch 语句后的第一个语句开始执行。
- 跳出所指定的循环，并从紧跟该循环的第一条语句处执行。
- 跳出所指定的代码块，并从紧跟该代码块的第一条语句处执行。

前面已介绍过 break 在 switch 中的使用，这里不再赘述。以下介绍 break 在循环和代码块中的应用。

（1）break 在循环中的使用。此时 break 语句的使用形式如下：

```
break;                  //不带标签
break  Label;           //带标签
```

不带标签的 break 语句使程序跳出它所在的那一层循环结构，带标签的 break 语句使程序跳出标签所指示的循环结构，如下所示：

```
out:
while(表达式 1){
while(表达式 2){
…
    if(条件 1) break;
…
    if(条件 2) break out;
}
}
```

提示： 标签必须紧挨着所要跳出循环的开始部分。

（2）break 在一般代码块中的使用。break 可采用带标签方式来跳出标签对应的代码块。

◀　上机实验

【实验 2-4】

```
// 程序名称:JBE2406.java
//功能：演示 break 在一般代码块中的使用
class JBE2406 {
 public static void main(String args[]) {
    boolean  flag = true;
    lab1: {
        lab2: {
            lab3: {
                System.out.println("break 语句执行前！");
```

```
                if(flag) break lab2;
            }
            System.out.println("lab2 语句块尾部！");
        }
        System.out.println("lab1 语句块尾部！");
    }
  }
}
```

运行该程序如下：

```
break 语句执行前！
lab1 语句块尾部！
```

说明： 在代码块 lab3 中由于 flag 为 true，所以执行“break lab2;”命令，跳出代码块 lab2，因此代码块 lab2 中后面的语句不被执行，所以输出结果中没有“lab2 语句块尾部！”。

2. continue 语句

continue 语句只能在循环体中使用，用来结束本次循环，跳过循环体中下面尚未执行的语句，接着进行终止条件的判断，以决定是否继续循环。对于 for 循环语句，就是忽略循环体中后面的语句，跳到执行表达式 3，然后再执行表达式 2。对于 while 或 do while 循环语句，就是直接转去求解逻辑表达式。continue 语句的使用格式如下：

```
continue;        //不带标签
continue Lable; //带标签
```

不带标签的 continue 语句的作用是终止当前循环结构的本轮循环而直接开始下一轮循环。带标签的 continue 语句的作用就是把程序直接转到标签所指的循环结构的下一次循环，而不管被它嵌套的以及 continue 语句所在的循环结构运行到了哪个环节。continue 语句和 break 语句的比较如下。

相同点：

- 都必须用在循环中，用于流程控制。
- 执行这两个语句时，若后面还有其他语句，将不再继续执行。

不同点：

- continue 语句的标号必须位于封闭的循环语句的前面。
- break 语句的标号只需位于封闭语句的前面，但不一定是循环语句。

3. return 语句

return 语句用来从当前方法中退出，返回到调用该方法的语句处，并从紧跟该语句的下一条语句继续程序的执行。return 语句的使用格式如下：

```
return expression ;      //退出方法并返回值
return;                 //退出方法
```

return 语句通常用在一个方法体的最后，否则会产生编译错误，除非用在 if-else 语句中。例如：

```
int max(int x, int y){
    if(x>y) return x;
    else return y;
}
```

或

```
int max(int x, int y){
    int z;
    if(x>y) z= x;
    else z=y;
    return z;
}
```

方法 max 的功能是求 x 和 y 之间的较大值。

◀ 上机实验：continue 语句和 break 语句的应用

【实验 2-5】

1. continue 语句的使用演示

```
// 程序名称：JBE2407.java
//目的：演示不带标号 continue 语句的使用
public class JBE2407{
public static void main(String args[ ]) {
    int n=0,i,num=0;
    for(i=1;i<=50;i++){
        num=(int)(Math.random()*100);
        //System.out.println("num="+num);
        if (num%5==0){
            n=n+1;
            continue;
        }
      System.out.println(num+"不能被 5 整除!! ");
    }
    System.out.println("50 个随机数中被 5 整除的数的个数="+n);
  }
}
```

说明：此程序统计 50 个随机整数中被 5 整除的整数的个数，若不能被 5 整除，则提示该数不能被 5 整除。

```
// 程序名称：JBE2408.java
//目的：演示带标号 continue 语句的使用
public class JBE2408{
public static void main(String args[ ]) {
    int i,j,n=0;
    outer:for(i=0;i<3;i++){
        for(j=0;j<3;j++){
            n=n+1;
            if(j==1) continue outer;
            System.out.println(i+","+j);
        }
    }
```

```
        System.out.println("n="+n);
    }
    }
```

编译后运行结果如下：

```
0,0
1,0
2,0
n=6
```

```
// 程序名称：JBE2409.java
//目的：演示带标号 continue 语句的使用
public class JBE2409{
public static void main(String args[ ]) {
    int i,j,n=0;
    for(i=0;i<3;i++){
        outer:for(j=0;j<3;j++){
            n=n+1;
            if(j==1) continue outer;
            System.out.println(i+","+j);
        }
    }
    System.out.println("n="+n);
}
}
```

编译后运行结果如下：

```
0,0
0,2
1,0
1,2
2,0
2,2
n=9
```

说明： JBE2409.java 与 JBE2408.java 的唯一区别是标号 outer 的位置发生改变，但结果迥异。JBE2409.java 中 outer 处于内循环处，JBE2408.java 中 outer 处于外循环处。

2. break 语句的使用演示

```
// 程序名称：JBE2410.java
//目的：演示不带标号 break 语句的使用
public class JBE2410{
 public static void main(String args[ ]) {
    int n=0,i,num=0;
    for(i=1;i<=50;i++){
        num=(int)(Math.random()*100);
        //System.out.println("num="+num);
        if (num%5==0){
```

```
                n=n+1;
                break;
            }
        System.out.println(num+"不能被 5 整除!! ");
        }
    }
}
```

说明：

- 此程序的功能为判断已产生随机数是否能被 5 整除，如果能，则终止，否则输出该随机数。
- 此程序与程序 JBE2407.java 的唯一区别就是使用 break 替换了 continue 语句，但功能迥异。

2.5　综合上机实验

【实验 2-6】本实验旨在演示使用 Java 来求解方程的根。

求解方程根的方法很多，这里使用简单迭代法求解方程的根。下面简单介绍求解的基本思路。首先，将方程转换为以下形式：

$$x = \varphi(x)$$

则迭代方程为：

$$x_{n+1} = \varphi(x_n)$$

其次，确定初始值 x_0（如为 1），精度 ε=10^{-6}。

最后，反复迭代直到 $|x_{n+1} - x_n| \leqslant \varepsilon$。

假定待求解的方程为：

$$xe^x - 1 = 0$$

则对应的 Java 程序为：

```
//程序名称:JBE2501.java
//功能：方程求解的应用
//x*exp(x)-1=0==>x=1/exp(x)
import java.io.*  ; //引入类库
import java.util.*;
public class JBE2501{   //定义类
     public static void main(String args[]) { //定义 main 方法
          double x=0.1,y,eps=0.00000001;
          y=1/Math.exp(x);
          while(Math.abs(x-y)>eps)
          {
               x=y;
               y=1/Math.exp(x);
          }
          System.out.println("方程的根="+x);
```

```
        }
}
```

【实验 2-7】本实验旨在演示 Java 各种语句的使用。

在程序中使用 Java 设计一个简单的用户界面，如下所示：

```
1.输出 1+2+…+n 的结果
2.输出 1*2*…*n 的结果
3.输出两个随机整数的最大值
4.求使得 1+2+…+n 的值大于 m 的最小 n 值
5.求 m 和 n 的最大公约数和最小公倍数
0.退出系统
```

当输入 0、1、2、3、4 中任何一个数字字符时，分别执行相应功能。

```
//程序名称:JBE2502.java
//功能：演示各种语句综合应用
import java.io.* ;  //引入类库
import java.util.*;
public class JBE2502{   //定义类
public static void main(String args[]) { //定义 main 方法
      myMath mymath=new myMath();
      char ch='5';          //此处必须赋初值
      int i=0,m=0,n=0;
      long sum=0,fact=0,p=0;
      Scanner stdin = new Scanner(System.in);
      while (ch!='0'){
              System.out.println("\n\n");
              System.out.println("主要功能");
              System.out.println("========================");
              System.out.println("1.输出 1+2+…+n 的结果");
              System.out.println("2.输出 1*2*…*n 的结果");
              System.out.println("3.输出两个整数的最大值");
              System.out.println("4.求使得 1+2+…+n 的值大于 m 的最小 n 值");
              System.out.println("5.求 m 和 n 的最大公约数和最小公倍数");
              System.out.println("6.求 m 和 n 之间的素数");
              System.out.println("0.退出系统");
              System.out.print("选择[0,1,2,3,4,5,6]");
              try{
                    ch=(char)System.in.read();    //接收用户输入的一个字符
              }catch(IOException e){
              //此处写产生输入错误的处理代码
                    System.out.println(e);    //输出异常信息
              }
              switch(ch){
                    case  '1':
                          System.out.print("请输入 n:");
                          n=stdin.nextInt();
```

```
            System.out.println("");
            System.out.println("sum(1…"+n+")="+mymath.sum(n));
            break;
        case  '2':
            System.out.print("请输入n:");
            n=stdin.nextInt();
            System.out.println("");
            System.out.println(n+"!="+mymath.fact(n));
            break;
        case  '3':
            System.out.print("请输入m:");
            m=stdin.nextInt();
            System.out.println("");
            System.out.print("请输入n:");
            n=stdin.nextInt();
            System.out.println("");
            System.out.println("max("+m+","+n+")=
                            "+mymath.max(m,n));
            break;
        case  '4':
            System.out.print("请输入p:");
            p=stdin.nextInt();
            System.out.println("");
            System.out.println("(1+2+…+n)>="+p+"的最小
                              n="+mymath.minN(p));
            break;
        case  '5':
            System.out.print("请输入m:");
            m=stdin.nextInt();
            System.out.println("");
            System.out.print("请输入n:");
            n=stdin.nextInt();
            System.out.println("");
            System.out.println(m+"和"+n+"的最大公约数
                          ="+mymath.max1(m,n));
            System.out.println(m+"和"+n+"的最小公倍数
                           ="+m*n/mymath.max1(m,n));
            break;
        case  '6':
            System.out.print("请输入m:");
            m=stdin.nextInt();
            System.out.println("");
            System.out.print("请输入n:");
            n=stdin.nextInt();
            System.out.println("");
```

```
                        mymath.dispPrimeNumber(m,n);
                        break;
                    case '0':
                        System.out.println("退出系统……");
                        break;
                }//switch
            }//while
    }//main
}
class myMath{
 long sum(int n) { //sum=1+2+…+n
        long sum1=0;
        int i;
        for(i=1;i<=n;i++) sum1=sum1+i;
        return sum1;
 }
 long fact(int n) { //fact=1*2*…*n
        long fact1=1;
        int i;
        for(i=1;i<=n;i++) fact1=fact1*i;
        return fact1;
}
int max(int x,int y) { //返回x与y的最大值
        return x>y?x:y;
}
int minN(long m) {//返回使得1+2+…+n之和大于m的最小值
       long sum=0;
       int n=0;
       while(sum<m)
       {
            sum=sum+n;n=n+1;
       }
       return n;
}
int max1(int n,int m) { //返回x与y的最大值公约数
       int temp,r;
       if(n<m)//把大数放在n中,把小数放在m中.
       {temp=n;n=m;m=temp;}
       while(m!=0){
            r=n%m;
            n=m;
            m=r;
       }
       return n;
}
```

```
/*
判断素数的方法：用一个数分别去除 2 到 sqrt(这个数)，
如果能被整除，则表明此数不是素数，反之是素数。
*/
 void dispPrimeNumber(int num1,int num2)    {
        int m,i,k,num=0;
        boolean isprime=true;
        System.out.printf("\n");
        for(m=num1;m<=num2;m++)   {
              k=(int)Math.sqrt(m+1);
              for(i=2;i<=k;i++)
                     if(m%i==0) {isprime=false;break;}
              if(isprime) {
                     System.out.printf("%-4d",m);num++;
                     if(num%10==0)  System.out.printf("\n");
              }
              isprime=true;
        }
        System.out.printf("\n[%d: %d]之间素数总共%d\n",num1,num2,num);
 }
}
```

说明：

- Math.random()的功能是产生 0~1 之间的随机数。
- System.in.read()的功能是从键盘输入一个字符。
- try…catch 是 Java 处理异常的一种机制，这里是为了处理输入异常。有关异常处理机制将在后面章节介绍。

2.6 本 章 小 结

本章介绍了 Java 语言基础知识，其主要内容包括 Java 程序结构、Java 注释、Java 关键字、Java 标识符、Java 变量与常量、基本数据类型、运算符和表达式、Java 语句（分支语句、循环语句、跳转语句）、利用 Java 求解数值计算问题以及上机实验程序。

2.7 思 考 和 练 习 题

1. 请说明注释的作用。
2. 判断下列哪些是标识符。

(1) 3class　　(2) byte　　(3) ? room

(4) Beijing　　(5) beijing　　(6) class

3. 请指出下列声明字符变量 ch 的语句是否存在错误，如有请改正。

```
char ch = 'A';
char ch = '\u0020';
```

```
char ch = 88;
char ch = 'ab';
char ch = "A";
```

4. 如果 int x=1，y= – 2，n=10；那么表达式 x+y+(– –n)*(x>y&&x>0?(x+1):y) 的值是什么类型？结果是多少？

5. 如果 int k=1，那么'H'+k 是什么类型？下面语句是否存在差错？如有，请改正。

```
int k=1;
char ch1,ch2;
ch1='H'+k;
ch2=98;
```

6. 请指出下列程序在编译时是否会出现错误，如有，请改正。

```
public class doubleTointExample {
public static void main(String args[ ]) {
    int a;
    double b=1,c=2;
    a=(int)(b+c);
    System.out.println("a="+a);
    }
}
```

7. 请指出执行完下列程序后，x、y 和 z 的输出值是多少，并请上机验证。

```
public class doubleTointExample {
public static void main(String args[ ]) {
int x,y,z
x=1;
y=2;
z=(x+y>3?x++:++y);
    System.out.println("x="+x);
    System.out.println("y="+y);
    System.out.println("z="+z);
  }
}
```

8. 请指出以下程序片段输出的结果。

```
int i=1,j=10;
do
{
if (i++> - - j) break;
}while(i<5);
System.out.pringlin("i="+i+"<…>"+"j="+j);
```

9. 请分别用 if-else 语句和 switch 语句编写能够实现以下功能的程序。

当输入月份为 1、2、3 时，输出“春季”；为 4、5、6 时，输出“夏季”；为 7、8、9 时，输出“秋季”；为 10、11、12 时，输出“冬季”。

10. 编写输出乘法口诀表的程序。

乘法口诀表的部分内容如下：

```
1*1=1
1*2=2 2*2=4
1*3=3 2*3=6 3*3=9
1*4=4 2*4=8 3*4=12 4*4=16
…
```

11．请编写程序实现如图 2-8 所示的效果图。

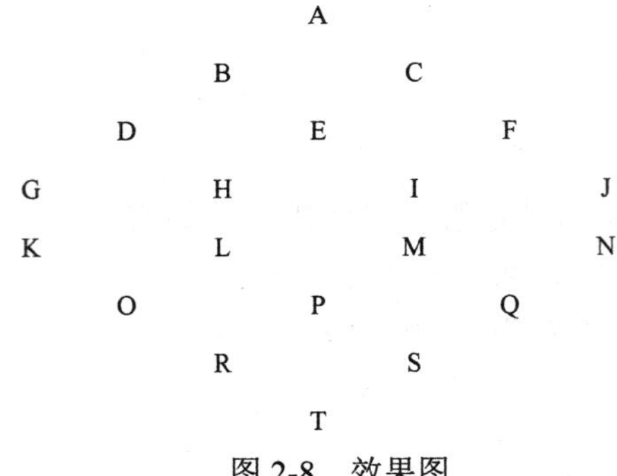

图 2-8　效果图

12．分别利用 for 语句、while 语句以及 do while 语句编写一个求阶乘程序（即 n！=1×2×3×…×n）。

13．编写一个利用简单迭代法求解下列方程的 Java 程序。

$$x^3 - 15x + 14 = 0$$

14．复习 break 语句和 continue 语句，并调试本章中涉及这两个语句的程序。

第3章 类 与 对 象

Java 语言是面向对象的程序设计语言。类是某些对象的共同特征（属性和方法）的表示，对象是类的实例。类是组成 Java 程序的基本要素；类封装了一类对象的状态和方法；类是用来定义对象的模板。通过定义修饰符可实现对类、方法和属性的访问控制。

- 理解类的含义、类的创建方法。
- 理解并掌握类中成员变量和方法的分类及使用。
- 理解对象的含义、创建方法、引用和消亡。
- 理解并掌握包的含义及使用方法。
- 理解并掌握 import 语句的作用及使用方法。
- 理解并掌握访问权限。

3.1 类

3.1.1 类的声明

在面向对象程序设计中，对象是客观事物的属性和行为密封成的一个整体。类是某些对象的共同特征（属性和方法）的表示，对象是类的实例。类是组成 Java 程序的基本要素。类封装了一类对象的状态和方法。类是用来定义对象的模板。可以用类创建对象，当使用一个类创建一个对象时，就是给出了这个类的一个实例。

1. 类的基本构成

在语法上，类由两部分构成，即类声明和类体。类声明部分由修饰符、class 关键字、类名及其他组成。类体由一对大括号 { } 和大括号之间的内容组成。类体中的内容包括成员变量声明及初始化和方法声明及方法体。基本格式如下所示：

```
修饰符 class 类名 [extends 父类名] {
    成员变量声明及初始化;
    方法声明及方法体;
}
```

2. 类声明的详细格式

类声明的格式如下所示：

```
[public] [abstract | final] class className [extends superclassName ]
[implements interfaceNameList]
{
成员变量声明及初始化;
```

```
方法声明及方法体;
}
```

说明：

- class：关键字，供类声明用。其后的 className 为所声明类的名称。
- public：定义类的访问权限。如果一个类被声明为 public，那么与它不在同一个包中的类也可以通过引用它所在的包来使用这个类，否则这个类就只能被同一包中的类使用。
- abstract：表示该类为抽象类。详见后面的 abstact 类介绍。
- final：表示该类为最终类，不能再派生出新的子类。
- extends：后跟父类名称，表明所声明类 className 为父类 superclassName 的子类。
- implements：列出一个或多个接口。详见后面的 implements 介绍。

3. 类体格式

类体中定义了该类中所有的变量和该类所支持的方法，如下所示：

```
class className
{
//成员变量的定义
    [访问控制修饰符] [其他修饰符]  类型 变量名称;
//成员方法的定义
     [访问控制修饰符][其他修饰符]   返回类型  方法名称(参数列表)[抛出异常]
     { statements}
}
```

示例如下所示。

```
class A
{
    int x,y;
    showxy( )
    {
     System.outprintln("x="+x+"  y="+y);
    }
}
```

说明：类 A 包含两个成员变量（即 x 和 y）和一个方法（即 showxy( )）。

值得指出的是，类体可以为空，如下所示：

```
class A
{
}
```

3.1.2　成员变量的声明

在类体中，当一个变量的声明出现不属于任何方法时，则该变量为类的成员变量。成员变量描述了类和对象的状态（或属性）。对成员变量的操作实际上就是改变对象的状态（或属性），使之满足程序的需要。与类一样，在成员变量声明时，其前面也有许多修饰符，用于对成员变量访问的控制。

1. 成员变量的声明格式

在类体中可声明多个成员变量，但同一类中，各成员变量不能同名。成员变量的声明格式如下：

```
[访问控制修饰符] [其他修饰符] 类型 变量名称;
```

示例如下所示：

```
class A
{
    int x,y;
    private float z;
…
}
```

说明：类A包含3个成员变量：x、y和z，其中x和y前面没有修饰符，而z的前面有修饰符private。有关修饰符的含义将在后面的内容中详细说明。

2. 成员变量访问控制修饰符

成员变量访问控制修饰符有public、protected、private等。为表述起见，称正在探讨的成员变量对应的类为本类。

- public：一个类中被声明为public的变量是“公开的”，意味着任何其他类只要能访问本类，就可以通过创建本类的实例对象访问这个变量的值。
- protected：一个类中被声明为protected的变量是“受限的”，意味着仅能在与本类处于同一包的其他类中通过创建本类的实例对象访问这个变量的值，或被与本类处于不同包中的子类继承访问。
- private：一个类中被声明为private的变量是“私有的”，意味着除了在声明它们的本类中直接访问外，不能在包括本类的子类在内任何其他类中通过创建本类的实例对象访问这个变量的值。
- 默认情况：如果成员变量前面不加访问控制符，则其只能被与本类处于同一包中的其他类通过创建本类的实例对象访问这个变量的值，即为包可见性。

说明：

- 对属性（成员变量或成员方法）的访问的前提是对属性所在类可以访问。
- 访问控制修饰符对在该类以外的代码中访问被修饰的属性起控制作用，不影响在该类内部对该属性的访问性。

3. 成员变量其他修饰符

- final：在简单变量属性前面使用final，表示该属性为常数。如果在对象变量属性前面加上final，则表示该变量不能指向新的对象，但是所指向的对象的属性可以改变，这同对象变量的值可以修改一样。但指向的对象不能修改的情况正好相反，后者如字符串变量。
- transient：指明变量是临时常量。
- volatile：指明变量是一个共享变量。
- static：指明变量为静态变量（类变量）。后面有关章节将对静态变量和实例变量作详细说明，在此省略。

3.1.3　成员方法

方法是类的动态属性。对象的行为是由其方法来实现的。一个对象可以通过调用另一个对象的方法来访问该对象。方法由方法声明和方法体组成。方法声明部分包括修饰符、返回类型、方法名称、参数等。方法体由一对大括号 { } 和大括号之间的内容组成。

在方法声明时，可通过修饰符来控制对方法的访问。在方法中，可以对类的成员变量进行访问。

1. 方法的声明格式

在类体中，可声明多个方法。方法的声明格式如下所示：

```
[访问控制修饰符][其他修饰符]  返回类型  方法名称(参数列表)[抛出异常]
{ statements}
```

示例如下所示：

```
class A
{
    int x,y;
    private int z;
    int add(int x,int y)
    {
    return x+y;
    }
}
```

说明：

- 类 A 包含 3 个成员变量即 x、y 和 z，以及一个方法 add( )。有关修饰符的含义将随后详细说明。
- 在方法的参数列表中所包含的变量及方法体中所定义的变量不是成员变量，而是局部变量，这会在后面的章节中进行说明。

提示：在同一类中各成员变量不能同名，但方法名称可以相同，只是要求名称相同的各方法之间在参数个数或参数类型等方面要存在差异，这也是 Java 语言多态性的表现。有关这方面的内容将在方法重载一节中进一步说明。

2. 方法访问控制修饰符

方法访问控制修饰符包括 public、protected 和 private。这些修饰符的含义、作用和成员变量相应的访问控制修饰符类似。同样，为表述起见，称正在探讨的成员方法对应的类为本类。

- public：一个类中被声明为 public 的方法是“公开的”，意味着任何其他类只要能访问本类，就可以通过创建本类的实例对象访问这个方法。
- protected：一个类中被声明为 protected 的方法是“受限的”，意味着仅能在与本类处于同一包的其他类中通过创建本类的实例对象访问这个方法，或被与本类处于不同包中的子类继承访问。
- private：一个类中被声明为 private 的方法是“私有的”，意味着除了在声明它们的本类中直接访问外，不能在包括本类的子类在内任何其他类中通过创建本类的实例对象访问这个方法。

- 默认情况：如果成员方法前面不加访问控制符，则其只能被与本类处于同一包中的其他类通过创建本类的实例对象访问这个方法，即为包可见性。

3. 其他方法修饰符

- final：声明方法是最终的，在子类中不能对该方法进行重新实现，即覆盖或者扩展。该修饰符用于控制类方法的继承。
- abstract：声明方法是抽象的，不可能有具体实现的方法体。
- native：声明方法是通过调用本地方法来实现功能的，如调用 C 函数。
- synchronized：声明该方法可实现线程的同步。
- static：指明方法为静态方法（类方法）。后面有关章节将对静态方法和实例方法作详细说明，在此省略。

3.2 对　　象

采用 Java 语言编程时，在大多数情况下是对具体的对象进行操作。具体来说，就是要求以类作为模板，创建类的实例（对象）。一般形象地将类比作对象的制造厂，如图 3-1 所示。

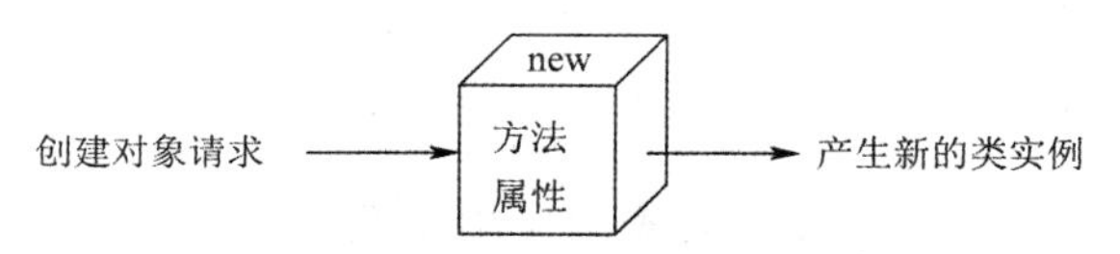

图 3-1　类是对象的制造厂示意图

3.2.1　对象的创建

（1）创建对象的语法格式如下所示：

```
类名  对象名;               //声明对象
对象名=new 类名( );          //创建对象
```

（2）对象的声明格式如下所示：

```
类名  对象名;
```

示例如下所示：

```
MyDate date;
```

（3）对象的实例化与初始化。用 new 操作符创建对象，即实例化一个对象，并按照对象的类型分配内存，可用构造方法对它进行初始化。通常 new 要与构造方法配合使用。例如，new String("How are you!");就是对系统字符串类 String 的构造方法的调用，并初始化为“How are you!”。

示例如下所示：

```
String str;   //line1
str=new String(“How are you!”);  //line2
```

也可以将 line1 和 line2 两行语句合并为如下一行语句。

```
String  str=new String (“How are you!”);
```

提示：

- Java 中基本类型（如 int 型等）数据，存在于栈（Stack）中。复合类型数据全部存在于堆中（Heap）。
- 对象变量并不是对象实例本身，而是对象的一个引用（Reference）地址，该内存地址用来定位该对象实例在 Heap 中的位置。对象实例本身和对象的引用分别保存在堆和栈中。
- 可以定义一个对象类型的变量，暂时不和一个对象实例关联。多个对象引用也可以指向同一个对象实例。如图 3-2 中对象变量 str 存储的是对象实例在 Heap 中的位置（起始地址）。

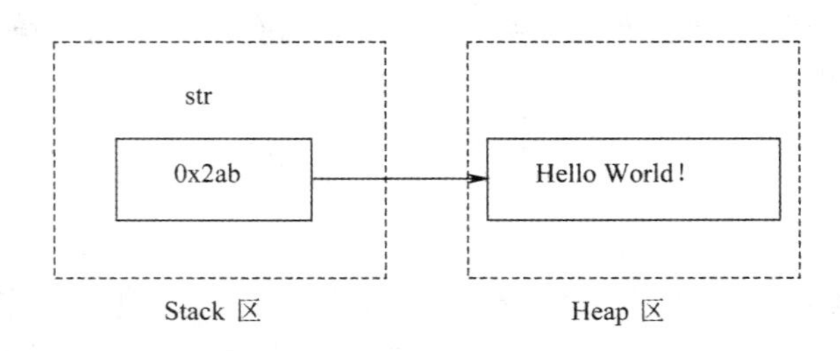

图 3-2　对象变量与对象实例的存储映像示意图

3.2.2　对象的使用

创建对象后，便可以访问对象。对象的使用是通过一个引用类型的变量来实现的，包括引用对象的成员变量和方法，通过运算符“•”可以实现对变量的访问和方法的调用。

1. 引用对象的变量

引用对象的变量的格式如下所示：

```
obj.varName
```

其中，obj 为指向对象的引用类型变量，varName 为待引用的变量。示例如下：

```
MyDate date = new MyDate( );
```

定义了一个 MyDate 类型的对象 date，以下是对象 date 的成员变量 day 的引用。

```
date.day;    //引用 date 的成员变量 day
```

提示：

- 一般不提倡直接操作对象的成员变量，而是通过类似对象提供的 set 和 get 方法来操作成员变量，主要是避免设置一些无意义的变量值，以及利用方法操作成员变量，以保证变量的完整性和正确性。此外，private 型成员变量只能由同类中的方法来访问。
- 对象的变量可以通过设置权限来允许或禁止其他对象对其进行访问。

2. 引用对象的方法

引用对象的方法的格式如下所示：

```
obj.methodName
```

其中，obj 为指向对象的引用类型变量，methodName 为待引用的方法。示例如下：

```
date.tomorrow( );     //调用 date 的方法 tomorrow( )
```

提示：对象的方法可以通过设置权限来允许或禁止其他对象对其进行访问。

3.2.3　对象的消亡

Java 通过垃圾收集器来收集并释放那些不再有引用的对象所占的空间。程序中同一对象可以有多个引用，一个对象在作为“垃圾”被垃圾收集器清除之前必须清除所有对该对象的引用。一个引用型变量在其作用域内有效，在作用域外将被清除。此外，可以通过赋值 null 给引用变量来显式地清除对象的引用，如下所示：

```
MyDate date1 = new MyDate( );
…
date1=null;    //删除对象的引用
```

◀　上机实验

【实验 3-1】自定义一个圆形类 MyCircle，包含常量 PI 和私有变量 radius（半径），以及求周长和面积的方法等。然后以类 MyCircle 为基础创建对象来演示方法的使用、属性的获取等。

```
//程序名称：JBE3201.java
//功能：演示类的定义，对象生成及使用
class MyCircle  //自定义圆类
{
final double PI=3.1415926;
private float radius;
MyCircle()
{
    this.radius=0;
}
MyCircle(float radius)
{
    this.radius=radius;
}
void setRadius(float radius)
{
    this.radius=radius;
}
float getRadius()
{
    return radius;
}

double area()
{
    return PI*radius*radius;
}
double circle()
{
```

```
        return 2*PI*radius;
    }
    }
    public class JBE3201 {
    public static void main(String args[ ]) {
        MyCircle obj=new MyCircle(1);
        System.out.println("初始圆的信息");
        System.out.println("半径="+obj.getRadius());
        System.out.println("周长="+obj.circle());
        System.out.println("面积="+obj.area());
        obj.setRadius(3);
        System.out.println("重新设置后圆的信息");
        System.out.println("半径="+obj.getRadius());
        System.out.println("周长="+obj.circle());
        System.out.println("面积="+obj.area());
    }
    }
```

编译后运行结果为：

```
初始圆的信息
半径=1.0
周长=6.2831852
面积=3.1415926
重新设置后圆的信息
半径=3.0
周长=18.849555600000002
面积=28.274333400000003
```

说明：

- 在 MyCircle 中 radius 为私有属性，只能在此类中使用，在其他类中要使用该属性值时，只能间接使用，即通过能访问的方法 getRadius()来得到私有属性 radius 的值。
- 和类 MyCircle 名称相同的方法 MyCircle()、MyCircle(float radius)在 Java 成为构造方法，这种方法只能在创建对象时使用一次，因此对象创建完毕后如果需要改变属性 radius，则需要使用 setRadius。

3.3 变　　量

3.3.1 类中变量的分类

类中的变量可分为局部变量和成员变量两种。局部变量是在方法体中定义的变量和方法的参数。成员变量是在类属性定义部分所定义的变量，又可分为实例变量和静态变量。静态变量就是在声明时加上 static 修饰符的成员变量。

提示：有些书中将静态变量（静态方法）称为类变量（类方法），本书使用的是静态变量（静态方法）。

成员变量的声明格式如下所示：

[访问控制修饰符] [其他修饰符] 类型 变量名称;

方法体中定义的变量的声明格式如下所示：

类型 变量名称;

方法的参数列表的声明格式如下所示：

类型 1 变量 1,类型 2 变量 2,……

因此，对成员变量而言，其声明时可以有修饰符，而对局部变量而言，其声明时不能有修饰符。

同一类中成员变量的名称不能相同，但成员变量和局部变量的名称可以相同，不过它们的含义和作用的范围是不一样的。局部变量只在方法体范围中有效。在方法体中使用关键字 this 来区别名称相同的局部变量和成员变量。以下举例说明：

```
class A{
   int x,y;
   static int z;
   void setValue(int x,int y,int z){
      this.x=x; this.y=y; this.z=z;
   }
   int max (int x,int y,int z){
      int t=0;
      t=x;
      if(y>x) t=y;
      if(t<z) t=z;
      return t;
  }
}
```

说明：

- 在类 A 中有三个成员变量 x、y、z，其中 x 和 y 是实例变量，z 是静态变量。
- 在类 A 中有两个成员方法 setValue()和 max()，其中 setValue()为返回值，max()返回 int 值。
- 方法 setValue()有 3 个形参变量 x、y、z，这里的 x、y、z 与类的成员变量 x、y、z 不同。为了区别两类变量，可使用 this 关键字。this.x、this.y、this.z 分别表示当前类的成员变量 x、y、z。有关 this 的含义将在后面的有关章节中进一步说明。
- 方法 max()也有 3 个形参变量 x、y、z，同时方法体类定义了一个局部变量 t。

3.3.2　变量的内存分配

Java 语言中的数据分为基本数据类型和复合类型，相应的变量可分为基本变量和复合变量。基本变量在声明时由系统自动分配内存，复合变量则必须使用 new 来申请内存。下面以类为例来说明复合变量的内存分配。

首先在声明变量时，在内存中为其建立一个引用，并置初值为 null，表示不指向任何内存空间；其次使用 new 申请内存，内存大小依类 class 的定义而定，并将该段内存的首址赋给引用。以下举例说明内存分配前后的内存映像图。

```
//程序名称：JBE3301.java
class Box{
   float  height、weight;
   void outputArea() {System.out.println("Area="+height*weight);}
}
class  JBE3301{
   public static void main(String args[ ]){
        Box box;  //line1：声明对象
             box=new Box( );  //line2
          /*为对象分配内存，使用 new 和默认构造方法*/
}
```

图 3-3 给出了内存分配示意图。

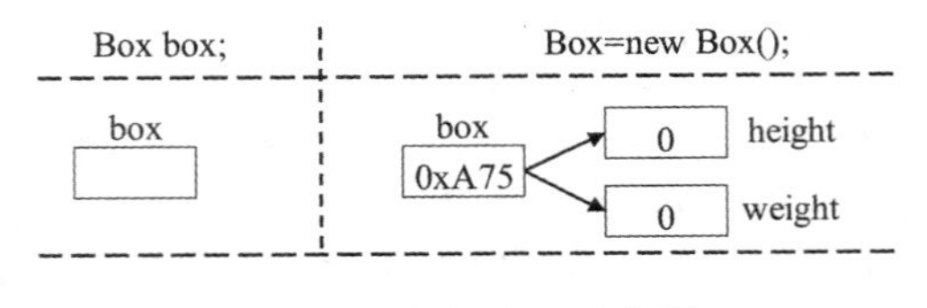

图 3-3　内存分配示意图

图 3-3 中左半部分显示的是执行语句“Box box;”后的内存情况，右半部分显示的是执行语句“Box=new Box();”后的内存情况。执行语句“Box=new Box();”时，系统将做以下两件事：

- 为 height 和 weight 分配内存空间。
- 返回一个引用给 Box，确保 Box 可以操作管理分配给 height 和 weight 的内存单元。

3.3.3　实例变量和静态变量的简单比较

一个类通过使用 new 运算符可以创建多个不同的对象，这些对象的实例变量被分配不同的内存空间。但如果一个类中有静态变量时，那么基于该类的所有对象的这个静态变量对应同一内存空间，此时在一个对象中改变这个静态变量都会影响其他对象中对应变量值。

静态变量和实例变量均在类体中进行声明，静态变量声明时使用关键字 static，实例变量声明时不使用关键字 static。

静态变量在类被加载时完成相应的初始化工作，它在一个运行系统中只有一个供整个类和实例对象共享的值，该值有可能被类(及其子类)和它们所创建的实例对象改变，每一次的改变都将影响到该类(及其子类)和其他实例对象的调用。实例变量在对象初始化时完成相应的初始化工作，并由某一个对象独自拥有。

静态变量的作用域是整个类。实例变量的作用域是某一个类具体创建的实例对象。

```
//程序名称：JBE3302.java
class A{
   static int x;
   int y;
}
class JBE3302{
```

```
 public static void main(String args[ ]) {
      A  a1=new A( );
      A  a2=new A( );
 }
}
```

图 3-4 给出了内存分配示意图。

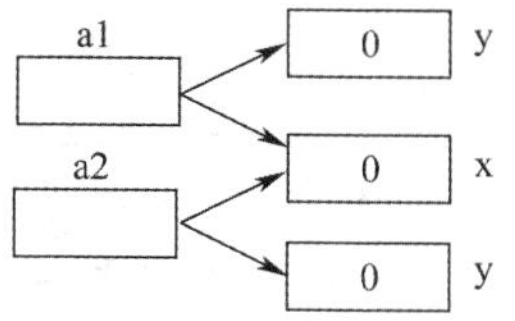

图 3-4 内存分配示意图

说明：

- 本实验包含两个类 A 和 JBE3302。
- 在类 A 中 x 是静态变量，y 是实例变量。
- 在类 JBE3302 中，以类 A 为基础创建了两个对象 a1 和 a2；由于 x 是静态变量，因此对象 a1 和 a2 中变量 x 指向同一内存单元；而 y 是实例变量，因此对象 a1 和 a2 中变量 y 分别指向不同的内存单元。

下面将完善上述程序来进一步说明这两种类型变量内存分配情况的差异。

【实验 3-2】

```
//程序名称：JBE3302.java
//功能：演示实例变量和静态变量内存分配的差异
class A{
static int x;
int y;
void setx(int x0){
    x=x0;
}
void sety(int y0){
    y=y0;
}
void showx( ){
    System.out.println("x="+x);
}
void showy( ){
    System.out.println("y="+y);
 }
}
public class JBE3302{
 public static void main(String args[ ]) {
      A a1=new A( );
      A a2=new A( );
      //start1
      System.out.println("通过 a1 来设置 x 和 y 的值");
      a1.setx(1);
      a1.showx( );
      a2.showx( );
      a1.sety(2);
      a1.showy( );
```

```
        a2.showy( );
        //start2
        System.out.println("通过a2来设置x和y的值");
        a2.setx(3);
        a1.showx( );
        a2.showx( );
        a2.sety(4);
        a1.showy( );
        a2.showy( );
    }
}
```

编译后运行结果如下：

```
通过a1来设置x和y的值：
x=1
x=1
y=2
y=0
通过a2来设置x和y的值：
x=3
x=3
y=2
y=4
```

说明：

- 在本实验中，由于x是静态变量，因此对象a1和a2中变量x指向同一内存单元，因此对象a1调用方法setx设置x后，对象a2中的变量x的值应发生相应改变。同样对象a2用方法setx设置x后，对象a1中的变量x的值也应发生相应的改变。
- 由于y是实例变量，因此对象a1和a2中变量y分别指向不同的内存单元。这样对象a1调用方法sety设置y值对对象a2中的变量y的值不会产生影响，同样对象a2调用方法sety设置y值对对象a1中的变量y的值也不会产生影响。

3.3.4　变量初始化与赋值

在Java中规定，任何变量在使用之前，必须先对其赋值。

1. 成员变量的初始化及赋值

成员变量可自动初始化，其中数值型为0，逻辑型为false，引用型为null。成员变量的赋值可以在声明时进行，也可以在方法中实现，但不能在声明和方法之间进行赋值。例如，在以下类A中给成员变量x和y赋值是不允许的。

【实验3-3】

```
// 程序名称：JBE3303.java
//功能：演示成员变量初始化中可能的问题
class B{
      int x;
      float y;
```

```
        x=12;y=12.56f;
        float sumXY( ){
            return x+y;
        }
}
public class JBE3303{
    public static void main(String args[ ]){
         B b=new B( );
    }
}
```

编译时会出现以下错误：

```
JBE3303.java:6: 错误: 需要<标识符>
        x=12;y=12.56f;
         ^
JBE3303.java:6: 错误: 需要<标识符>
        x=12;y=12.56f;
             ^
2 个错误
```

说明：在本实验中，成员变量 x 和 y 的赋值出现在成员变量声明和方法之间，这在 Java 中是不允许的。可以声明 x 和 y 时给其赋值。

```
int x=12;
float y=12.56f;
```

2. *局部变量的初始化和赋值*

局部变量不可自动初始化，要求程序显式地给其赋值。只有当方法被调用执行时，局部变量才被分配内存空间，调用完毕后，所占用空间被释放。

【实验 3-4】

```
// 程序名称：JBE3304.java
//功能：演示局部变量没有初始化的后果
class A{
 void f( ) {
    int x=(int)(Math.random( )*100);
        int y,z;   //line2
    if (x>60) {y=10;}
    z=y-x;
    System.out.print("z="+z);
 }
}
public class JBE3304{
 public static void main(String args[ ]){
    A a=new A( );
    a.f( );
 }
}
```

编译时会出现以下错误：

```
JBE3304.java:7: 可能尚未初始化变量 y
            z=y-x;
                ^
1 错误
```

说明：在本实验中，表面上通过执行语句“if (x>60) {y=10;}”对 y 进行了赋值，实际上由于 x 是 Math.random( )产生的随机数，有可能大于 60，也有可能小于 60。若 x<60，则在使用 y（即执行语句 z=y–x）之前，y 没有被显式赋值，故会出现以上错误提示。为避免这类错误，必须确保 y 在使用之前被显式赋值。一个简单的办法就是在声明 y 时，对 y 赋值，如下所示：

```
int y=0, z;   //line2
```

当然这种解决办法要根据具体情况而定。

3.4　方　　法

3.4.1　方法概述

方法是类的动态属性。对象的行为是由其方法实现的。一个对象可以通过调用另一个对象的方法来访问该对象。在一定条件下，同一个类中不同的方法之间可以相互调用。在方法声明时，通过修饰符可以对方法访问实施控制。在方法中，可以对类的成员变量进行访问，但不同类型的方法对不同类型的成员变量的访问是有限制的。在一个类中，可声明多个方法。方法的声明格式如下所示：

```
[访问控制修饰符] [其他修饰符]  返回值类型  方法名称 (形式参数列表) [抛出异常]
{
<方法体>
}
```

说明：

- 修饰符：可以对方法的访问实施控制，因其在前面已介绍，故在此不再赘述。
- 返回值类型：可以是任何合法的 Java 数据类型。若方法没有返回值，则类型应定义为 void。返回值由 return 语句来返回。
- 方法名称：可以是任何合法的 Java 标识符。
- 方法体：可以是任何合法的 Java 语句集合。
- 形式参数列表：由方法运行时需要接收的数据及其类型组成，其格式如下所示：

```
<类型 1>  <变量名 1>, <类型 2>  <变量名 2>, ……
```

3.4.2　方法分类

类中的方法可分为实例方法和静态方法（用 static 修饰）。

注意：

- 实例方法能对静态变量和实例变量进行操作，而静态方法只能对静态变量进行操作。
- 静态方法既可以由对象调用，也可以由类名直接调用，而实例方法只能由对象调用。
- 一个类中的方法可以相互调用，但静态方法只能调用静态方法，不能调用实例方法。
- 在创建对象之前，实例变量没有分配内存，实例方法也没有入口地址。

下面举例说明。

【实验 3-5】

```
//程序名称：JBE3401.java
//功能：演示一个类中方法和成员变量之间的访问关系
class A{
  int i;
  static int j;
  void set1(int x,int y){
        i=x;j=y;
  }
  static void set2(int z){
        i=z;j=z*z;
  }
  void show( ){
        System.out.println("i="+i+"...j="+j);
  }
}
public class JBE3401{
 public static void main(String args[ ]){
        A a=new A( );
        a.set1(10,20);
        a.show( );
        a.set2(30);
        a.show( );
 }
}
```

编译时出现如下错误信息提示：

```
JBE3401.java:9: 无法从静态上下文中引用非静态变量 i
            i=z;j=z*z;
               ^
1 错误
```

说明：在本实验中，在类 A 中方法 set1()是实例方法，方法 set2()是静态方法，变量 i 是实例变量，变量 j 是静态变量。静态方法只能操作静态变量。上述程序中，静态方法 set2()中对实例变量 i 操作，显然是不合规则的。因此提示 i=z 有错。

【实验 3-6】

```
//程序名称：JBE3402.java
//功能：演示一个类中不用类型方法的引用方式
class A{
```

```
    int i;
    static int j;
    void set1(int x,int y){
        i=x;j=y;
    }
    static void set2(int z){
        j=z*z;
    }
    void show( ){
        System.out.println("i="+i+"...j="+j);
     }
    }
    public class JBE3402{
     public static void main(String args[ ]){
        A a=new A( );
        a.set1(10,20);
        a.show( );
        a.set2(30);
        a.show( );
        A.set1(10,20);
        A.show( );
        A.set2(30);
        A.show( );
     }
    }
```

编译时出现如下错误信息提示：

```
JBE3402.java:22: 无法从静态上下文中引用非静态方法 set1(int,int)
           A.set1(10,20);
            ^
JBE3402.java:23: 无法从静态上下文中引用非静态方法 showXY()
           A.show( );
            ^
JBE3402.java:25: 无法从静态上下文中引用非静态方法 showXY()
           A.show( );
            ^
3 错误
```

说明：在本实验中，在类 A 中方法 set1()和 show 是实例方法，方法 set2()是静态方法，静态方法不仅可以由对象调用而且还可以直接由类名调用，而实例方法不能由类名调用。因此会出现上述错误。

【实验 3-7】指出以下程序中的错误。

```
//程序名称：JBE3403.java
//功能：演示一个类中方法之间的相互调用关系
```

```
class JBE3403{
float a, b;
void solveMax(float x, float y)
    {a=max(x, y); }
static void solveMin (float x, float y)
    { b=min(x, y);}
float max(float x, float y) {
    if (x<=y) {return y;}
    else {return x;}
   }
float min(float x, float y) {
    if (x<=y) {return x;}
    else {return y;}
   }
}
```

编译时出现如下错误提示：

```
JBE3403.java:7: 无法从静态上下文中引用非静态变量 b
     { b=min(x, y);}
       ^
JBE3403.java:7: 无法从静态上下文中引用非静态方法 min(float,float)
     { b=min(x, y);}
       ^
2 错误
```

说明："b=min(x, y);"有两类错误。错误 1：一个类中的方法可以相互调用，但静态方法只能调用静态方法，不能调用实例方法。错误 2：静态方法只能操作静态变量。

3.4.3 方法调用中的数据传递

方法间数据传递的方法有 4 种：值传递方法、引用传递方法、返回值传递方法、实例变量和静态变量传递方法。

1. 值传递方法

指将调用方法的实参的值计算出来赋予被调用方法对应形参的一种数据传递方法。在这种数据传递方法下，被调用方法对形参的计算和加工与对应的实参已完全脱离关系。当被调方法执行结束后，形参中的值可能发生变化，但是返回后，这些形参中的值将不会带到对应的实参中。因此，这种传递方式具有数据的单向传递的特点。

使用此方法时，形参一般是基本类型的变量，实参可以是变量或常量，也可以是表达式。以下举例说明。

【实验 3-8】

```
//程序名称：JBE3404.java
//功能：演示一个值传递
class A{
```

```
int square(int x){
    x=x*x;
    return x;
 }
}
public class JBE3404{
 public static void main(String args[ ]){
    int y, z;
    A a=new A( );
    y=10;
    z=a.square(y);
    System.out.println("y="+y+"…z="+z);
 }
}
```

输出结果如下：

```
y=10…z=100
```

说明：类 A 中方法 square 有参数变量 x（非引用型），在 JBE3404 中创建对象 a 后，通过 a 调用方法 square，此时是通过值传递来实现对方法 square 的参数赋值的，由于是值传递，因此尽管方法 square 中参数变量 x 发生了改变，但这种改变并不影响调用方法的实参 y，即在调用方法 square 前，实参 y 的值为 10；调用方法 square 后，实参 y 的值仍然为 10。

提示：基本类型作为参数传递时，是传递值的拷贝，无论你怎么改变这个拷贝，原值是不会改变的。

2. 引用传递方法

使用引用传递方法时，方法的参数类型一般是复合类型（引用类型）。复合类型变量中存储的是对象的引用，所以在参数传递中是传递引用，形参和实参实际上指向的是同一地址单元，因此任何对形参的改变都会影响到对应的实参。这种传递方式具有“引用的单向传送，数据的双向传送”的特点。下面举例说明。

【实验 3-9】以下实验以对象的引用作为传递参数。

```
//程序名称：JBE3405.java
//功能：演示引用传递
class Point{
int x, y;
void setXY(int x1, int y1){
    x=x1;
    y=y1;
}
void squarePoint(Point p){
    p.x=p.x*p.x;
    p.y=p.y*p.y;
}
}
public class JBE3405{
public static void main(String args[ ]){
```

```
        Point p0=new Point( );
        p0.setXY(10, 20);
        System.out.println("x="+p0.x+"…y="+p0.y);
        p0.squarePoint(p0);
        System.out.println("x="+p0.x+"…y="+p0.y);
    }
    }
```

运行结果如下：

```
x=10…y=20
x=100…y=400
```

说明：在本实验中，类 Point 中方法 squarePoint 的参数变量 x 是引用型，在 JBE3405 中创建对象 p0 后，通过 p0 调用方法 squarePoint，当方法 squarePoint 中对 x 和 y 进行改变后，这种改变的结果会反映在实参 p0 中，这就是调用方法 squarePoint 前 x 和 y 分别是 10 和 20，调用方法 squarePoint 后 x 和 y 分别是 100 和 400 的原因。

【实验 3-10】以下实验以数组名称作为传递参数。

```
//程序名称：JBE3406.java
//功能：演示传递参数为数组的效果
public class JBE3406{
 public static void main(String args[ ]){
      int a[ ]=new int[6];
      for(int i=0;i<a.length;i++)
            a[i]=i;
      for(int i=0;i<a.length;i++)
            System.out.println("a["+i+"]="+a[i]);
      add(a,10);
      for(int i=0;i<a.length;i++)
            System.out.println("a["+i+"]="+a[i]);
 }
static void add(int b[ ],int n)
{
      for(int i=0;i<b.length;i++)
            b[i]=b[i]+n;
 }
}
```

运行结果如下：

```
a[0]=0
a[1]=1
a[2]=2
a[3]=3
a[4]=4
a[5]=5
a[0]=10
a[1]=11
a[2]=12
```

```
a[3]=13
a[4]=14
a[5]=15
```

说明：在本实验中，类 JBE3406 中方法 add( )的参数变量 b 是引用型，因此在 main( )方法中调用 add( )后，add( )中对数组 b 的改变将会反映在实参 a 中，这就是调用方法 add( )前后数组 a 的输出结果不一样的原因。

提示：

- 当以对象变量作为实参时，调用时将实参所保存的对象实例的内存地址传递给形参，实参和形参指向同一实例变量。
- 当以 String 类型变量作为实参时，由于 Java 语言中 String 类型的对象是一个常量，无法修改，因此形参和实参代表的是同一个 String 对象，但任何一方都无法修改对象的内容。因此，String 类型变量和基本类型变量在作为实参时，传递的效果类似。

3. 返回值传递方法

返回值传递方法不是在形参和实参之间传递数据，而是被调方法通过方法调用后直接将返回值送到调用方法中。使用返回值方法时，方法中必须有带表达式的 return 语句，其中表达式的值就是方法的返回值。

【实验 3-11】

```
//程序名称：JBE3407.java
//功能：演示通过 return 语句来返回值
public class JBE3407{
public static void main(String args[ ]){
    int v1,v2;
    v1=10;v2=12;
    System.out.println("max("+v1+","+v2+")="+max(v1,v2));
}
static int max(int x,int y)
{
    if (x>y) return x;
    else return y;
}
}
```

说明：在本实验中，类 JBE3407 中方法 max( )的功能是求整数 x 和 y 中较大值并返回调用对象，因此在 main( )方法中调用 max( )后便可得到两个整数的较大值。

4. 实例变量和静态变量传递方法

实例变量和静态变量传递方法不是在形参和实参之间传递数据，而是利用在类中定义的实例变量和静态变量是类中多种方法共享的变量的这个特点来传递数据。

3.4.4　三个重要方法

1. 构造方法

计算机技术发展进程中的主要障碍是系统易出故障和不安全。其中影响安全的两个因素是“初始化”和“垃圾清理”。

Java 通过构造方法来保证对每个对象进行初始化。构造方法是一种特殊的方法。Java 中的每个类都有构造方法，用来初始化该类的一个新对象。构造方法具有和类名相同的名称，而且不返回任何数据类型，即 void 类型（void 可以省略）。构造方法在创建一个新对象时，同时给这个新对象分配内存。创建对象进行初始化的一般格式如下：

```
新对象名 =new  构造方法();
```

说明：

- 一个类中可能没有构造方法，此时便使用默认的构造方法。

使用默认的构造方法时，按照默认的方式对变量进行初始化，即数值型初始化为 0，引用型初始化为 null，逻辑型初始化为 false。

- 一个类中存在一个或多个构造方法。此时根据参数个数或类型的差异确定调用具体的构造方法。因此，在构造方法的实现中也可以进行方法重载。

【实验 3-12】

```
//程序名称：JBE3408.java
//功能：演示构造方法的使用
class Point{
int x, y;
Point( ) {
    x=1;y=1;
}
Point(int x1, int y1){
    x=x1; y=y1;
}
void show( ){
    System.out.println("点(x, y)为"+"("+x+", "+y+")");
}
}
public class JBE3408{
public static void main(String args[ ]){
    Point p1=new Point( );
    Point p2=new Point(2, 2);
    p1.show( );
    p2.show( );
}
}
```

运行结果如下：

```
点(x, y)为(1, 1)
点(x, y)为(2, 2)
```

说明：在本实验中，类 Point 中有两个构造方法，在 JBE3408 中通过参数来识别所调用的构造方法，当没有参数时调用构造方法 Point( )，当有参数时调用构造方法 Point(x,y)。

注意：

- 一旦定义了构造方法，Java 就不能再调用系统默认的构造方法了。
- 构造方法只能在创建对象时使用，创建完对象后不能再通过“对象.方法()”的方式来使用构造方法。

【实验 3-13】

```
//程序名称：JBE3409.java
//功能：演示构造方法使用时应注意的事项
class Point{
int x, y;
Point(int x1, int y1){
    x=x1; y=y1;
}
void set(int x1, int y1){
    x=x1; y=y1;
}
void show( ){
    System.out.println("点(x, y)为"+"("+x+", "+y+")");
}
}
public class JBE3409{
public static void main(String args[ ]){
    Point p1=new Point( );
    Point p2=new Point(2, 2);
    p2.Point(3,3);
    p2.set(3,3);
}
}
```

编译时出现如下错误提示：

```
JBE3409.java:17: 错误: 无法将类 Point 中的构造器 Point 应用到给定类型;
                Point p1=new Point( );
                         ^
  需要: int,int
  找到: 没有参数
  原因: 实际参数列表和形式参数列表长度不同
JBE3409.java:19: 错误: 找不到符号
                p2.Point(3,3);
                  ^
  符号:   方法 Point(int,int)
  位置: 类型为 Point 的变量 p2
2 个错误
```

说明：

- 第一个错误原因：由于类 Point 已定义构造方法，因此不再能使用默认构造方法。
- 第二个错误原因：构造方法只能在创建对象时使用，不能在创建完后使用，即 p2.Point(3,3)使用不对。

2. main 方法

Java 独立应用程序（Application 程序）都从 main 开始执行，一个程序中只有一个 main 方法，其使用形式如下所示。

```
public static void main(String args[ ]){
…
}
```

main 方法中参数 args[ ]是用来传递命令行参数的。args[i–1]存储所传递的第 i 个参数。args.length 存储所传递参数的个数。以下举例说明。

【实验 3-14】

```
//程序名称：JBE3410.java
//功能：演示如何通过 args 来获取命令行参数
class A{
void show(int i,String str){
    System.out.println("第"+i+"参数是"+str);
}
}
public class JBE3410{
public static void main(String args[ ]){
    A a=new A( );
    int i;
    for(i=0;i<args.length;i++)
    a.show(i+1,args[i]);
}
}
```

编译完毕后，按如下方式运行：

```
Java  JBE3410  ch1 ch2 ch3 ch4
```

显示如下运行结果：

```
第 1 个参数是 ch1
第 2 个参数是 ch2
第 3 个参数是 ch3
第 4 个参数是 ch4
```

说明：在本实验中，数组对象 args 的属性 length 用于记录数组元素个数，args[0]存储第 1 个参数的值，args[1]存储第 2 个参数的值，以此类推。

3. finalize 方法

finalize 解决了垃圾清理这类不安全因素，即在进行垃圾清理时执行一些重要的清理工作。正常情况下，垃圾回收器（Garbage Collection，gc）周期性地检查内存中不再被使用的对象，然后将它们回收，释放它们占用的空间。

gc 只能清除在堆上分配的内存（纯 Java 语言的所有对象都在堆上使用 new 分配内存），而不能清除栈上分配的内存（当使用 JNI 技术时，可能会在栈上分配内存，例如 Java 调用 C 程序，而该 C 程序在使用 malloc 分配内存时）。因此，如果某些对象被分配了栈上的内存区域，那 gc 就管不着了，对这样的对象进行内存回收就要靠 finalize()。

例如，当 Java 调用非 Java 方法时（这种方法可能是 C 或是 C++），在非 Java 代码内部也许调用了 C 的 malloc()函数来分配内存，而且除非调用了 free()，否则不会释放内存（因为 free()是 C 的函数），这时要进行释放内存的工作，gc 是不起作用的，因而需要在 finalize()内部的一个固有方法中调用 free()。

finalize 的工作原理是，一旦垃圾收集器准备好释放对象占用的存储空间，它首先调用 finalize()，而且只有在下一次垃圾收集过程中，才会真正回收对象的内存。所以如果使用 finalize()，就可以在垃圾收集期间进行一些重要的清除或清扫工作。在以下 3 种情况下将会使用 finalize：

（1）所有对象被 gc 自动调用时，比如运行 System.gc()时。

（2）程序退出时为每个对象调用一次 finalize 方法。

（3）显式地调用 finalize 方法。

除此以外，在正常情况下，当某个对象被系统收集为无用信息时，finalize( )将被自动调用，但是 JVM 不保证 finalize()一定被调用，也就是说，finalize()的调用是不确定的，这也就是不提倡使用 finalize()的原因。

使用 finalize 的方式非常简单，只需在类中增加 finalize 方法即可。finalize 格式如下所示：

```
class 类名{
…
protected void finalize( ) throws Throwable
{…}
}
```

下面举例说明。

【实验 3-15】

```
//程序名称：JBE3411.java
//功能：演示 finalize 的应用
import javax.swing.*;
class TestFinalize{
static int Created=0;
int i;
public TestFinalize( ){
    i=++Created;
    System.out.println("start class testFinalize "+i);
}
protected void finalize( ) {
    JOptionPane.showMessageDialog(new JFrame( ),"close class testFinalize
"+i);
}
}
public class JBE3411{
public static void main(String args[ ]){
    while(true){
        TestFinalize tf=new TestFinalize( );
    }
```

```
    }
    }
```

说明：在本实验中，当垃圾收集器认为内存的负荷不够用时，开始清除内存中的无用对象。i 和 Created 为对象序号。当垃圾收集器清除无用对象时，将弹出窗口，显示要关闭的对象的序号。

3.4.5 方法的递归调用

1. 递归的含义

所谓递归是指一个方法直接或间接调用自身的行为。递归分为直接递归和间接递归，直接递归是指方法在执行中调用了自身，如图 3-5 所示；间接递归是指方法在执行中调用了其他方法，而其他方法在执行中又调用了该方法，如图 3-6 所示。

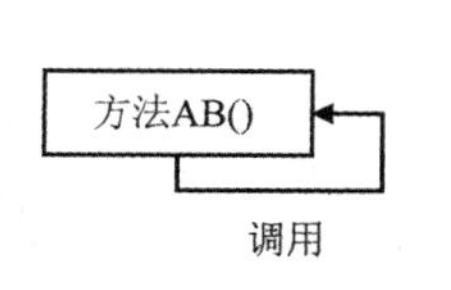

图 3-5 直接递归调用

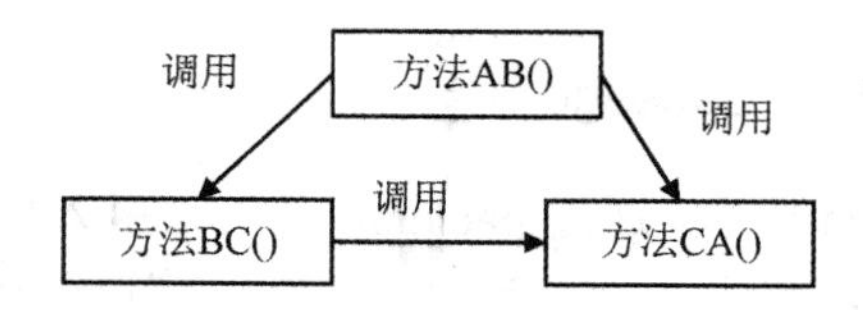

图 3-6 间接递归调用

2. 递归的应用举例

【实验 3-16】利用方法 sum()采用递归实现计算 1+2+3+…+n，方法 factorial()实现计算 1×2×3×…×n=n！的程序如下所示：

```
//程序名称：JBE3412.java
//功能：演示递归的使用
import java.util.*;
class TestRecursion{
 long sum(int n ) {
      if(n==0) return 0;
      else return sum(n - 1)+n;
 }
 long  factorial(int n ) {
      if(n==0) return 1;
      else return factorial (n - 1)*n;
 }
}
public class JBE3412{
 public static void main(String args[ ]){
      TestRecursion obj=new TestRecursion( );
      Scanner reader=new Scanner(System.in);
      System.out.print("输入整数 n: ");
      int n = reader.nextInt( );
      System.out.println("sum("+n+")=1+2+…+"+n+"="+obj.sum(n));
      System.out.println(n+"!=1*2*…*"+n+"="+obj. factorial (n));
```

```
    }
}
```

说明：图 3-7 给出了调用 sum(5)的执行过程。

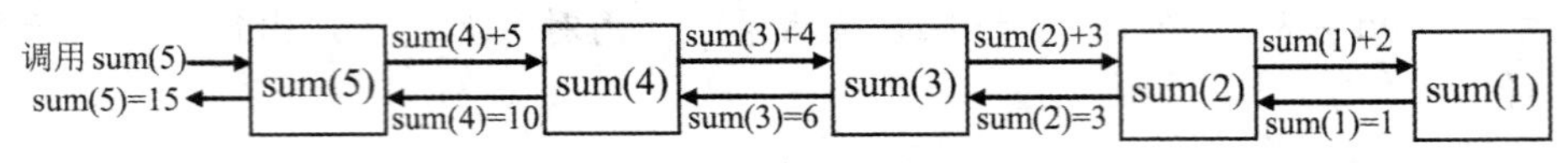

图 3-7　调用 sum(5)的执行过程示意图

从图 3-7 可知，方法 sum( )共调用了 5 次，其中 sum(5)由 main( )方法调用，其余 4 次是在 sum( )中调用，即递归调用 4 次。

3.5　package 语句和 import 语句

3.5.1　package 语句

在 Java 中，通过 package 语句来引入包。包的概念和目的与其他语言的函数库非常类似，所不同的只是包是一组类的集合，可以包含若干个类文件，还可以包含若干个包。利用包可将相关的源代码文件组织在一起，可划分名称空间，避免类名冲突，也可提供包一级的封装及存取权限。常见的包及其含义如下所示：

- Java.lang：提供基本数据类型及操作。
- Java.util：提供高级数据类型及操作。
- Java.io：提供输入/输出流控制。
- Java.awt：提供图形窗口界面控制。
- Java.awt.event：提供窗口事件处理。
- Java.net：提供支持 Internet 协议的功能。
- Java.applet：提供实现浏览器环境中的 applet 的有关类和方法。
- Java.sql：提供与数据库连接的接口。
- Java.rmi：提供远程连接与载入的支持。
- Java.security：提供安全性方面的有关支持。

1. 包的声明

包的声明格式如下所示：

```
package 包名;
```

包语句一般在类文件开头，如下所示：

```
package mypack;
class A
{…}
```

如果源程序中省略了 package 语句，源文件中所定义命名的类被隐含地认为是无名包的一部分，即源文件中定义命名的类在同一包中，但该包没有名字。

2. 包与文件夹

Java 使用文件系统来存储包和类。包名就是目录名（也称文件夹名），但目录名并不一定是包名。为了声明一个包，首先必须建立一个相应的目录结构，目录名与包名一致。在类文件的开头部分放入包语句后，这个类文件中定义的所有类都被装入到包中。

用 javac 编译源程序时，如遇到当前目录（或包）中没有声明的类，就会以环境变量 CLASSPATH 为相对查找路径，按照包名的结构来查找。因此，要指定搜寻包的路径，需设置环境变量 CLASSPATH。以下为举例程序。

【实验 3-17】

```
//程序名称：JBE3501.java
//功能：演示 package 的使用
package tom.jiafei;
class A  {
void show(String str){
    System.out.println(str);
}
}
public class JBE3501{
public static void main(String args[ ]){
    A a=new A( );
    a.show("This is Package Example");
}
}
```

文件系统的目录结构如下所示：

```
…\tom\jiafei
```

下面在假定工作目录为 C:\java01 的前提下分 3 种情况讨论具体的目录结构形式。

（1）使用 javac 命令编译时不带参数–d。此时必须创建目录 C:\java01\tom\jiafei，并将文件 JBE3501.java 复制到 C:\java01\tom\ jiafei 目录中，然后按如下方式进行编译：

```
C:\java01\tom\jiafei>javac JBE3501.java
```

编译完毕后退回到目录 C:\java01，然后按如下方式运行：

```
C:\java01 >java tom.jiafei.JBE3501
```

或：

```
C:\java01 >java tom/jiafei/JBE3501
```

（2）使用 javac 命令编译时带参数-d。此时若按如下方式进行编译。则编译完毕后会创建目录 C:\java01\tom\jiafei，编译生成的 class 文件都将存放在 C:\java01\ tom\jiafei 下。

```
C:\java01 >javac  - d  .  JBE3501.java
```

注意：参数 d 后的“.”的前后各有一个空格，下同。

在目录 C:\java01 下的运行方式如下：

```
C:\java01 >java tom.jiafei.JBE3501
```

或：

```
C:\java01 >java tom/jiafei/JBE3501
```

（3）使用参数–d 目录名编译源文件。javac 可以使用参数–d 指定生成的字节码文件所在的目录。如果不使用参数–d，javac 则在当前目录生成字节码文件。如果源文件没有包名，使用参数– d 可以将字节码存放在指定的有效目录中，如下所示：

```
C:\java01\javac  -d  E:\wu\lib JBE3501.java
```

将源文件 JBE3501.java 生成的全部字节码存放到 E:\wu\ lib。如果 JBE3501.java 中含有包语句（如 package tom.jiafei），则编译后在 E:\wu\ lib 下新建子目录 tom\jiafei，并将字节码文件放在 E:\wu\ lib\ tom\jiafei 目录下。在这种情况下，运行之前必须将目录名（这里为 E:\wu\lib）加入到 CLASSPATH 变量中，即按如下方式设置 CLASSPATH 变量。

```
set CLASSPATH=c:\java\jdk1.7\jre\lib\rt.jar;.;E:\wu\lib
```

这样在目录 C:\java01 下可按如下方式运行：

```
C:\java01 >java tom.jiafei.JBE3501
```

3.5.2 import 语句

1. 说明

使用 import 语句可以引入包中的类。在编写源文件时，除了自己编写类外，还可以使用 Java 提供的类。

2. 使用类库中的类

使用包 java.awt 中的所有类，如下所示：

```
import java.awt.*;
```

使用包 java.awt 中的 Date 类，如下所示：

```
import java.awt.Date;
```

java.lang 包中的所有类由系统自动引入。Java 类库被包含在目录\jre\lib 中的压缩文件 rt.jar 中，当程序执行时，Java 运行平台从类库中加载程序真正使用的类字节码到内存。

3. 使用自定义包中的类

示例代码如下所示：

```
import tom.jiafei.*;
```

为了使程序能使用 tom.jiafei 包中的类，必须在 CLASSPATH 中指明包的位置。假设 tom.jiafei 包的位置是 E:\wu\lib，即在该位置有子目录\tom\jiafei（绝对路径为 E:\wu\lib\tom\jiafei），如下所示：

```
set CLASSPATH=E:\jdk1.5\jre\lib\rt.jar;.;E:\wu\lib
```

4. 使用无名包中的类

用户也可以使用无名包中的类。假如 Hello.java 源文件中没有使用包语句，如果一个程序使用 Hello 类，可以将该类的字节码文件存放在当前程序所在的目录中。

5. 避免类名混淆

Java 运行环境总是先到程序所在目录中寻找程序所使用的类，然后加载到内存。如果在当前目录中没有发现所需要的类，就到 import 语句所指的包中进行查找。

3.6 访问权限

3.6.1 类的访问控制

类的访问控制修饰符只有公共类（public）及默认类（无修饰符）两种。访问权限符与访问能力之间的关系详见表 3-1。

表 3-1　访问权限符与访问能力之间的关系

类　　型	默认类	公共类
同一包中的类	是	是
不同包中的类	否	是

表 3-1 表明，同一包中的类之间是可以相互访问的，不同包中的类只有 public 类可以访问。

【实验 3-18】假定当前工作目录为 E:\java\work，文件 JBE3601.java 和 JBE3602.java 保存在当前工作目录下。

文件 JBE3601.java 如下所示：

```
//程序名称：JBE3601.java
//功能：演示访问权限的使用
package mypack1;
public class JBE3601 {
int x;
public void setx(int x1){
    x=x1;
}
public int getx( ){
    return x;
}
}
class A {
int x,y;
public void setxy(int x1,int y1){
    x=x1; y=y1;
}
public int getx( ){
    return x;
}
public int gety( ){
    return y;
}
}
```

文件 JBE3602.java 如下所示：

```
//程序名称：JBE3602.java
//功能：演示访问权限的使用
package mypack2;
import mypack1.*;
public class JBE3602{
public static void main(String args[ ]){
    A a=new A( );
```

```
        JBE3601 e=new JBE3601( );
        a.setx(1,2);
        System.out.println("a.x="+a.getx( ));
        e.setx(2);
        System.out.println("e.x="+e.getx( ));
    }
    }
```

首先，对 JBE3601.java 进行编译，如下所示：

```
E:\java\work>javac -d  .  JBE3601.java
```

其次，对 JBE3602.java 进行编译，如下所示：

```
E:\java\work>javac -d  .  JBE3602.java
```

此时出现如下错误提示：

```
JBE3602.java:6: mypack1.A 在 mypack1 中不是公共的；无法从外部软件包中对其进行
访问
                A a=new A( );
                ^
JBE3602.java:6: mypack1.A 在 mypack1 中不是公共的；无法从外部软件包中对其进行
访问
                A a=new A( );
                        ^
2 错误
```

说明：由于在包 mypack1 中类 A 不是公共类，因此在包 mypack2 中不能对其进行访问，在包 mypack1 中类 JBE3601 是公共类，因此在包 mypack2 中可对其进行访问。为了使程序正常运行，必须删除以下 3 条语句。

```
A a=new A( );
a.setx(1,2);
System.out.println("a.x="+a.getx( ));
```

提示：由于在一个 Java 程序中只能有一个 public 类，因此为了使一个包中包含多个 public 类，可将一个 Java 程序分拆成几个程序，只要包的名称相同就可以。

例如，将程序 JBE3601.java 分拆成以下两个文件：

```
//程序名称：JBE3603.java
package mypack1;
public class JBE3603 {
int x;
public void setx(int x1){
    x=x1;
}
public int getx( ){
    return x;
}
}
//程序名称：JBE3604.java
```

```
package mypack1;
public class JBE3604 {
int x,y;
public void setxy(int x1,int y1){
    x=x1; y=y1;
}
public int getx( ){
    return x;
}
public int gety( ){
    return y;
}
}
```

相应地将程序 JBE3602.java 修改为 JBE3605.java。

```
//程序名称：JBE3605.java
package mypack2;
import mypack1.*;
public class JBE3605{
public static void main(String args[ ]){
    JBE3603 e=new JBE3603( );
    JBE3604 a=new JBE3604( );
    a.setxy(1,2);
    System.out.println("a.x="+a.getx( ));
    e.setx(2);
    System.out.println("e.x="+e.getx( ));
}
}
```

编译方式如下所示：

```
E:\java\work>javac -d  .  JBE3603.java
E:\java\work>javac -d  .  JBE3604.java
E:\java\work>javac -d  .  JBE3605.java
```

运行方式如下所示：

```
E:\java\work>java mypack2.JBE3605
```

3.6.2 类成员的访问控制

类成员的访问控制修饰符有私有(private)、公共(public)、受保护的(protected)和无修饰符(也称友好型)。由于对类成员访问的前提是对其所在的类有访问权限，因此以下讨论类成员的访问控制符时均假定已具有访问类成员所在类的权限，且称正在探讨的成员对应的类为本类。

- public：任何其他类只要能访问本类，就可以通过创建本类的实例对象访问这个成员。
- protected：仅能在与本类处于同一包的其他类中通过创建本类的实例对象访问这个成员，或被与本类处于不同包中的子类继承访问。
- private：除了在声明它们的本类中直接访问外，不能在包括本类的子类在内任何其他类中通过创建本类的实例对象访问这个成员。

- 默认情况：只能被与本类处于同一包中的其他类通过创建本类的实例对象访问这个成员，即为包可见性。

表 3-2 给出了各种情况下类成员的访问控制。

表 3-2　类 成 员 的 访 问 控 制

类　　型	Private	public	protected	无 修 饰
同一类	是	是	是	是
同一包中的子类	否	是	是	是
同一包中的非子类	否	是	否	是
不同包中的子类	否	是	是（继承）	否
不同包中的非子类	否	是	否	否

假定对象 a 是类 A 创建的，则访问权限汇总详见表 3-3。

表 3-3　访 问 权 限 汇 总 表

方　　式	无 修 饰	private	protected	public
在类 A 中，a 访问成员	是	是	是	是
在与 A 同包中的另外一个类中，a 访问成员	是	否	是	是
在与 A 不同包中的另外一个类中，a 访问成员	否	否	否	否

【实验 3-19】假定当前工作目录为 E:\java\work，文件 JBE3606.java 和 JBE3607.java 保存在当前工作目录下。

文件 JBE3606.java 如下所示：

```
//程序名称：JBE3606.java
////功能：演示访问权限的使用
package mypack1;
public class JBE3606 {
int x=1;
public void setx(int x1){
    x=x1;
}
public int getx( ){
    return x;
}
}
```

文件 JBE3607.java 如下所示：

```
//程序名称：JBE3607.java
//功能：演示访问权限的使用
package mypack2;
import mypack1.*;
public class JBE3607{
```

```
    public static void main(String args[ ]){
        JBE3606 a=new JBE3606( );
        System.out.println("a.x="+a.x+"a.getx="+a.getx( ));
        a.setx(10);
        System.out.println("a.x="+a.x+"a.getx="+a.getx( ));
    }
}
```

首先，对 JBE3606.java 进行编译，如下所示：

```
E:\java\work>javac - d  .  JBE3606.java
```

其次，对 JBE3607.java 进行编译，如下所示：

```
E:\java\work>javac - d  .  JBE3607.java
```

此时出现如下错误：

```
JBE3607.java:7: x 在 mypack1.JBE3606 中不是公共的；无法从外部软件包中对其进行访问
            System.out.println("a.x="+a.x+"a.getx="+a.getx( ));
                                        ^
JBE3607.java:9: x 在 mypack1.JBE3606 中不是公共的；无法从外部软件包中对其进行访问
            System.out.println("a.x="+a.x+"a.getx="+a.getx( ));
                                        ^
2 错误
```

说明：尽管在包 mypack1 中类 JBE3606 是公共类，在包 mypack2 中能对其进行访问，但由于包 mypack1 中类 JBE3606 中的成员变量 x 不是 public 型，因此在类 JBE3607 中不可对成员变量 x 进行直接访问。但由于类 JBE3606 中方法 setx( )和 getx( )是 public 型，因此在类 JBE3607 中可通过方法 setx( )和 getx( )来访问类 JBE3606 中的成员变量 x。为了使程序正常运行，可在类 JBE3606 的定义中将成员变量 x 修改为 public 型，如下所示：

将

```
int  x;
```

修改为：

```
public int  x;
```

提示：

- 能对类访问，并不意味着能访问该类中的成员。即要访问类的成员，必须要求类可访问且成员可访问。
- 当类可访问时，对不可直接访问的成员变量，可以通过可访问的方法来访问它。

【实验 3-20】

例如，类 Y 和类 Z 继承类 X。类 Z 属于包 P1，并且类 X 和类 Y 属于包 P2，方法 f()已在类 X 中声明。表 3-4 显示从类 Y 和类 Z 中创建的类 X 的对象访问方法 f()的可能性。

表 3-4　对象访问方法 f( )的可能性

方法 f( )的访问控制修饰符	类 Y	类 Z
private	不可访问	不可访问
public	可访问	可访问
protected	可访问，因为 Y 是子类	可访问，因为 Z 是子类
无修饰或 friendly	可访问，因为在同一个包里	不可访问，因为它不在同一个包里

说明：

- 在同一源文件中编写命名的类总是在同一包中。
- 如果源文件中用 import 语句引入了另外一个包中的类，并用该类创建了一个对象，那么该类的这个对象将不能访问自己的友好变量和友好方法。

3.7　综合上机实验

3.7.1　自定义向量类的应用举例

【实验 3-21】

这里定义一个二维向量<a,b>类，其中 a、b 为其属性，主要操作为：

向量相加：<a,b>+<c,d>=<a+c,b+d>

向量相减：<a,b>−<c,d>=<a-c,b-d>

向量内积：<a,b>×<c,d>=a×c+b×d

以下使用 Java 来定义两个向量类，并演示如何使用。

```
//程序名称：JBE3801.java
//目的：演示自定义类及其如何使用
class MyVector{
float x,y; //表示向量<x,y>中的 x,y
myVector(float x,float y){
    this.x=x;this.y=y;
}
void setVector(float x,float y){
    this.x=x;this.y=y;
}
//向量相加<a,b>+<c,d>=<a+c,b+d>
void addVector(myVector v1,myVector v2){
    this.x=v1.x+v2.x;
    this.y=v1.y+v2.y;
}
//向量相减<a,b>-<c,d>=<a-c,b-d>
void minusVector(myVector v1,myVector v2){
    this.x=v1.x-v2.x;
    this.y=v1.y-v2.y;
}
```

```
//向量内积<a,b>·<c,d>=a×c+b×d
float multVector(myVector v1){
    return this.x*v1.x+this.y*v1.y;
}
//显示向量<x,y>
void showVector(){
    System.out.println("<x,y>="+"<"+x+","+y+">");
}
}
public class JBE3801{
public static void main(String args[ ]) {
     MyVector a1=new  MyVector(1,2);
     MyVector a2=new  MyVector(3,4);
     MyVector a3=new  MyVector(0,0);
     a1.showVector();
     a2.showVector();
     a3.addVector(a1,a2);
     a3.showVector();
     a3.minusVector(a1,a2);
     a3.showVector();
}
}
```

3.7.2 成员变量内存分配的应用举例

【实验 3-22】成员变量分为实例变量和静态变量。以一个类为基础创建不同的对象时，这些对象的实例变量被分配不同的内存空间，如果这个类中的成员变量有静态变量，那么所有对象的这个静态变量都被分配相同的一处内存，改变其中一个对象的变量会影响其他对象的变量值。以下通过实例来进一步说明这两种类型变量内存分配情况的差异。

```
//程序名称：JBE3702.java
//功能：演示实例变量和静态变量内存分配的差异
class A
{
static int x;
int y;
void setxy(int x1,int y1)
{
    x=x1;y=y1;
}
int getx( )
{
    return x;
}
int gety( )
```

```
{
    return y;
}
}
public class JBE3702{
public static void main(String args[ ]){
    A a1 =new A( );
    A a2 =new A( );
    System.out.println("a1(x,y)=("+a1.getx( )+","+a1.gety( )+")");
    System.out.println("a2(x,y)=("+a2.getx( )+","+a2.gety( )+")");
    a1.setxy(1,2);
    System.out.println("a1(x,y)=("+a1.getx( )+","+a1.gety( )+")");
    System.out.println("a2(x,y)=("+a2.getx( )+","+a2.gety( )+")");
    a2.setxy(3,4);
    System.out.println("a1(x,y)=("+a1.getx( )+","+a1.gety( )+")");
    System.out.println("a2(x,y)=("+a2.getx( )+","+a2.gety( )+")");
}
}
```

运行结果如下：

```
a1(x,y)=(0,0)
a2(x,y)=(0,0)
a1(x,y)=(1,2)
a2(x,y)=(1,0)
a1(x,y)=(3,2)
a2(x,y)=(3,4)
```

说明：在本实验中，类 A 中成员变量 x 为 static 型，因为以 A 为基础创建的对象 a1 和 a2 对成员变量 x 共用一个相同的存储空间，则 a1 和 a2 调用方法 setxy( )都能改变成员变量 x 的值。

3.7.3 递归应用举例

【实验 3-23】本实验利用递归输入如下图形，借此进一步说明递归的使用。

```
###################
  ###############
    ###########
      #######
        ###
```

程序如下所示：

```
//程序名称：JBE3703.java
//功能：利用递归输出特定的图形
class RecursionApp2{
void output(char ch,int k ) {
    if(k>0) {
```

```
            System.out.print(ch);
            output(ch,k- 1);
        }
    }
    void show(char ch,int m,int n ) {
        if(n>0) {
            output(' ',m);
            output(ch,n);
            System.out.println( );
            show(ch,m+2,n-4);
        }
    }
    }
    public class JBE3703{
    public static void main(String args[ ]){
        RecursionApp2 obj=new RecursionApp2( );
        obj.show('#',4,19);
    }
    }
```

3.7.4 综合应用举例

【实验 3-24】本实验旨在说明：

- package 和 import 的使用。
- 类和成员的访问控制。
- 方法的相互调用。
- 参数的数值传递和引用传递。
- 自定义类的方法。

```
//程序名称：myMath.java
//目的：自定义数组类
package mymath;
public class MyArray
{
public float average(float a[]){
    if (a.length!=0)
        return(sum(a)/a.length);
    else return 0;
}
public float sum(float a[]){
    int i;
    float sum=0;
    for (i=0;i<a.length ;i++ )
        sum=sum+a[i];
```

```
        return sum;
    }
    public float max(float a[]){
        int i;
        float max1;
        max1=a[0];
        for (i=1;i<a.length ;i++ )
            if (a[i]>max1)
            max1=a[i];
        return max1;
    }
    public float min(float a[]){
        int i;
        float min1;
        min1=a[0];
        for (i=1;i<a.length ;i++ )
            if (a[i]<min1)
            min1=a[i];
        return min1;
    }
    public void unitary(float a[],float b[]){
        //归一化处理
        int i;
        //float b[]=new float[a.length];
        float max1,min1;
        max1=max(a);
        min1=min(a);
        if (max1!=min1)
        {
            for (i=0;i<a.length ;i++ )
                b[i]=(a[i]-min1)/(max1-min1);
        }
        else
        {
            for (i=0;i<a.length ;i++ )
                b[i]=a[i]/max1;
        }
    }
    public void show(float a[]){
        int i;
        System.out.printf("%6.2f",a[0]);
        for(i=1;i<a.length;i++)
            System.out.printf(",%6.2f",a[i]);
        System.out.println(" ");
    }
```

```
}

//程序名称：MyComplex.java
//目的：自定义复数类
package mymath;
public class MyComplex{
float a,b; //表示复数 a+bi
public MyComplex(float a,float b){
    this.a=a;this.b=b;
}
public void setComplex(float a,float b){
    this.a=a;this.b=b;
}
//复数相加(a+bi)+(c+di)=(a+c)+(b+d)i
public void addComplex(MyComplex v1,MyComplex v2){
    this.a=v1.a+v2.a;
    this.b=v1.b+v2.b;
}
//复数相减(a+bi)-(c+di)=(a-c)+(b-d)i
public void minusComplex(MyComplex v1,MyComplex v2){
    this.a=v1.a-v2.a;
    this.b=v1.b-v2.b;
}
//复数相乘(a+bi)*(c+di)=(ac-bd)+(bc+ad)i
public void multComplex(MyComplex v1,MyComplex v2){
    this.a=v1.a*v2.a-v1.b*v2.b;
    this.b=v1.b*v2.a+v1.a*v2.b;
}
//复数除法(a+bi)/(c+di)=((ac+bd)+(bc-ad)i)/(c*c+d*d)
public void diviComplex(MyComplex v1,MyComplex v2){
    this.a=(v1.a*v2.a+v1.b*v2.b)/(v2.a*v2.a+v2.b*v2.b);
    this.b=(v1.b*v2.a-v1.a*v2.b)/(v2.a*v2.a+v2.b*v2.b);
}
//显示复数相乘<x,y>
public void showComplex(){
    System.out.println("a+bi="+a+"+"+b+"i");
}
}

//程序名称：JBE3704.java
//功能：演示
package myapp1;
import mymath.*;
class MyTest
{
```

```
void createData(float a[]){
    int i;
    for(i=0;i<a.length;i++)
        a[i]=(float)(Math.random()*50);
}
}
public class JBE3704{
public static void main(String args[ ]){
    MyArray my1=new MyArray();
    MyTest my2=new MyTest();
    MyComplex c1=new MyComplex(0,0);
    MyComplex c2=new MyComplex(10,20);
    MyComplex c3=new MyComplex(1,2);
    float a1[]=new float[5];
    float b1[]=new float[a1.length];
    my2.createData(a1);
    System.out.print("数组 a1[]==");my1.show(a1);
    System.out.println("数组 a1 的和=="+my1.sum(a1));
    System.out.println("数组 a1 的平均值=="+my1.average(a1));
    System.out.println("数组 a1 的最大值=="+my1.max(a1));
    System.out.println("数组 a1 的最小值=="+my1.min(a1));
    my1.unitary(a1,b1);
    System.out.print("数组 a1 归一化结果 b1==");my1.show(b1);
    System.out.print("复数 c2==");c2.showComplex();
    System.out.print("复数 c3==");c3.showComplex();
    System.out.print("复数 c1(=c2+c3)==");
    c1.addComplex(c2,c3);c1.showComplex();
    System.out.print("复数 c1(=c2-c3)==");
    c1.minusComplex(c2,c3);c1.showComplex();
    System.out.print("复数 c1(=c2*c3)==");
    c1.multComplex(c2,c3);c1.showComplex();
    System.out.print("复数 c1(=c2/c3)==");
    c1.diviComplex(c2,c3);c1.showComplex();
 }
}
```

首先，对 MyArray.java 和 MyComplex.java 分别进行编译，编译方式如下：

```
E:\java\work\javac -d e:\wu\lib MyArray.java
E:\java\work\javac -d e:\wu\lib MyComplex.java
```

说明：mypath 包保存在 E:\wu\lib 目录下。

其次，对 JBE3704.java 进行编译，编译方式如下：

```
E:\java\work\javac -d  .  JBE3704.java
```

说明：

- myapp1 包保存在当前目录下。
- 参数 d 后的“.”的前后有空格。

最后，按如下运行：

```
E:\java\work\java  mapp1.JBE3704
```

结果为：

```
数组 a1[]==  7.71,  8.72, 10.25, 22.98, 19.55
数组 a1 的和==69.21358
数组 a1 的平均值==13.842715
数组 a1 的最大值==22.976913
数组 a1 的最小值==7.7127547
数组 a1 归一化结果 b1==  0.00,  0.07,  0.17,  1.00,  0.78
复数 c2==a+bi=10.0+20.0i
复数 c3==a+bi=1.0+2.0i
复数 c1(=c2+c3)==a+bi=11.0+22.0i
复数 c1(=c2-c3)==a+bi=9.0+18.0i
复数 c1(=c2*c3)==a+bi=-30.0+40.0i
复数 c1(=c2/c3)==a+bi=10.0+0.0i
```

说明：

- 定义两个包 mymath、myapp1。包 mymath 在 E:\wu\lib 目录下，用于管理自定义的函数，这里包含自定义的数组类 MyArray（包含在文件 MyArray.java）和自定义的复数类 MyComplex(包含在文件 MyComplex.java)。包 myapp1 在目前目录下，包含 MyTest 类和 JBE3704 类（均包含在文件 JBE3704.java)。
- 为了使得包 myapp1 中的类可以访问包 mymath 中的类，以及包 myapp1 中的类的方法可以访问包 mymath 中的类的方法，本应用中将 MyArray 类和 MyComplex 都定义为 public 型，同时将这两个类中的方法也都定义为 public 型。同时在程序 JBE3704.java 中必须使用 import 命令引入包 mymath。
- 由于 MyTest 类和 JBE3704 类同处于包 myapp1 中，因此 MyTest 类没有必要定义为 public 型就可使得 JBE3704 类能访问 MyTest 类。
- my1.unitary(a1,b1)；中采用引用传递参数，因此调用完成的结果会对实参参数产生影响。

3.8 本 章 小 结

本章主要介绍了类的含义、类的创建、类中成员变量和方法的分类及使用中需注意的事项；对象的含义、创建、引用和消亡；包的含义及其使用；import 语句的作用及使用；访问权限以及上机实验程序。

3.9 思考和练习题

1. 选择题

（1）不允许作为类及类成员的访问控制符的是（　　）。

A. public　　　　B. private

C. static　　　　D. protected

（2）为 AB 类的一个无形式参数无返回值的方法 method 书写方法头，使得使用类名 AB 作为前缀就可以调用它，该方法头的形式为（　　）。

A. static void method( )　　B. public void method( )

C. final void method( )　　D. abstract void method( )

（3）Java 中 main( )函数的值是（　　）。

A. string　　B. int　　C. char　　D. void

2. **改错题**

（1）一个名为 Hello.java 的程序如下所示。

```
//Hello.java 程序
public class A
{
    void f( )
    { System.out.println("I am A"); }
}
class B
{   }
public class Hello
{
     public static void main (String args[ ])
     {
         System.out.println("你好，很高兴学习 Java");
         A a=new A( );
         a.f( );
     }
}
```

要求：指出错误，说明错误原因，并改正。

（2）类 A 的定义如下所示。

```
class A{
void f( ) {
int u=(int)(Math.random( )*100);
          int v, p;
          if (u>50) {v=9;}
          p=v+u;
}
```

要求：指出错误，说明错误原因，并改正。

（3）B.java 的内容如下所示。

```
class A{
int x, y;
    static float f(int a)
    {return a;}
    float g(int x1, int x2)
    {return x1*x2;}
}
```

```
public class B{
public static void main(String args[ ]) {
    A a=new A( );
    A.f(3);
    a.f(4);
    a.g(2,5);
    A.g(3,2);
    }
}
```

要求：指出错误，说明错误原因，并改正。

3. 简答题

（1）简述面向对象程序和面向过程程序设计的异同。

（2）简述类中成员变量的分类及差异。

（3）简述类中方法的分类及差异。

（4）简述类中变量的初始化方式。

（5）简述类中成员的几种访问控制修饰符的差异，并举例说明。

（6）简述构造方法的作用。

第4章　继承与接口

类之间的继承关系是客观事物之间遗传关系的直接模拟，它反映了类之间的内在联系以及对属性和方法的共享。子类继承父类的某些属性和方法，同时可以增添新的属性和方法。Java 语言是单继承性的。单继承性使得 Java 变得简单，易于管理程序。为了克服单继承的缺点，Java 使用了接口，一个类可以实现多个接口。

- 理解继承的含义。
- 理解并掌握子类的继承性的访问控制。
- 理解并掌握子类对象的构造过程、内存分布和成员初始化。
- 理解并掌握成员变量的隐藏。
- 理解并掌握方法的重载与方法的覆盖。
- 理解并掌握 this 关键字和 super 关键字的作用。
- 理解对象的上下转型对象。
- 理解接口的含义及应用。
- 了解几个特殊类。

4.1　继　　承

4.1.1　继承的含义

类之间的继承关系反映了类之间的内在联系以及对属性和方法的共享，即子类可以沿用父类（被继承类）的某些特征。当然，子类也可以具有自己独立的属性和操作，例如，飞机、汽车和火车属于交通工具类，汽车类继承了交通工具类的某些属性和方法，也具有自己独立的属性和操作。

因此，Java 中继承实际上是一种基于已有的类创建新类的机制，是软件代码复用的一种形式。利用继承，首先创建一个共有属性和方法的一般类（父类或超类），然后基于该一般类再创建具有特殊属性和方法的新类（子类），新类继承一般类的状态和方法，并根据需要增加它自己的新的状态和行为。

父类可以是自己编写的类，也可以是 Java 类库中的类。如果子类只从一个父类继承，则称为单继承；如果子类从一个以上的父类继承，则称为多继承。Java 不支持多重继承，即子类只能有一个父类。

如果要声明类 B 继承类 A，则必须满足两个条件：①类 A 为非 final 型；②类 A 是 public

型，或类B与类A同包。如果这两个条件满足，则可按照以下的语法声明类B：

```
class B  extends  A
{…
}
```

该声明表明B是A的子类，A是B的父类。

举例说明如下。

【实验 4-1】

```
//程序名称：JBE4101.java
//功能：演示类的继承关系
Animal {
float weight; //体重
void eat(){…}
…
}
class Person  extends {
float height,age; //身高，体重，年龄
void speak(){…}
…
}
class Student extends  People{
 String stdno,major;  //学号,专业
 void study(){…}
  …
}
public class JBE4101 {
 public static void main (String args[ ]) {
   …
}
}
```

说明：本实验中，类Person是类Animal的子类，类Student又是类Person的子类。

4.1.2　子类的继承性访问控制

子类是基于父类创建的新类，它继承了父类的某些属性和方法，同时可以增添新的属性和方法。Java中子类不能访问父类的private成员，但可以访问其父类的public成员。父类的属性或方法使用其他访问控制符修饰时，子类对父类的属性或方法的继承将受到一定的限制。

1. 子类和父类在同一包中的继承性

当子类和父类处在同一个包中时，子类可继承其父类中不是private型的成员变量和方法。继承的成员变量以及方法的访问权限保持不变。

2. 子类和父类不在同一包中的继承性

当子类和父类不在同一个包中时，子类只能继承父类的protected、public成员变量和方法，不能继承父类的友好变量和友好方法。继承的成员或方法的访问权限不变。

3. 子类对父类私有属性或方法的访问

子类不能直接访问从父类中继承的私有属性及方法，但可以使用公有（及保护）方法进

行访问。

【实验 4-2】假定当前工作目录为 E:\newbooks\java\work，文件 JBE4102.java 和 JBE4103.java 保存在当前工作目录下。

文件 JBE4102.java 如下：

```
//程序名称：JBE4102.java
//功能：演示子类的继承性访问控制
package mypack1;
public class JBE4102 {
   public int a = 4;
   private int b = 5;
   protected int c = 6;
int d=7;
public int geta( )  {  return a; }
private int getb( )  {  return b; }
public int getb1( )  {  return b; }
protected int getc( )  {  return c; }
int getd( )  {  return d; }
public int getd1( )  {  return d; }
}
```

文件 JBE4103.java 如下：

```
//程序名称：JBE4103.java
//功能：演示子类的继承性访问控制
package mypack2;
import mypack1.*;
class BA extends JBE4102 {
   public int e;
   public void test ( ) {
     System.out.println("public int a="+a);
     System.out.println("geta( )="+geta( ));
     System.out.println("private int b="+b);
     System.out.println("getb( )="+getb( ));
     System.out.println("getb1( )="+getb1( ));
     System.out.println("protected int c="+c);
     System.out.println("getc( )="+getc( ));
     System.out.println("int d="+d);
     System.out.println("getd( )="+getd( ));
     System.out.println("getd1( )="+getd1( ));
    }
}
public class JBE4103 {
   public int e;
   public static void main (String args[ ]) {
     BA ba=new BA( );
     ba.test( );
    }
```

```
}
```

编译方式如下：

```
E:\newbooks\java\work>javac -d  .  JBE4102.java
E:\newbooks\java\work>javac -d  .  JBE4103.java
```

说明：参数d后的“.”的前后有空格。

编译时出现如下错误信息提示：

```
JBE4103.java:10: 错误: b 可以在 JBE4102 中访问 private
                System.out.println("private int b="+b);
                                                    ^
JBE4103.java:11: 错误: 找不到符号
                System.out.println("getb()="+getb());
                                             ^
  符号:   方法 getb()
  位置: 类 BA
JBE4103.java:15: 错误: d 在 JBE4102 中不是公共的; 无法从外部程序包中对其进行
访问
                System.out.println("int d="+d);
                                            ^
JBE4103.java:16: 错误: 找不到符号
                System.out.println("getd()="+getd());
                                             ^
  符号:   方法 getd()
  位置: 类 BA
4 个错误
```

说明：

- 父类JBE4102在包mypack1中，子类BA在mypack2中。
- 子类BA只能继承父类JBE4102的protected类型属性c和方法getc( )、public属性a和方法geta( )、getb1( )、getc( )、getd1( )，不能继承父类JBE4102的友好属性d和友好方法getd，也不能继承父类JBE4102的private属性b和方法getb( )。
- 可通过公共方法getb1( )、getd1( )来操作private属性b和友好属性d。

提示：编译完毕后在当前工作路径下产生子目录mypack1和mypack2。JBE4102.class、BA.class和JBE4103.class分别在子目录mypack1和mypack2中。

运行方式如下：

```
E:\newbooks\java\work>java mypack2. JBE4103
```

4.1.3　子类对象的构造过程

Java语言中，使用构造方法来构造并初始化对象。当用子类的构造方法创建一个子类的对象时，子类构造方法总是先调用（显式地或隐式地）其父类的某个构造方法，以创建和初始化子类的父类成员。如果子类的构造方法没有指明使用父类的哪个构造方法，子类就调用父类的不带参数的构造方法，然后执行子类构造方法。因此，子类对象的构造过程是这样的：

● 将子类中声明的成员变量或方法作为子类对象的成员变量或方法。

● 将从父类继承的父类的成员变量或方法作为子类对象的成员变量或方法。

值得指出的是，尽管子类对象的构造过程中，子类只继承了父类的部分成员变量或方法。但在分配内存空间时，所有父类的成员都分配了内存空间。

4.1.4　子类的内存分布

在 JVM 中类被表示为一块内存区域，分别存放类名和类的静态成员，可以用图 4-1（a）表示。

【实验 4-3】

```
class A{
      static int svar1=10;
      static int svar2=20;
      static void sfun1( ){…}
      int var1=1;
      int var2=2;
      void fun1( ){…}
}
```

类 A 的内存映像如图 4-1（a）所示。

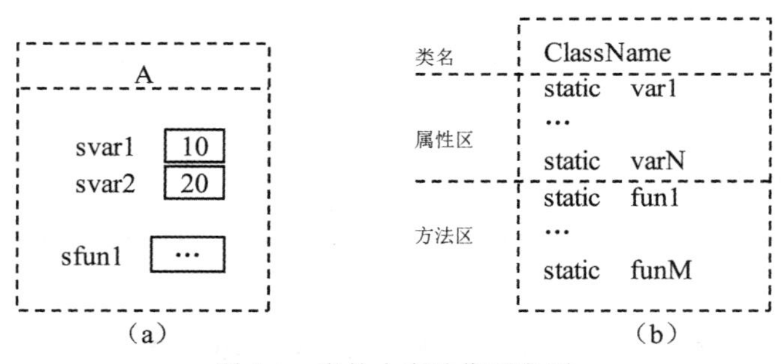

图 4-1　类的内存映像示意图

在 JVM 中对象也被表示为一块内存区域，分别存放对象所属类的引用和对象的成员，可以用图 4-2（b）表示。

【实验 4-4】

```
A ref1=new A( );
A ref2= ref 1;
```

对象 ref1 和 ref 2 的内存映像如图 4-2（a）所示。

【实验 4-5】

```
class B extends A{
   static int svar2=30;
   int var2=3;
   void fun1( ){…}
}
A ref1=new A( );
B ref2=new B( );
```

```
ref1=ref2;
```

对象 ref1 和 ref 2 的内存映像如图 4-3 所示。

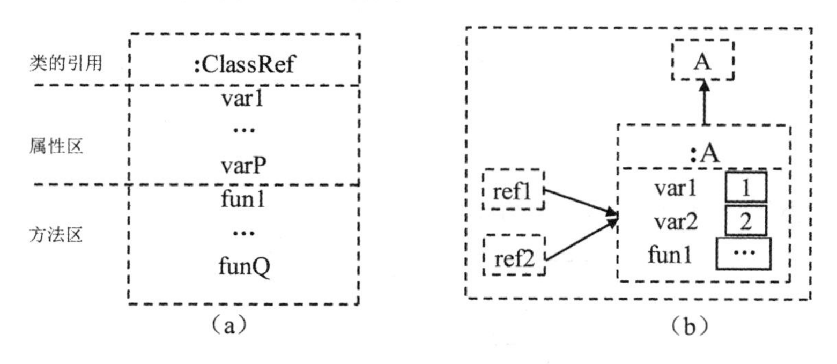

图 4-2 对象的内存映像示意图

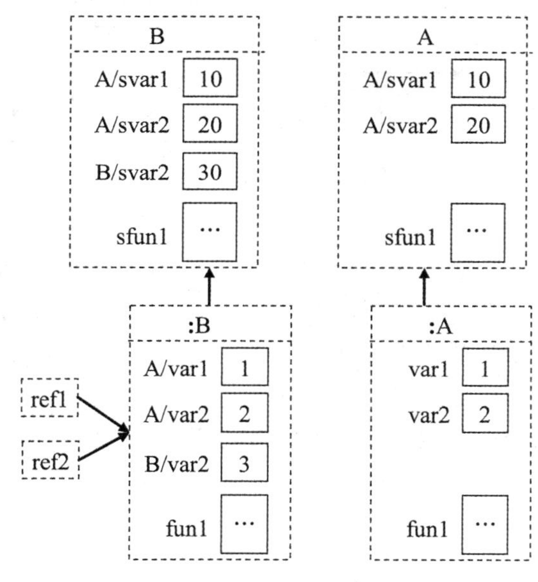

图 4-3 对象的内存映像示意图

4.1.5 子类对象的成员初始化

子类对象的成员在初始化之前必须完成父类或祖先类对象的成员的初始化，初始化的方式有两种：隐式初始化和显式初始化。

1. 隐式初始化

若父类中不存在带有参数的构造方法时，子类的构造方法中又没有显式调用父类的某个构造方法，则在执行子类的构造方法之前会自动执行父类的不带参数的构造方法(如果没有不带参数的构造方法，则执行父类的默认构造方法)，直到执行完 Object 的构造方法后才执行子类的构造方法。

【实验 4-6】

```
class A{
    int x;
```

```
        A( ){ x=1; }
}
class B extends A{
        int y;
        B( ){ y=-1; }
}
B rb=new B( );
```

子类对象 rb 的隐式初始化过程如图 4-4 所示。

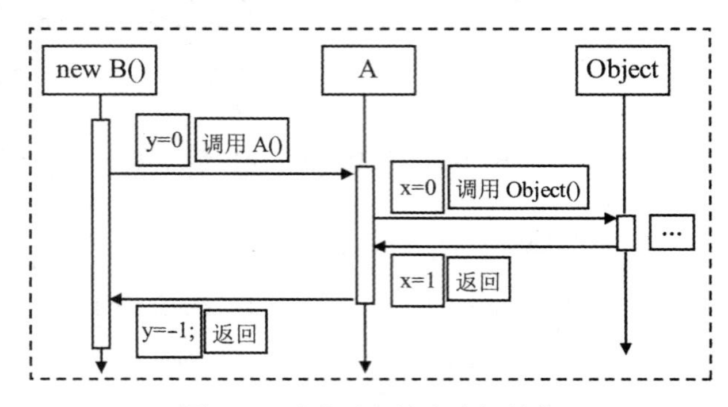

图 4-4　子类对象的隐式初始化

2. 显式初始化

可以在子类构造方法的第一条语句中通过 super()或 super(…)调用父类的默认构造方法或特定签名的构造方法。在父类中存在不带参数的构造方法时，super()调用不带参数的构造方法，否则 super()调用默认的构造方法。

当父类只有带参数的构造方法，不存在不带参数的构造方法时，则必须在子类构造方法的第一条语句通过 super(…)完成父类对象成员的初始化工作。

【实验 4-7】

```
class point{
   private int x, y;
   point(int x, int y){
       this.x=x;  this.y=y;
   }
}
class circle extends point{
   int radius;
   circle(int r){
   radius=r;
   }
}
```

说明：在本实验中，构造方法 circle(int r)存在错误，可作如下改正：

```
class circle extends point{
   int radius;
   circle(int r, int x, int y){
    super(x, y);
```

```
        radius=r;
      }
  }
```

4.1.6　成员变量的隐藏

当在子类中定义与父类中同名的成员变量时，子类就隐藏了继承的成员变量，即子类对象以及子类自己声明定义的方法操作与父类同名的成员变量。

【实验 4-8】

```
//程序名称：JBE4104.java
//功能：演示成员变量的隐藏
class A {
 protected  double y=2.13;
}
class B extends A {
 int y=0;
 void g( ){
    y=y+10;
    System.out.printf("y=%d\n",y);
 }
}
class Java040106 {
 public static void main(String args[ ]){
    B  b=new B( );
    b.y=-20;
    b.g( );
}
}
```

说明：在本实验中，子类B定义了整型成员变量y，隐藏了从父类A继承的double型变量y。该程序的运行结果如下：

```
y=－10
```

4.1.7　方法的重载与方法的覆盖

1. 方法重载

方法重载是在一个类中定义两个或多个同名的方法，但方法的参数个数或类型不完全相同。例如：

【实验 4-9】

```
//程序名称：JBE4105.java
//功能：演示方法重载
class   Point {
int  x, y;
    Point(int a, int b){ x=a; y=b; }
    Point( ){ x= - 1; y= - 1; }
}
```

```
class JBE4105 {
 public static void main(String args[ ]){
    Point  p1=new Point( );
    Point  p2=new Point(10,10);
    System.out.println("p1 点=("+p1.x+","+p1.y+")");
    System.out.println("p2 点=("+p2.x+","+p2.y+")");
}
}
```

编译后的运行结果为：

```
p1 点=( - 1, - 1)
p2 点=(10,10)
```

说明：在本实验中，定义了两个名称均为 Point 的构造方法，在需要使用 Point 构造方法时，可通过参数个数来识别不同的构造方法。

注意：

- 方法重载的一个误区是靠返回值区别重载，即定义多个方法，它们的名称和形参类型完全相同，但返回值不同，这是不允许的。
- 参数类型的区分度一定要足够，例如不能是同一简单类型的参数，如 int 与 long。

【实验 4-10】

```
//程序名为 JBE4106.java
//功能：演示重载不能利用返回值来区别
class A {
  int  x, y;
int show(int a){a=a*2;return a; }
  double show(int b){b=b*4;return b;    }
}
public class JBE4106 {
 public static void main (String args[ ]) {
    A a=new A( );
    int i=2;
    double d=2.0;
    System.out.println("int show( )="+a.show(i));
    System.out.println("double show( )="+a.show(i));
}
}
```

编译时出现如下错误信息：

```
JBE4106.java:7: 已在 A 中定义 show(int)
        double show(int b){b=b*4;return b; }
              ^
1 错误
```

说明：在 Java 语言中，在一个类中方法的名称和形参类型完全相同，但返回值不同是不允许的。

2. *方法的覆盖*

方法的覆盖发生在父类和子类之间，若子类中定义的某个方法的特征与父类中定义的某个方法的特征完全一样，那么就说子类中的这个方法覆盖了父类对应的那个方法。

【实验 4-11】

```
//程序名称：JBE4107.java
//功能：覆盖举例说明
class A {
  double countTax(double salary){
     return(salary*0.17);
   }
  double countFund(double salary){
     return(salary*0.10);
 }
}
class B extends A{
  double countTax(double salary){
     return(salary*0.24);
   }
}
public class JBE4107 {
 public static void main (String args[ ]) {
    A a=new A( );
    B b=new B( );
    double salary=2000;
    System.out.println("a 应纳税额="+a.countTax(salary));
    System.out.println("b 应纳税额="+b.countTax(salary));
    System.out.println("a 的公积金="+a.countFund(salary));
    System.out.println("b 的公积金="+b.countFund(salary));
}
}
```

编译后的运行结果为：

```
a 应纳税额=340.0
b 应纳税额=480.0
a 的公积金=200.0
b 的公积金=200.0
```

说明：类 B 覆盖了父类 A 的方法 countTax()，继承了方法 countFund()。

3. *方法重载与方法覆盖的区别*

重载可以出现在一个类中，也可以出现在父类与子类的继承关系中，并且重载方法的特征一定不完全相同。而覆盖则要求子类中的方法特征与父类定义的对应方法的特征完全一样，即这个方法的名字、返回类型、参数个数和类型与从父类继承的方法完全相同。

4.1.8 this 关键字

this 只能用于与实例有关的代码块中，如实例方法、构造方法、实例初始化代码块或实例变量的初始化代码块等，this 代表当前或者正在创建的实例对象的引用，通常可以利用这一关键字实现与局部变量同名的实例变量的调用。在构造方法中还可以用 this 来代表要显式调用的其他构造方法。除此以外，使用 this 关键字都将引发编译时错误。

1. 在类的构造方法中使用 this 关键字

在构造方法内部使用 this，代表使用该构造方法所创建的对象。

【实验 4-12】

```
//程序名称：JBE4108.java
//功能：this 应用举例说明
class Tom{
   int n;
  Tom(int x){
     this.show( );
     n=x;
     this.show( );
   }
void show( ){
     System.out.println("n="+n);
   }
}
public class JBE4108 {
 public static void main (String args[ ]) {
        Tom tom=new Tom(10);
   }
}
```

编译后的运行结果为：

```
n=0
n=10
```

说明：在本实验中，构造方法 Tom(int x)中出现了 this，表示该对象在构造自己时调用了方法 show()。

此外，在构造方法内部使用 this，可用于指代另外一个构造方法，但不能指代非构造方法。例如：

【实验 4-13】

```
//程序名称：JBE4109.java
//功能：this 应用举例说明
class Point {
  int x, y;
  Point( ){ this(- 1, - 1);  }
  Point(int a, int b){x=a;  y=b;}
}
public class JBE4109{
 public static void main (String args[ ]) {
     Point p1=new Point( );
     Point p2=new Point(10,10);
```

```
    System.out.println("p1 点=("+p1.x+","+p1.y+")");
    System.out.println("p2 点=("+p2.x+","+p2.y+")");
  }
}
```

编译后运行结果为

```
p1 点=( - 1, - 1)
p2 点=(10,10)
```

说明：在本实验中，构造方法 point()中的 this 指代构造方法 point(int a, int b)。

2. 在类的实验方法中使用 this 关键字

在实验方法内部使用 this，代表使用该方法的当前对象。

【实验 4-14】

```
//程序名称：JBE4110.java
//功能：this 应用举例说明
class  A {
  int x;
  void fun( ){
       this.x=10;
       this.g(this.x);
   }
  void g(int x){
      System.out.println("x="+x);
  }
}
public class JBE4110 {
public static void main(String args[ ]){
    A  a=new A( );
    a.fun( );
}
}
```

编译后运行结果为：

```
x=10
```

说明：在本实验中，实验方法 fun 中出现了 this，this 代表使用 fun 的当前对象。因此，this.x 表示当前对象的变量 x，将 10 赋给该对象的变量 x。this.g 表示当前对象的方法为 g 时，传递参数为 this.x。通常情况下，可以省略成员变量（或方法）名字前面的“this.”。

3. 使用 this 区分成员变量和局部变量

如果局部变量的名字与成员变量的名字相同，则成员变量被隐藏，即这个成员变量在这个方法内暂时失效。这时如果想在该方法内使用成员变量，成员变量前面的“this.”就不可以省略，例如：

【实验 4-15】

```
class Point {
int x , y;
void init(int x, int y ){
```

```
        this.x=x;
        this.y=y;
    }
    }
```

说明：在本实验中，this.x 和 this.y 是指类 point 的属性变量 x 和 y，语句 “this.x=x;” 和 “this.y=y;” 等号右边的 x 和 y 则是方法 init( )的形参 x 和 y。

4. this 不能出现在类方法中

this 不能出现在类方法中，因为类方法可以通过类名直接调用，这时，可能还没有任何对象产生。

4.1.9　super 关键字

super 只能用于与实例有关的代码块中，如实例方法、构造方法、实例初始化代码块或实例变量的初始化代码块等，super 代表当前或者正在创建的实例对象的父类，通常可以利用这一关键字实现对父类同名属性或方法的调用。在构造方法中还可以用 super 来代表要调用的父类构造方法，以实现构造方法链的初始化。由于 Object 类为 Java 语言的根类，已经没有父类，因此，如果在 Object 类中使用了关键字 super，将引发编译时错误。

1. 使用 super 调用父类的构造方法

子类不继承父类的构造方法，因此，子类如果想使用父类的构造方法，必须在子类的构造方法中使用并且必须使用关键字 super 来表示，而且 super 必须是子类构造方法中的第 1 条语句。这一点在子类对象的构造过程一节已举例说明，此处不再赘述。

2. 使用 super 操作被隐藏的成员变量和方法

如果在子类中想使用被子类隐藏的成员变量或方法，就可以使用关键字 super。

【实验 4-16】

```
//程序名称：JBE4111.java
//功能：super 应用举例说明
class A{
  int x=2, y=3;
  double  add( ){ return x+y; }
}
class B extends A{
  int x=20,y=30;
  double  add( ){ return super.x+super.y ; }
  double  addB( ){ return x+y ; }
  double  addA( ){ return super.add( );}
}
public class JBE4111 {
 public static void main(String args[ ]){
    A  a=new A( );
    B  b=new B( );
    System.out.println("b.add="+b.addB( ));
    System.out.println("a.add="+a.add( ));
    System.out.println("a.add="+b.addA( ));
```

```
}
}
```

编译后运行结果为：

```
b.add=50
a.add=5
a.add=5
```

说明：在本实验中，子类B使用super.x和super.y调用父类A被隐藏的成员变量x和y，使用super.add()调用父类A被隐藏的方法add()。

4.1.10 对象的上下转型

对象之间的类型转换分为向上转型和向下转型两种情况。

1. 向上转型

向上转型是指将子类类型的引用赋值给其父类或祖先类类型的引用，赋值操作中包含了隐式的类型转换。

```
Object obj1=new String("good");     //对象的上转型
Object obj2=new Integer(100);       //对象的上转型
```

例如，类B是类A的子类。

```
A a;
B b=new B( );
a=b;
```

此时称对象a是子类对象b的上转型对象，对象的上转型对象的实体是子类负责创建的，但上转型对象会失去原对象的一些属性和功能。上转型对象不能操作子类声明定义的成员变量；也不能使用子类声明定义的方法。上转型对象可以操作子类继承的成员变量和隐藏的成员变量，也可以使用子类继承的或重写的方法。上转型对象不能操作子类新增的方法和成员变量，将对象的上转型对象再强制转换到一个子类对象，这时，该子类对象又具备了子类的所有属性和功能。

2. 向下转型

向下转型是指将某类型的引用赋值给其子类类型的引用，赋值操作必须进行显式(强制)的类型转换。

```
String str1=(String)obj1;        //对象的下转型
Integer int1=(Integer)obj2;      //对象的下转型
```

4.2 接　　口

4.2.1 abstract类

用关键字abstract修饰的类称为abstract类（抽象类），如下所示：

```
abstract class A
 { …
 }
```

abstract类不能用new运算符创建对象，必须产生其子类，由子类创建对象。若abstract

类的类体中有 abstract 方法，只允许声明，而不允许实现，而该类的子类必须实现 abstract 方法，即重写父类的 abstract 方法。一个 abstract 类只关心子类是否具有某种功能，不关心功能的具体实现。具体实现由子类负责。因此，抽象类的唯一目的是为子类提供公有信息，它用来被继承，但不能创建对象。

【实验 4-17】

```
//程序名称：JBE4201.java
//功能：abstract 类应用举例说明
import java.awt.*;
import java.applet.*;
abstract class Shape{
   public int x, y;
   public int width, height;
   public Shape(int x1, int y1, int width1, int height1){
     x = x1;
     y = y1;
     width = width1;
     height = height1;
  }
  abstract double getArea( );        //抽象方法，只能声明
  abstract double getPerimeter( );  //抽象方法，只能声明
}
class Square extends Shape{
  public double getArea( ) {return(width * height); }
  public double getPerimeter( ) {return(2 * width + 2 * height);}
  Square(int x, int y, int width, int height){
      super(x, y, width, height);
}
}
class Circle extends Shape{
  public double r;
  public double getArea( ){return(r * r * Math. PI);}
  public double getPerimeter( ){return(2 * Math. PI * r);}
  Circle(int x, int y, int width, int height) {
      super(x, y, width, height );
      r=(double)width/2.0;
   }
}
public class JBE4201{
 public static void main(String args[ ]){
    Square box = new Square(5,15,20,20);
    Circle oval = new Circle(5,50,20,20);
         System.out.println ("Box Area==" + box. getArea( )) ;
         System.out.println ("Oval Area==" + oval.getArea( ));
  }
```

```
}
```

编译后运行结果为：

```
Box Area==400.00
Oval Area==314.16
```

说明：在本实验中，抽象类 Shape 中有两种抽象方法 getArea( )和 getPerimeter( )，这两个抽象方法只能声明，其实现只能在抽象类 Shape 的子类中实现，即在类 Square 和 Circle 中实现。

4.2.2　接口的含义

Java 不支持多继承性，即一个类只能有一个父类。单继承性使得 Java 变得简单，易于管理程序。为了克服单继承的缺点，Java 使用了接口，一个类可以实现多个接口。

使用关键字 interface 定义接口。接口的定义和类的定义很相似，分为接口的声明和接口体。

1. 接口的声明

声明接口的语法如下：

```
<修饰符>  interface  <接口名>  //接口声明
{
    …接口体…
}
```

接口名的命名规范与类相同，接口也可以指定所属的包。接口的修饰符可以有以下几种：

- public：与类的 public 修饰符相同。
- abstract：通常被省略，因为接口中的方法都是抽象的。
- strictfp：通常并不能限制接口中方法的实现，一般不使用。

2. 接口体

接口体中包含常量定义和方法定义两部分。

- 接口中的成员都是 public 的，不能指定其他的访问控制修饰符。
- 常量定义。接口中属性的域默认是 static final 的，必须显式初始化。
- 方法。只能提供方法声明，不能带有方法体，且除 abstract 外，不能使用其他修饰符。接口中的方法被默认是 public 和 abstract 的，接口在声明方法时可以省略方法前面的 public 和 abstract 关键字，但是，类在实现接口方法时，一定要用 public 来修饰。
- 嵌套类和嵌套接口。

3. 接口的多继承

接口支持多亲继承，可以在关键字 extends 后面跟多个接口的列表，中间用逗号隔开，如：

```
public interface SerializableRunnable  extends java.io.Serializable, Runnable
 { …}
```

子接口拥有 1 所有父接口中声明的方法。子接口中的域将隐藏父接口中声明的同名域，被隐藏的父接口中的域必须通过父接口名访问。

子接口不仅可以保留父接口的成员，同时也可以加入新成员以满足实际问题的需要。实现接口的类也必须实现此接口的父接口。

4. 接口的使用

一个类通过使用关键字 implements 声明自己实现一个或多个接口。如果实现多个接口，则用逗号隔开接口名，如：

```
class A implements Printable, Addable
```

如果一个类实现某个接口，那么这个类必须实现该接口的所有方法，即为这些方法提供方法体。类实现的接口方法以及接口中的常量可以被类的对象调用。

如果父类实现了某个接口，则其子类也就自然实现了这个接口。接口可以被继承，即可以通过关键字 extends 声明一个接口是另一个接口的子接口。以下例子给出了类是如何实现接口的。

【实验 4-18】

```
//程序名称：JBE4202.java
//功能：接口应用举例说明
interface  C{
  public abstract int fun(int x,int y);
}
class A implements C{
  public int fun(int x,int y){ return 2*(x+y);}
}
class B implements C{
  public int fun(int x,int y){return x*y;}
}
public class JBE4202{
  public static void main(String args[ ]){
     A a=new A( );
     B b=new B( );
     System.out.println("长方形周长＝"+a.fun(12,8));
     System.out.println("长方形面积＝"+b.fun(12,8));
  }
}
```

编译后运行结果为：

```
长方形周长＝40
长方形面积＝96
```

说明：在本实验中，接口 C 中的方法 fun( )分别在类 A 和类 B 中实现。类 A 方法 fun( )的功能是计算长方形的周长。类 B 方法 fun( )的功能是计算长方形的面积。

4.2.3　接口回调

接口回调是指把使用某一接口的类创建的对象的引用赋给该接口声明的接口变量中，这样该接口变量就可以调用被类实现的接口中的方法，当接口变量调用被类实现的接口中的方法时，就是通知相应的对象调用接口的方法，这一过程称作对象功能的接口回调。

不同的类在使用同一接口时，可能具有不同的功能体现，即接口的方法体不必相同，因此，接口回调可能产生不同的行为。

【实验 4-19】

```
//程序名称：JBE4202B.Java
//功能：演示接口的多继承
interface A{
    char  cha ='A';
    public void showA();
}
interface B{
    char  chb ='B';
    public void showB();
}
interface C extends A,B{
    char  chc ='C';
    public void showC();
}
interface D{
    char  chd ='D';
}
class TestInterface implements C{
    public void showA() {
        System.out.println(cha);
    }
    public void showB() {
        System.out.println(chb);
    }
    public void showC() {
        System.out.println(chc);
    }
}
public class JBE4202B {
    public static void main(String[]args){
        TestInterface obj = new TestInterface();
        obj.showA();
        obj.showB();
        obj.showC();
        System.out.println(D.chd);
    }
}
```

说明：在本实验中，接口 C 继承了接口 A 和 B，类 TestInterface 实现了接口 C 有关方法。接口中定义的变量可通过“接口名.变量”的形式访问。

4.2.4 接口和抽象类的异同

接口和抽象类的相同点如下：

- 都可包含只声明而不带方法体的方法，都必须在子类中实现这些方法。

- 都不能用 new 关键字创建这两种类型的对象。
- 都可以具有继承关系。
- 接口和类一样可以具有 public 属性。

接口和抽象类的不同点如下：

- 在抽象类中，abstract 方法声明时必须加 abstract 关键字，而在接口中不需要。
- 在抽象类中，除包含只声明而不带方法体的方法外，还可以定义实例变量和方法，而在接口中，只能定义常量和包含只声明而不带方法体的方法。
- 接口允许多继承，类仅支持单继承。

4.3 特 殊 类

4.3.1 final 类

final 类不能被继承，即不能有子类，如下所示：

```
final class A
{ …
}
```

将一个类声明为 final 类一般是出于安全性考虑。

声明 ChessAlgorithm 类为 final 类：

```
final class ChessAlgorithm {…}
```

如果编写如下程序：

```
class BetterChessAlgorithm extends ChessAlgorithm { … }
```

编译器将显示一个错误：

```
Chess.java:6: Can't subclass final classes: class ChessAlgorithm
class BetterChessAlgorithm extends ChessAlgorithm {
      ^
1 error
```

一旦一个方法被修饰为 final 方法，则这个方法不能被重写，即不允许子类通过重写隐藏继承的 final 方法。一般，对于一些比较重要且不希望子类进行更改的方法，可以声明为 final 方法以防止子类对父类关键方法的错误重写，增加代码的安全性和正确性。

final 方法举例：

```
class Parent
{
  public Parent( ) {   }                          //构造方法
  final int getPI( ) { return Math.PI; }          //最终方法
}
```

说明：getPI()是用 final 修饰符声明的终结方法，不能在子类中对该方法进行重载，因而如下声明是错误的。

```
Class Child extends Parent
```

```
{
   public Child( ) {   }      //构造方法
   int getPI( ) { return 3.14; }    //重写父类中的终结方法，不允许
}
```

4.3.2 内部类

Java 语言支持在一个类中声明另一个类，即类中可以嵌套类。嵌套在其他类中的类叫作内部类，而包含内部类的类称为内部类的外嵌类。

内部类同样可以声明自己的方法和成员变量，外嵌类把内部类看作是自己的成员。外嵌类的成员变量在内部类中仍然有效，内部类中的方法也可以调用外嵌类中的方法。不过，内部类的类体中不可以声明类变量和类方法。此外，外嵌类可以用内部类声明对象，作为外嵌类的成员。

【实验 4-20】

```
//程序名称：JBE4204.java
//功能：内部类应用举例说明
class CenterEast { String  River="千湖之省!";}
class China{
    float  x=6.0f,y=10.0f;
    HuBei  hubei;              //内部类声明的对象，作为外嵌类的成员
    China( ){ hubei =new HuBei( ); }
    void fun( ){
       System.out.println("这里是中国");
       hubei.showrate( );
    }
   class HuBei extends CenterEast { //内部类的声明
      float z;
      void showrate( ){
        System.out.println("湖北是"+River+"占全国湖泊比例＝"+z);
      }
      void countrate( ){
         z=x/y;
         fun( );
      }
   }
}
public class JBE4204{
   public static void main(String args[ ])   {
      China china=new China( );
      china.fun( );
      china. hubei. countrate( );
   }
}
```

结果如下：

```
这里是中国
湖北是千湖之省！占全国湖泊比例＝0.0
这里是中国
湖北是千湖之省！占全国湖泊比例＝0.6
```

4.4 综合上机实验

本实验实现以下目的：

（1）学会通过继承来定义类，借此理解并掌握继承的含义。

（2）理解接口和抽象类的使用。

【实验 4-21】

```
//程序名称：MyShape1.java
//功能：定义一个接口 MyShape1
package mymath;
public interface MyShape1 {
double area();
}
//程序名称：MyShape2.java
//功能：定义一个抽象类 MyShape2
package mymath;
abstract class MyShape2 {
abstract double area();
}
//程序名称：MyCircle1.java
//功能：通过继承接口 MyShape1 定义一个类 MyCircle1
package mymath;
public class MyCircle1 implements MyShape1{  //圆
float radius;
final double PI=3.1415926;
public  MyCircle1(float r){
    radius=r;
}
public double area(){ //面积
    return (PI*radius*radius);
}
public double perimeter(){ //周长
    return (2*PI*radius);
}
}

//程序名称：MyCircle2.java
//功能：通过继承抽象类 MyShape2 定义一个类 MyCircle2
```

```
package mymath;
public class MyCircle2 extends MyShape2{  //圆
float radius;
final double PI=3.1415926;
public  MyCircle2(float r){
    radius=r;
}
public double area(){ //面积
    return (PI*radius*radius);
}
public double perimeter(){ //周长
    return (2*PI*radius);
}
}

//程序名称：MyCylinder1.java
//功能：通过继承类MyCircle1定义一个类MyCylinder1
package mymath;
public class MyCylinder1 extends MyCircle1{ //圆柱体
float heigh;
public MyCylinder1(float r,float h) {
    super(r);
    heigh=h;
}
public double baseArea=super.area(); //底面积
public double area(){ //面积
    return (heigh*super.perimeter()+2*super.area());
}
public double volume(){  //体积
    return (heigh*super.area());
}
}

//程序名称：MyCylinder2.java
//功能：通过继承类MyCircle2定义一个类MyCylinder21
package mymath;
public class MyCylinder2 extends MyCircle2{ //圆柱体
float heigh;
public MyCylinder2(float r,float h) {
    super(r);
    heigh=h;
}
public double baseArea=super.area(); //底面积
public double area(){ //面积
    return (heigh*super.perimeter()+2*super.area());
```

```
    }
    public double volume(){  //体积
        return (heigh*super.area());
    }
    }

    //程序名称：MyRectangle1.java
    //功能：通过继承接口 MyShape1 定义一个类 MyRectangle1
    package mymath;
    public class MyRectangle1 implements MyShape1{
    float length,width;  //长和宽
    public  MyRectangle1(float len,float wid){
        length=len;width=wid;
    }
    public double area(){ //面积
        return (length*width);
    }
    public double perimeter(){ //周长
        return (2*(length+width));
    }
    }
```

按照如下进行编译：

```
javac -d e:\wu\lib  MyShape1.java
javac -d e:\wu\lib  MyCircle1.java
javac -d e:\wu\lib  MyRectangle1.java
javac -d e:\wu\lib  MyCuboid1.java
javac -d e:\wu\lib  MyCylinder1.java

javac -d e:\wu\lib  MyShape2.java
javac -d e:\wu\lib  MyCircle2.java
javac -d e:\wu\lib  MyRectangle2.java
javac -d e:\wu\lib  MyCuboid2.java
javac -d e:\wu\lib  MyCylinder2.java

javac -d .  JBE4401.java
```

按照如下运行：

```
java mypack.JBE4401
```

运行结果为：

```
随机生成圆 c1 的半径==2.0935702
圆 c1 的面积==13.76971446201931
圆 c1 的周长==13.154289499321937

长方形 rect1 的长==19.40836
长方形 rect1 的宽==15.395405
```

```
长方形 rect1 的面积==298.799560546875
长方形 rect1 的周长==69.60752868652344

随机生成圆柱体 cy1 的半径==18.563402
随机生成圆柱体 cy1 的高==1.8575095
圆柱体 cy1 的底圆面积==1082.5924968824913
圆柱体 cy1 的底圆周长==116.63729381328353
圆柱体 cy1 的体积==2010.9258409059921
圆柱体 cy1 的表面积==2381.8398743575417

随机生成长方体 cu1 的长==16.142342
随机生成长方体 cu1 的宽==6.2462435
随机生成长方体 cu1 的高==13.656249
长方体 cu1 的底面积==100.82899475097656
长方体 cu1 的底周长==44.77716827392578
长方体 cu1 的体积==1376.945863410001
长方体 cu1 的表面积==813.1461510399167
随机生成圆 c1 的半径=11.6233425
圆 c1 的面积==424.43572995418896
圆 c1 的周长==73.0316136587349

长方形 rect1 的长=1.3287283
长方形 rect1 的宽=9.417656
长方形 rect1 的面积==12.513505935668945
长方形 rect1 的周长==21.492769241333008

随机生成圆柱体 cy1 的半径==11.886352
随机生成圆柱体 cy1 的高==15.757547
圆柱体 cy1 的底圆面积==443.86102265078364
圆柱体 cy1 的底圆周长==74.68414836330757
圆柱体 cy1 的体积==6994.161093906957
圆柱体 cy1 的表面积==2064.5610515623

随机生成长方体 cu1 的长==10.902044
随机生成长方体 cu1 的宽==8.268984
随机生成长方体 cu1 的高==10.074665
长方体 cu1 的底面积==90.1488265991211
长方体 cu1 的底周长==38.34205627441406
长方体 cu1 的体积==908.2192344017967
长方体 cu1 的表面积==566.5810282419552
```

说明：这里使用抽象类和接口两种方式来定义祖父类。从这个例子可以看出抽象类和接口的使用很类似，只是在一些细节上存在差异。

4.5 本章小结

本章主要介绍了继承的含义、子类的继承性的访问控制、子类对象的构造过程、子类的内存分布、子类对象的成员初始化、成员变量的隐藏、方法的重载与方法的覆盖、this 和 super 关键字、对象的上下转型对象、接口与抽象类和特殊类（final 类和内部类），同时提供了一个综合上机实验案例。

4.6 思考和练习题

1. 简述 Java 中继承的含义及特点。
2. 指出下列程序中的错误，并说明错误的原因。

```
class A {
   public int a = 1;
   private int b = 2;
   protected int c = 3;
  int d=4;
   public int dispA( )  {  return a; }
   private int dispB( )  {  return b; }
  protected int dispC( )  {  return c; }
  int dispD( )  {  return d; }
}
public class xt040201 extends A {
  public static void main (String args[ ]) {
      xt040201 bb=new xt040201( );
      bb.testVisitControl  ( );
  }
  public void testVisitControl  ( ) {
      System.out.println(a+dispA( ));
      System.out.println(b+dispB( ));
      System.out.println(c+dispC( ));
      System.out.println(d+dispD( ));
  }
}
```

3. 根据下面的程序片段，画出类和对象的内存映像图。

```
class A{
    static int sv1=10;
    int sv2=20;
    int sv3=30;
static void sf1( ){…}
void f1( ){…}
}
class B extends A{
    static int sv2=30;
```

```
    int v2=3;
    void f1( ){…}
}
A ref1=new A( );
B ref2=new B( );
ref1=ref2;
```

4. 简述子类对象的成员初始化的方法。
5. 简述成员变量的隐藏含义，并举例说明。
6. 简述方法的重载和方法的覆盖的区别，并举例说明。
7. 列举 this 和 super 的用途。
8. 指出下列程序运行的输出结果。

```
class Point {
  int x, y;
  Point( ){   this(- 1, - 1); }
  Point(int a, int b){    x=a;    y=b;    }
  void showxy( ){
System.out.println("x="+x+" y="+y);
  }
}
public class reloadingExample {
     public static void main (String args[ ]) {
     Point a=new Point ( );
     Point b=new Point (1,1);
       a.showxy( );
       b.showxy( );
}
}
```

9. 指出下列程序运行的输出结果。

```
class A{
   int x=1, y=2;
   double  add( ){ return x+y; }
}
class B extends A{
   int x=10,y=20;
  double  add( ){  return super.x+super.y ; }
 }
class ex2 {
    public static void main(String args[ ]){
       A  a=new A( );
       B  b=new B( );
       System.out.println("a.add="+a.add( ));
       System.out.println("b.add="+b.add( ));
    }
 }
```

10. 简述接口和抽象类的含义，以及它们之间的不同。

第5章 数组与字符串

数组和字符串在计算机语言中应用广泛。在 Java 语言中，数组和字符串是作为一种类的形式来应用的。Java 语言中多维数组是元素为数组的一维数组，既可定义矩阵数组，也可以定义非矩阵数组。Java 语言中有两种类型的字符串：String 类用于存储和处理字符串常量，创建以后不需要改变；StringBuffer 类用于存储和操作字符串变量，可对其进行改变。

- 掌握数组的声明和创建。
- 掌握数组的使用及注意事项。
- 理解并掌握多维数组的含义及应用。
- 掌握 String 类的用法。
- 掌握 StringBuffer 类的用法。

5.1 数　　组

5.1.1 数组概述

1. 数组的基本含义

数组是同一类型数据元素的有限有序集合，元素的类型可以是基本数据类型或对象引用，可以随机访问数组中的元素。

在 Java 语言中，数组是以对象的形式存在的。可以赋值给 Object 类型的变量，在数组中可以调用类 Object 的所有方法。

数组中的变量被称作数组的元素。数组元素通过数组名字和非负整数下标值来引用。下标值起始值为 0。每个数组都有一个由 public final 修饰的成员变量 length，即数组含有元素的个数（length 可以是正数或 0）。因此，下标值的最大值为 length – 1。当下标值超过 length –1 时，系统会出现错误提示。

2. 数组声明

（1）一维数组声明。

```
Type  数组名[ ];
Type[ ]   数组名;
```

（2）二维数组声明。

```
Type   数组名[ ][ ];
Type [ ][ ]   数组名;
```

说明：声明数组时无需指明数组元素的个数，也不需要为数组元素分配内存空间；Type 为数组的类型，可以是基本数据类型也可以是引用类型；必须经过初始化分配内存后才能使用。

如：char s[ ];

int a[ ][ ];

注意：方括号中无数字，以下数组声明是错误的。

char s[5];   //W

3. 数组创建

数组名=new 数组元素类型[数组元素个数]

说明：

- 数组元素个数可以是常量，也可以是变量。

s = new char [20];

或

int n=20;

s = new char [n];

- 声明和创建可合并。

char s[ ]= new char [20];

- 基本类型数组的每个元素都是一个基本类型的变量。引用类型数组的每个元素都是对象的引用。

例如：

```
class Point{
int x, y;
Point( ) {x=67;y=10;}
Point(int x, int y)
{this.x=x;this.y=y;}
}
Point p [ ];            //语句组 1
p = new Point [100];    //语句组 1
```

创建了一个100个类型Point的变量。

注意：并不是创建100个Point对象。创建100个对象的工作必须分别完成。

```
p[0] = new Point( );        //语句组 2
…
p[99] = new Point( );       //语句组 2
```

图5-1显示了执行语句组1和语句组2后的内存映像图。

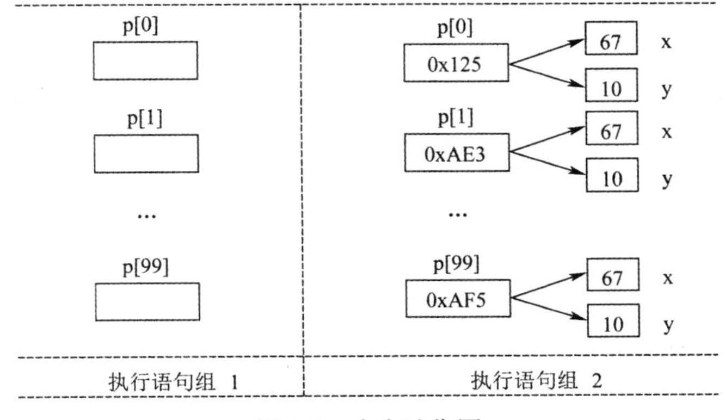

图5-1 内存映像图

4. 数组元素的使用

用来指示单个数组元素的下标必须总是从 0 开始，并保持在合法范围之内——大于 0 或等于 0 并小于数组长度。对在上述界限之外的数组元素的任何访问企图都会引起运行时出错。

使用 length 属性的例子如下：

```
int list [ ] = new int [10];
for (int i= 0; i< list.length; i++)
System.out.println(list[i]);
```

5. 数组的初始化

当创建一个数组时，每个元素都被初始化。Java 编程语言允许声明数组时初始化：

```
String names [ ] = {"Georgianna","Jen","Simon"};
```

其结果与下列代码等同：

```
String names [ ] ;
names = new String [3];
names [0] = "Georgianna";
names [1] = "Jen";
names [2] = "Simon";
```

6. 多维数组

Java 没有真正的多维数组，由于数组元素的任意性，因此可通过建立数组的数组来得到多维数组。N 维数组是以 N-1 维数组为元素的数组。

以下是矩阵数组例子：

```
int dim2[ ][ ]= new int [4] [ ]
dim2[0 ]= new int [5] ;
dim2[1 ]= new int [5] ;
dim2[2 ]= new int [5] ;
dim2[3 ]= new int [5] ;
```

以下是非矩阵数组例子：

```
int dim2[ ][ ]= new int [4] [ ]
dim2[0 ]= new int [2] ;
dim2[1 ]= new int [3] ;
dim2[2 ]= new int [4] ;
dim2[3 ]= new int [5] ;
```

图 5-2 显示了上述非矩阵数组的内存映像。

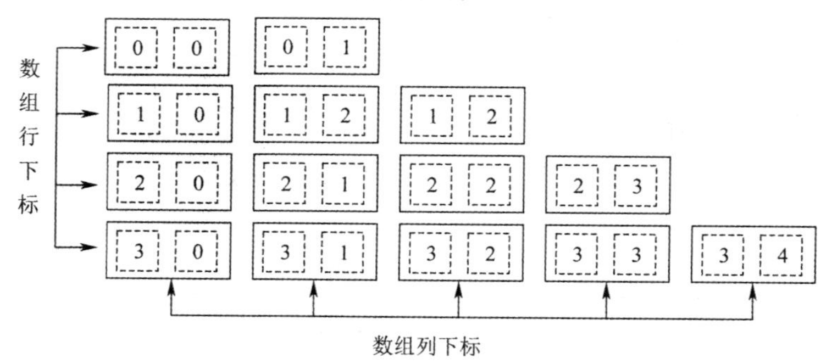

图 5-2　非矩阵数组内存映像图

初始化多维数组是可能的。初始化多维数组只不过是把每一维的初始化列表用它自己的大括号括起来。

例如：

```
int dim2[ ][ ]={{1,2},{3,4,5},{6,7,8,9},{10,11,12,13,14}}
```

实际上是定义了与上例类似的一个不规则二维数组。初始化完毕后各单元的值为：

```
dim2[0][0] =1    dim2[0][1] =2
dim2[1][0] =3    dim2[1][1] =4    dim2[1][2] =5
dim2[2][0] =6    dim2[2][1] =7    dim2[2][2] =8    dim2[2][3] =9
dim2[3][0] =10   dim2[3][1] =11   dim2[3][2] =12   dim2[3][3] =13   dim2[3][4] =14
```

7. 注意事项

（1）不允许静态说明数组。

下列声明是错误的：

```
char s[5];  //W
int a1[5][4];   //W
```

正确的声明为：

```
char s[ ];  //R
int a1[ ][ ];   //R
```

（2）数组维数声明顺序应该从高到低，先声明高维，再声明低维。

下列声明是错误的：

```
int a2[ ][ ]=new int[ ][4]; //W
```

正确声明为：

```
int a2[ ][ ]=new int[4][ ]; //R
```

（3）数组维数的指定只能出现在 new 运算符之后。

下列声明是错误的：

```
int a3[ ][4 ]=new int[3][4];    //W
```

正确声明为：

```
int a3[ ][ ]=new int[3][4];     //R
```

（4）Java 数组名是一个引用，当将一个数组名赋值给另一个数组时，实际上是名字的复制。

5.1.2 数组应用举例

1. Java 数组创建方式演示

【实验 5-1】

```
//程序名：JBE5101.java
public class JBE5101 {
public static void main(String args[ ]) {
    /*数组定义方式1*/
    char  CHA[];
    CHA=new char[4];
    CHA[0]='A';CHA[1]='B';CHA[2]='C';CHA[3]='D';
    show(CHA,"CHA"); //输出数组内容
```

```
        /*数组定义方式 2*/
        char CHB[]={'1','2','3','4','5'};
        show(CHB,"CHB"); //输出数组内容
        /*数组定义方式 3*/
        char  CHC[]=new char[3];
        CHC[0]='a';CHC[1]='b';CHC[2]='c';
        show(CHC,"CHC"); //输出数组内容
    }
    static void show(char chs[],String str){
        for(int i=0;i<chs.length;i++)
        {
            System.out.println(str+"["+i+"]="+chs[i]);
        }
    }
    }
```

运行后输出结果为：

CHA[0]=A	CHA[1]=B	CHA[2]=C	CHA[3]=D	
CHB[0]=1	CHB[1]=2	CHB[2]=3	CHB[3]=4	CHB[4]=5
CHC[0]=a	CHC[1]=b	CHC[2]=c		

说明：本实例演示了创建数组的 3 种方式。

2. Java 数组名是一个引用

【实验 5-2】

```
//程序名：JBE5102.java
//功能：演示数组作为参数和 int 变量作为参数的异同
class A{
void square(int c[]){
    int i;
    for(i=0;i<c.length;i++) c[i]=c[i]*c[i];
}
void square(int x){
    x=x*x;
}


}
public class JBE5102{
public static void main(String [ ] args){
    A a=new A();
    int x=10;
    int  b[ ]={10,20,30,40};
    a.square(b);
    for(int i=0;i< b.length;i++)  System.out.println(b[i]);
    a.square(x);
    System.out.println("x="+x);
```

```
}
}
```

运行后输出结果为：

```
100
400
900
1600
x=10
```

说明：

- 本实验中，当以数组 b 作为参数时调用是对象 a 中的第 1 个 square()，此时传递的是引用，形参 c 和实参 b 在这里指向同一地址单元，因此当执行方法 square 时，c 指向单元的内容发生的任何改变必将影响数组 b。
- 当以整型变量 x 作为参数时调用是对象 a 中的第 2 个 square()，此时是数值单向传递，形参 x 的变化不影响实参 x1，因此在调用完后 x1 的值仍为 10。

3. 数组定义时数组元素的大小可以是变量

【实验 5-3】

```
//程序名：JBE5103.java
//功能：演示数组定义时数组元素的大小可以是变量这一特点
public class JBE5103{
public static void main(String [ ] args){
    int i,Num=9,j;
    for (j=1;j<=Num ;j++ ){
        int  b[ ]=new int[j];
        for(i=0;i<b.length;i++) b[i]=i+1;
        for(i=0;i<b.length;i++)
            System.out.print((i+1)+"*"+b[i]+"="+(i+1)*b[i]+" ");
        System.out.println("");
    }
}
}
```

运行后输出结果为：

```
1*1=1
1*1=1   2*2=4
1*1=1   2*2=4   3*3=9
1*1=1   2*2=4   3*3=9   4*4=16
1*1=1   2*2=4   3*3=9   4*4=16  5*5=25
1*1=1   2*2=4   3*3=9   4*4=16  5*5=25  6*6=36
1*1=1   2*2=4   3*3=9   4*4=16  5*5=25  6*6=36  7*7=49
1*1=1   2*2=4   3*3=9   4*4=16  5*5=25  6*6=36  7*7=49  8*8=64
1*1=1   2*2=4   3*3=9   4*4=16  5*5=25  6*6=36  7*7=49  8*8=64  9*9=81
```

说明：在本实验中，定义数组 b 时数组元素大小是变动的，取决于变量 j 的值。

4. 二维数组是数组元素为一维数组的数组

【实验 5-4】

```
//程序名：JBE5104.java
//功能：演示二维数组是数组元素为一维数组的数组这一特点
public class JBE5104{
public static void main(String [ ] args){
    int i,j,Num=9;
    int b[ ][ ]=new int[Num][ ];
    for (j=1;j<=Num ;j++ )
    {
        b[j - 1]=new int[j];
        for(i=1;i<=b[j - 1].length;i++) b[j - 1][i - 1]=i*j;
    }
    for (j=1;j<=b.length ;j++ )
    {
        for(i=1;i<=b[j - 1].length;i++)
            System.out.print(i+"*"+j+"="+b[j - 1][i - 1]+" ");
        System.out.println("");
    }
}
}
```

运行后输出结果为：

```
1*1=1
1*2=2   2*2=4
1*3=3   2*3=6   3*3=9
1*4=4   2*4=8   3*4=12  4*4=16
1*5=5   2*5=10  3*5=15  4*5=20  5*5=25
1*6=6   2*6=12  3*6=18  4*6=24  5*6=30  6*6=36
1*7=7   2*7=14  3*7=21  4*7=28  5*7=35  6*7=42  7*7=49
1*8=8   2*8=16  3*8=24  4*8=32  5*8=40  6*8=48  7*8=56  8*8=64
1*9=9   2*9=18  3*9=27  4*9=36  5*9=45  6*9=54  7*9=63  8*9=72  9*9=81
```

说明：本实验中，定义了一个不规则二维数组 b，用于存储乘法表的结果，该二维数组实际上是一个元素为一维数组的一维数组，b.length=9 表明数组 b 是元素个数为 9 的一维数组，b[0].length=1 表明数组元素 b[0]是一个元素个数为 1 的一维数组，b[1].length=2 表明数组元素 b[1]是一个元素个数为 2 的一维数组，以此类推，b[8].length=9 表明数组元素 b[8]是一个元素个数为 9 的一维数组。

5.2 字符串概述

字符串指的是字符的序列，有两种类型的字符串：一种是创建以后不需要改变，称为字符串常量，在 Java 中，String 类用于存储和处理字符串常量；另一种字符串是创建以后，需要对其进行改变，称为字符串变量，在 Java 中，StringBuffer 类用于存储和操作字符串变量。

5.2.1 String 类

Java 使用 java.lang 包中的 String 类来创建字符串常量。字符串常量用双引号括住："Hello World!"。

1. String 类的声明和创建

声明字符串，如：

```
String s;
```

创建字符串：

```
String(字符串常量 );
String( char a[ ] ); //字符数组 a
String( char a[ ], int startIndex, int numChars );
String s=new String("hello");
```

或

```
String s="hello";
```

2. String 类构造函数

（1）public String( )：该构造函数用于创建一个空的字符串常量。

```
String empty=new String( );
```

等价于使用直接量 "" 初始化字符串。

```
String empty="";
```

（2）public String(String value)：该构造函数用于根据一个已经存在的字符串常量来创建一个新的字符串常量，该字符串的内容和已经存在的字符串常量一致。

（3）public String(char a[ ])或 String(char a[ ], int startIndex, int numChars)：该构造函数用于根据一个已经存在的字符数组来创建一个新的字符串常量。

注意：startIndex 为 0 对应字符串的第 1 个字符。

```
char[ ] ch={'H','e','l','l' ,'o'};
String  helloString=new String(ch);
String heString=new String(ch,0,2);
System.out.println(helloString);
System.out.println(heString);
```

结果为：

```
Hello
He
```

（4）public String(StringBuffer buffer)：该构造函数用于根据一个已经存在的 StringBuffer 对象来创建一个新的字符串常量。

3. String 类的常用方法

（1）获取字符串的长度。

```
String s="Hello"; n=s.length( );          //结果为 5
String s="  "; n=s.length( );             //结果为 2，s 为两个空格组成的串
```

（2）判断字符串前缀或后缀与已知字符串是否相同。

```
String s="Hello";
```

```
s.startsWith("he");      // false,Java 区分大小写
s.endsWith("lo");        // true
```

（3）比较两个字符串。

```
s="Hello";
s.equals("Hello");       // true
s.equals("hello");       // false,Java 区分大小写
```

（4）把字符串转换为数值。

```
Integer.parseInt("4567");                    //结果为 int 型整数 4567
Integer.parseLong("123");                    //结果为 long 型整数 123
Float.valueOf("12.3").floatValue( );         //结果为 float 型实数 12.3
Double.valueOf("12.3").doubleValue( );       //结果为 double 型实数 12.3
```

（5）数值转换为字符串。

```
String.valueof(123.567);   //结果为字符串"123.567"
```

（6）替换字符、去掉字符串前后的空格。

```
s="Hello";
s1=s.replace('l','m');    //字符替换：将 s 中的 l 被 m 替换，生成的 s1 为"Hemmo"
s2=s.replace("ll", "m");   //子字符串替换：将 s 中的子串"ll"被子串"m"替换，生成的
s2 为"Hemo"
```

注意：s 仍为“Hello”。

```
s="  Hello  ";
s3=s.trim( );          //去掉字符串 s 前后的空格生成字符串"Hello"
```

注意：s 仍为“ Hello ”。

（7）字符串检索。

```
String s="Hello";
s.indexOf("l");      //值是 2
s.indexOf("w",2);    //从第 3 位置开始，没有为 - 1
```

（8）求字符串的子串。

```
substring(int startpoint);
```

功能：返回从指定索引 startpoint 处的字符开始直到此字符串末尾的子串。

例如：

```
"unhappy".substring(2)返回子串 "happy"
"Harbison".substring(3) 返回子串"bison"
"emptiness".substring(9) 返回子串"" (空串)
substring(int start,int end);
```

功能：返回从指定索引 start 处的字符开始直到 end 之间的子串。

例如：

```
"hamburger".substring(4, 8) 返回子串"urge"
"smiles".substring(1, 5) 返回子串"mile"
```

（9）字符串连接。

```
String s="Hello!";
String t=s.concat ("Susan. ");
```

t 的内容为“Hello!Susan.”

4. 字符串与基本数据类型间的转换

String 类提供了以下静态方法以获得其他基本数据类型值的字符串表示。

- static String valueOf(type)

功能：返回 type 参数的字符串表示形式。

说明：type 可以是 boolean、char、double、float、int、long、object 型，也可以是字符数组。

- static String valueOf(char)

功能：除 boolean 类外，每个基本数据类型包装器类都提供了一个静态方法 parseXXX，将字符串对象转换为对应的基本数据类型值。

- byte Byte.parseByte(String str)

功能：将字符串转换为 byte 型数值。

- int Integer.parseInt(String)

功能：将字符串转换为 int 型数值。

- long Long.parseLong(String)

功能：将字符串转换为 long 型数值。

- float Float.parseFloat(String)

功能：将字符串转换为 float 型数值。

- double Double.parseDouble(String)

功能：将字符串转换为 double 型数值。

- new Boolean(String).booleanValue( )

功能：将字符串转换为 boolean 型数值。

5. 关于 String 类的补充说明

String 类创建的字符串对象是不可修改的，也就是说，String 字符串不能修改、删除或替换字符串中的某个字符，即 String 对象一旦被创建，实体是不可以再发生变化的。

5.2.2 StringBuffer 类

StringBuffer 类能创建可修改的字符串序列，也就是说，该类的对象实体的内存空间可以自动改变大小，便于存放一个可变的字符串。

1. StringBuffer 类的声明与创建

```
StringBuffer str ;                    //声明
str=new StringBuffer("Hello");        //创建
```

2. StringBuffer 类的构造方法

StringBuffer 类有 3 种构造方法：

- StringBuffer( )：建立一个长度为 16 的字符缓冲区。
- StringBuffer(int size)：建立一个长度为 size 的字符缓冲区。
- StringBuffer(String s)：初始化缓冲区内容为给定的字符串 s，并另外分配 16 个字符空间。

当该对象的实体存放的是字符序列的指定长度时，实体的容量自动增加，以便存放所增加的字符。

3. StringBuffer 类的常用方法

- public int length( )：返回字符串的个数。
- public int capacity( )：返回字符串缓冲区的长度，即总的可供分配的字符存储单元。
- public StringBuffer append( )：将指定的参数对象转化为字符串，附加到原来的字符串对象之后。
- public char charAt(int n)：返回字符串中 n 位置上的字符，n 的范围为 0~length( ) – 1。
- public void setCharAt (int n , char ch)：设置当前缓冲区第 n 位置的字符值为参数 ch 指定的值。
- public StringBuffer insert(int index, Object obj)：将指定的对象转换为字符串，插入指定的位置。
- public StringBuffer reverse( ): StringBuffer 对象使用 reverse( )方法将该对象实体中的字符翻转，并返回当前对象的引用。
- StringBuffer delete(int start, int end)：删除从 start 到 end – 1 的子字符串。
- StringBuffer replace(int start ,int end, String str): 将 start 到 end – 1 之间的子字符串用 str 替换。

5.2.3 字符串应用

1. String 型字符串

【实验 5-5】

```
//程序名：JBE5201.java
public class JBE5201 {
public static void main(String args[ ]) {
    int i;
    /*字符串定义方式 1*/
    String str1;
    str1=new String( );
    str1="创建字符串方式 1";
    System.out.println("str1="+str1);
    /*字符串定义方式 2*/
    String str2;
    str2=new String("T 创建字符串方式 2");
    System.out.println("str2="+str2);
    /*字符串定义方式 3*/
    String str3=new String("创建字符串方式 3");
    System.out.println("str3="+str3);
    /*字符串组定义方式 4*/
    String  str4;
    str4="创建字符串方式 4";
    System.out.println("str4="+str4);
    /*字符串定义方式 5*/
    String str5="创建字符串方式 5";
    System.out.println("str5="+str5);
```

```
    }
    }
```

说明：本实验演示了创建 String 型变量的 5 种方式。

【实验 5-6】

```
//程序名：JBE5202.java
public class JBE5202 {
public static void main (String [ ] args)  {
    String str = new String ("A");
    System.out.println("调用前 str="+str);
    operate (str);
    System.out.println("调用后 str="+str);
}
static void operate(String str1){
    str1="ABC";
    System.out.println("str1="+str1);
}
}
```

运行结果为：

```
调用前 str=A
str1=ABC
调用后 str=A
```

说明：调用 operate 方法时，将实参 str 的副本传给形参 str1，形参 str1 和实参 str 指向同一字符串。当执行语句 str1="ABC"后，str1 指向另一个新的对象（即字符串 ABC），而 str 所指向的对象没有发生改变。

图 5-3 显示了程序执行中的内存映像。

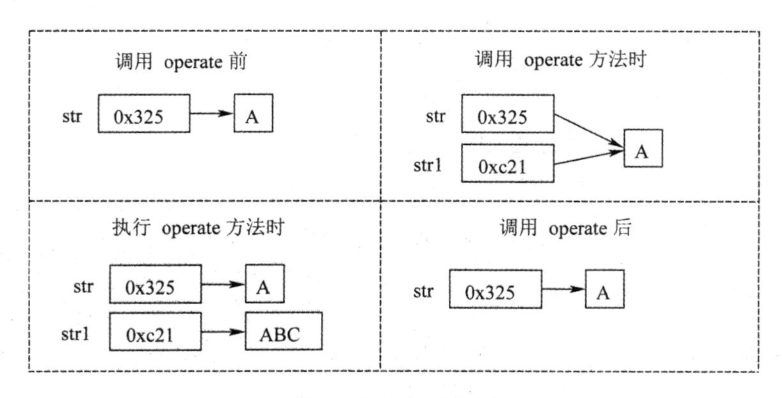

图 5-3 内存映像图

2. StringBuffer 型字符串

【实验 5-7】

```
//程序名：JBE5203.java
public class JBE5203 {
public static void main (String [ ] args)  {
    StringBuffer a = new StringBuffer ("A");
```

```
        StringBuffer b = new StringBuffer ("B");
        operate (a,b);
         System.out.println("a="+a+" b="+b);
    }
    static void operate(StringBuffer x, StringBuffer y){
        x.append(y);
        y = x;
        System.out.println("x="+x+" y="+x);
    }
    }
```

运行结果如下：

```
x=AB y=AB
a=AB b=B
```

说明：调用 operate 方法时，传入了两个引用 a、b 的副本 x、y，这两个 x、y 都指向原 a、b 引用所指向的对象。x.append(y)对它指向的对象（即 a 指向的对象）进行了操作。而 y=x，只是两个拷贝变量在赋值，并没有影响到原 b 所指向的对象。所以 b 所指向的对象仍然为 B。

图 5-4 显示了程序执行中的内存映像。

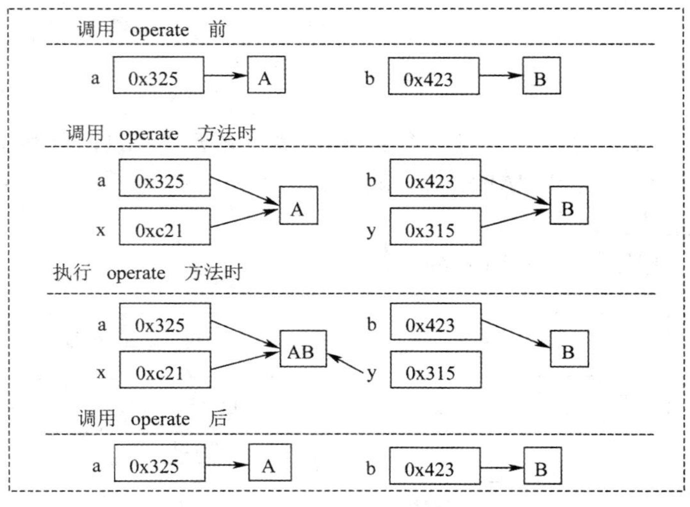

图 5-4　内存映像示意图

3. 算术运算模拟

【实验 5-8】

```
//程序名：JBE5204.java
public class JBE5204 {
public static void main (String [ ] args)  {
    double data1,data2,result=0;
    char op='+';
    boolean flag=true;
    if (args.length!=3)
    {
      System.out.println("参数太少或太多!!! ");
```

```
            flag=false;
        }
        else
        {
            op=args[0].trim().charAt(0);
            if (op!='+' && op!='-' && op=='*' && op!='/') flag=false;
            if(flag==false) System.out.println("操作符不是：+，-，*，/");
        }
        if (flag)
        {
            data1=Double.parseDouble(args[1]);
            data2=Double.parseDouble(args[2]);
            switch(op)
            {
                case  '+':
                    result=data1+data2;
                    break;
                    case  '-':
                    result=data1 - data2;
                    break;
                case  '*':
                    result=data1*data2;
                    break;
                case  '/':
                    if (data2!=0)
                        result=data1/data2;
                    else {flag=false;}
                    break;
            }
            if (flag)
            {
                System.out.println(data1+args[0]+data2+"="+result);
            }
            else System.out.println("被零除!!! ");
        }
    }
}
```

编译：

```
javac JBE5204.java
```

运行：

```
java JBE5204  +  1  2
```

运行结果为：

```
1.0+2.0=3.0
```

说明：该程序是对“+”、“–”、“*”和“/”4种简单运算的模拟，在命令行输入类似“+12”的3个参数，即一个运算符和两个操作数，若参数个数多于或少于3个，程序会出错提示；

若参数个数为 3，但运算符不是“+”“–”“*”“/”中的一个，程序也会出现错误提示；在进行除法运算时，若被除数为 0，程序也会出现错误提示。

5.3 应用实例

5.3.1 数组的综合应用

这里自定义顺序表类，包含初始化、插入、删除等方法，然后利用这些方法实现有序表的合并。例如，两个有序表 LA 和 LB 分别为：

LA=(3, 5, 8, 11)

LB=(2, 6, 8, 9, 11, 15, 20)

则，合并后的有序表 LA 为：

LC=(2, 3, 5, 6, 8, 8, 9, 11, 11, 15, 20)

【实验 5-9】

```
//程序名称：JBE5301.java
//功能：演示顺序表的操作

//结点类定义
class NODE  //顺序表结点类
{
public int key;    //关键字
public int other;    //编号
NODE(int key,int other)
{
    this.key=key; this.other=other;
}
public void setValue(int key,int other)
{
    this.key=key; this.other=other;
}
public int getKey()
{
    return this.key;
}

public String toString()
{
    return "< "+String.valueOf(key)+", "+String.valueOf(other)+" >";
}
public int hashCode() {
    return 0;
}
public boolean equals(Object obj) {
```

```
    if(obj == null) return false;
    if(obj instanceof NODE) {
        NODE ob= (NODE)obj;
        if (this.key==ob.key && this.other==ob.other)  return true;
        else return false;
    }
    return false;
}
}

class SeqTable {
public int len;     //记录元素个数
public NODE data[];
//1.初始化顺序表
void initList(int maxnum)
{
    this.data=new NODE[maxnum];
    this.len=0;
}
  //2.销毁顺序表
void destroyList()
{
    this.len=0;
    this.data=null;
}

//3.清空链表
void clearList()
{
    this.len=0;
}
//4.求链表L的长度
int getLength()
{
    return(this.len);
}
//5.判链表L空否
boolean isEmpty()
{
    if (this.len==0) return true;
      else return false;
}
//6.返回链表L中第i个数据元素的内容,i∈[1:len]
NODE getElem(int i)
{
```

```
    if (i<1||i>this.len) return null;
    //检测 i 值的合理性
    return this.data[i-1];
}
//7.在链表 L 中检索值为 e 的数据元素
int locateElem(NODE e)
{
    int i;
    for(i=0;i<this.len &&!e.equals(this.data[i]) ;i++)
    //寻找 e 所在位置
    if (i>=this.len-1)  return 0;  //不存在 e
    return i+1;
}
//8.返回链表 L 中结点 e 的直接前驱结点
NODE  priorElem(NODE e)
{
    int i;
    for(i=0;i<this.len && !e.equals(this.data[i]);i++);
    //寻找 e 所在位置
    if (i>=this.len || i==0)  return null;  //不存在 e 或无前驱
    //检测第一个结点
    return this.data[i-1];//
}
//9.返回链表 L 中结点 e 的直接后继结点
NODE nextElem(NODE e)
{
    int i;
    for(i=0;i<this.len && !e.equals(this.data[i]);i++);
    //寻找 e 所在位置
    if (i>=this.len-1)  return null;  //不存在 e 或无后继
    //检测第一个结点
    return this.data[i+1];//
}
//10.插入方法
//a.在顺序表中第 i 个数据元素之前插入数据元素 e
int insertList(int i,NODE e)
{
    int j=0;
    if(this.len>=this.data.length) return -1;  //表示表已满
    if (i<1||i>this.len+1) return 0; //表示插入位置不正确
    j=this.len;
    while(j>=i){
        this.data[j]=this.data[j-1];j--;
    }
    this.data[i-1]=e;
```

```
    this.len++;
    return 1;
}
//b.在顺序表中 e1 元素前插入 e
int insertList(NODE e1,NODE e)
{
    int i,j;
    if(this.len>=this.data.length) return -1;  //表示表已满
    for(i=0;i<this.len && !e1.equals(this.data[i]);i++);
    if (i>=this.len) return 0; //不存在 e1
    j=this.len;
    while(j>i){
        this.data[j]=this.data[j-1];j--;
    }
    this.data[i]=e;
    this.len++;
    return 1;
}
//c.插入顺序表末尾
int insertList(NODE e)
{
    if(this.len>=this.data.length) return -1;  //表示表已满
    this.data[this.len]=e;
    this.len++;
    return 1;
}
//11.删除方法

//a.将顺序表中第 i 个数据元素删除
NODE deleteList(int i)
{
    int j;
    if (this.isEmpty()) return null;
    if (i<1||i>this.len) return null;
    //检查 i 值的合理性
    j=i;
    while(j<=this.len-1){
        this.data[j-1]=this.data[j];j++;
    }
    this.len--;
    return this.data[i-1];
}
//b.将顺序表中和 e 相等的第一个元素
NODE deleteList(NODE e)
{
```

```
        int i,j;
        if (this.isEmpty()) return null;
        //以下是寻找 e 的位置，用 i 标示
        for(i=0;i<this.len && !e.equals(this.data[i]);i++);
        if (i>=this.len)  return null;  //不存在 e
        j=i+1;
        while(j<=this.len-1){
            this.data[j-1]=this.data[j];j++;
        }
        this.len--;
        return this.data[i];
    }

    //c.删除顺序表中末尾元素
    NODE deleteList()
    {
        if (this.isEmpty()) return null;
        this.len--;
        return this.data[this.len];
    }
    //12.显示线性表 L 中的元素
    void  showList()
    {
        int i=0;
        System.out.println("输出开始……");
        for(i=0;i<this.len;i++)
        System.out.println("No."+i+"=="+(NODE)this.data[i]);
        System.out.println("输出结束……");
    }

    }
    public class JBE5301
    {
    public static void main(String args[])
    {
        final int MAX_LIST_LEN=100;
        int j;
        int seq1[]={1,2,3,4,5};
        int seq2[]={4,7,10};
        char ch;
        //结点类型为 NODE 类
        NODE p2;
        SeqTable  lt1=new SeqTable();
        lt1.initList(MAX_LIST_LEN);
        for(int i=0;i<seq1.length;i++)
```

```
        {
            lt1.insertList(i+1,new NODE(seq1[i],0));
        }
        lt1.showList();
        NODE e;
        NODE e1=new NODE(6,0);
        NODE e2=new NODE(12,0);
        NODE e3=new NODE(15,0);
        NODE e4=new NODE(16,0);

        //System.out.println("locateElem="+lt1.nextElem(e1));
        lt1.deleteList(e1);

        lt1.showList();
        lt1.destroyList();
        if (lt1.data!=null)  lt1.showList();
        else System.out.println("表已销毁");
        /*
        SeqTable lt2=new SeqTable();
        lt2.initList(MAX_LIST_LEN);
        for(int i=0;i<seq2.length;i++)
        {
            lt2.insertList(i+1,new NODE(seq2[i],0));
        }
        lt1.showList();
        lt2.showList();
        App0202 app0=new App0202();
        app0.mergeAB1(lt1,lt2);
        lt1.showList();
        */
    }
    }


    class App0202
    {
    int LocateELem1(SeqTable LA,NODE e)
    {
        int i;
        for (i=0;i< LA.len;i++)
        if (e.getKey()<=LA.data[i].getKey()) return i+1;  //找到内容大于e的第1结
点的位置
        if (i==LA.len) return LA.len+1;
        else    return 1;
    }
```

```
void mergeAB1(SeqTable LA,SeqTable LB)
{
    int i,j=0;
    for (i=0;i< LB.len;i++){
        j=LocateELem1(LA,LB.data[i]);
        System.out.println("j="+j);
            LA.insertList(j, LB.data[i]) ;
    }
}
void mergeAB2(SeqTable LA,SeqTable LB)
{
    int n,m,mn;
    n= LA.getLength();
    m= LB.getLength();
    mn=n+m;
    while (n>0 && m>0)
    {
        if (LA.data[n-1].getKey()>=LB.data[m-1].getKey())
        {
            LA.data[n+m-1]= LA.data[n-1];
            n=n-1;
        }
        else
        {
            LA.data[n+m-1]= LB.data[m-1];
            m=m-1;
        }
    }
    //以下将 LB 中仍未合并到 LA 中的元素合并到 LA
    while (m>0)
    {
        LA.data[n+m-1]= LB.data[m-1];
        m=m-1;
    }
    //合并完后 LA 的元素个数为 n+m
    LA.len=mn;
}
}
```

5.3.2 字符串的综合应用

【实验 5-10】利用字符串函数实现特定功能。

（1）将串 s2 插入到串 s1 的第 i 个字符后面。

分析：如图 5-5 所示，最终的串 s1 可以看作时由“$a_1a_2\cdots a_i$”“$b_1b_2\cdots b_m$”和“$a_{i+1}a_{i+2}\cdots a_n$”连接而成。因此可先将 s1 分成 s3（=“$a_1a_2\cdots a_i$”）和 s4（=“$a_{i+1}a_{i+2}\cdots a_n$”）两部分，然后将 s3 和 s2 连接成新的 s3，最后新 s3 与 s4 连接成 s1。

图 5-5(a)是插入子串前的状态；图 5-5(b)是插入子串后的状态。

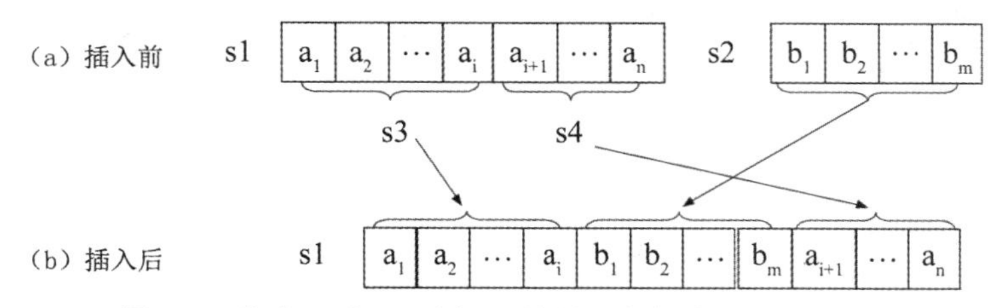

图 5-5 将串 s2 插入到串 s1 的第 i 个字符后面示意图

算法如下：

```
//将串 s2 插入到 s1 串的第 i 个字符后面。
String insertStr(String s1,String s2,int i)    {
    return s1.substring(0,i)+s2+s1.substring(i,s1.length());
}
```

（2）删除串 s 中第 i 个字符开始的连续 j 个字符。

分析：如图 4-6 所示，删除前串 s 可以看作时由“$a_1a_2\cdots a_{i-1}$”（记为 s1）、“$a_ia_{i+1}\cdots a_{i+j-1}$”（记为 s2）和“$a_{i+j}\cdots a_n$”（记为 s3）连接而成。删除后串 s 可以看作时由 s1 和 s3 连接而成。

图 5-6(a)是删除子串前的状态；图 5-6(b)是删除子串后的状态。

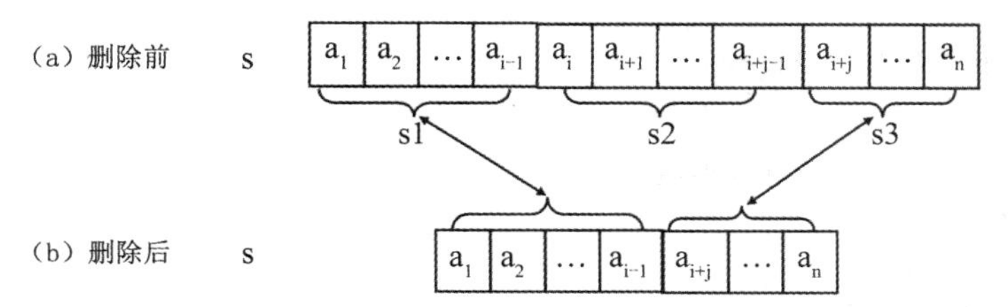

图 5-6 删除串 s 中第 i 个字符开始的连续 j 个字符示意图

算法如下：

```
//（2）删除串 s 中第 i 个字符开始的连续 j 个字符。
String  deleteStr(String s,int i,int j){
    return s.substring(0,i-1)+s.substring(i+j-1,s.length());
}
```

（3）从串 s1 中删除所有和串 s2 相同的子串。

```
s1＝"abcabefabgha"
s2="ab"
```

则从串 s1 中删除所有和串 s2 相同的子串后，s1="cefgha"。如图 5-7 所示。图 5-7(a)是删除子串前的状态；图 5-7(b)是删除子串后的状态。

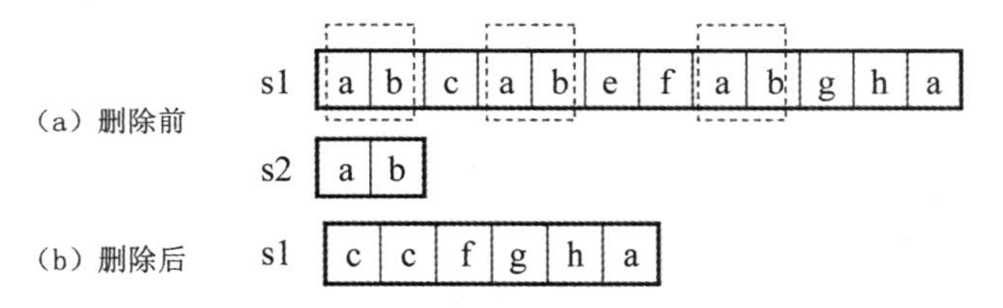

图 5-7 从串 s1 中删除所有和串 s2 相同的子串的示意图

分析：利用 index 算法可以找到 s2 在 s1 中的位置，而利用算法 StrDelete 可以删除 s1 中从某位置删除的若干连续字符。对删除的字符后的串循环使用 index 和 StrDelete 算法便可从串 s1 中删除所有和串 s2 相同的子串。算法如下：

```
//(3)从串 s1 中删除所有和串 s2 相同的子串。
String  deleteStrAll(String s1,String s2)   {
     int j,len2;
     String s0="";
     len2=s2.length();
     j=s1.indexOf(s2);
     //System.out.println("s1="+s1+"  s2="+s2+ "  j="+j);
     while(j>=0)    {
         s0=deleteStr(s1,j+1,len2);
         //System.out.println("s1="+s1+"  s0="+s0);
         s1=s0;
         j=s1.indexOf(s2);
     }
     return s0;
}
```

可以按照以下程序来上机验证。

```
//程序名称：JBE5302A.java
//功能：自定义字符串类，并演示如何使用
import java.io.*  ;
import java.util.*;
public class JBE5302A{
     public static void main(String args[])     {
          char ch1[]={'a','b','b','b','d','a','b'};
          char ch2[]={'e','f','g'};
          char ch3[]={'b','d'};
          char ch4[]={'a','b'};
          String s1=new String(ch1);
          String s2=new String(ch2);
          String s3=new String(ch3);
          String s4=new String(ch4);
          MyString  mystr=new MyString();
          System.out.println(mystr.insertStr(s1,s2,2));
          System.out.println(mystr.deleteStrAll(s1,s3));
     }
}

class MyString{
      //将串 s2 插入到串 s1 的第 i 个字符后面。
      String insertStr(String s1,String s2,int i)  {
          return s1.substring(0,i)+s2+s1.substring(i,s1.length());
```

```
        }
        //（2）删除串 s 中第 i 个字符开始的连续 j 个字符。
        String  deleteStr(String s,int i,int j)   {
           return s.substring(0,i-1)+s.substring(i+j-1,s.length());
        }
        //(3)从串 s1 中删除所有和串 s2 相同的子串。
        String  deleteStrAll(String s1,String s2)    {
           int j,len2;
           String s0="";
           len2=s2.length();
           j=s1.indexOf(s2);
           //System.out.println("s1="+s1+"  s2="+s2+ "  j="+j);
           while(j>=0)    {
               s0=deleteStr(s1,j+1,len2);
               //System.out.println("s1="+s1+"  s0="+s0);
               s1=s0;
               j=s1.indexOf(s2);
           }
           return s0;
        }
    }
```

5.4 本 章 小 结

本章首先介绍了数组的定义及使用说明，并通过几个实例说明数组的常用方法；其次介绍了 String 类和 StringBuffer 类，并举例说明这两种字符串类的简单应用。

5.5 思 考 和 练 习 题

1. 为什么说 Java 多维数组是数组元素为数组的一维数组？请用事实说明。

2. 判断下面数组的定义是否正确？如果不正确，请改正。

（1）int a[5];

　　char ch[5][4];

（2）int a[ ][ ]=new int[ ][4];

（3）int N=10;

　　int a=new int[N];

3. 若 int[ ][ ] a={{1,2},{3,4,5},{6,7,8},{9,10},{11,12,13,14,15}}，请问 a.length、a[2].length、a[3].length 分别等于多少？

4. 写出下列程序的运行结果。

```
   class A{
    void operate(int c[ ]){
       int i;
```

```
        for(i=0;i<c.length;i++) c[i]=3*c[i];
    }
}
public class ArrayExample4{
  public static void main(String [ ] args){
        A a=new A( );
int  b[ ]={1,2,3,4};
        a. operate (b);
        for(int i=0;i< b.length;i++)  System.out.println(b[i]);
    }
}
```

5. 写出下列程序的运行结果。

```
public class StringExample4{
  public static void main(String [ ] args){
        String s1="abc";
        String s2=s1;
        s2+="def";
        s1.concat("def");
System.out.println("s1="+s1+"s2="+s2);
    }
}
```

6. 写出下列程序运行的结果。

```
public class StringExample5{
  public static void main(String [ ] args){
        String s[ ]={"ab","c","d"};
        reverse(s[0],s[1]);
        System.out.println("s[0]="+s[0]+"  s[1]="+s[1]);
    }
  static void reverse(String  s0, String s1){
        String s;
        s=s0;
        s0=s1;
        s1=s;
    }
}
```

7. 写出下列程序的运行结果。

```
public class StringExample6{
  public static void main(String [ ] args){
        String s[ ]={"ab","c","d"};
        reverse(s);
        System.out.println("s[0]="+s[0]+"  s[1]="+s[1]);
    }
  static void reverse(String s[ ]){
        String s0;
```

```
        s0=s[1];
        s[1]=s[0];
        s[0]=s0;
    }
  }
```

8. 写出下列程序的运行结果。

```
public class StringBufferExample3 {
  public static void main (String [ ] args)  {
      StringBuffer s1= new StringBuffer ("AB");
      StringBuffer s2 = new StringBuffer ("CD");
      operate (s1,s2);
       System.out.println("s1="+s1+" s2="+s2);
  }
  static void operate(StringBuffer x, StringBuffer y){
      x.append(y);
      x= y;
  }
}
```

第6章　Java 常 见 类 库

类库就是 Java 应用程序接口(Application Programming Interface，API)，是系统提供的已实现的标准类的集合。在程序设计中，充分合理地利用类库提供的类和接口，既可完成字符串处理、绘图、网络应用、数学计算等多方面的工作，又可以大大提高编程效率，使程序简练、易懂。

- 了解 Java 类库的结构。
- 熟悉常见类的应用有 System 类、Math 类、Random 类、基本数据类型的包装类、Vector 类、Stack 类、Queue 类、Arrays 类和 Hashtable 类。

6.1　Java 类库的结构

Java 类库中的类和接口大多封装在特定的包里，每个包具有自己的功能。表 6-1 给出了 Java 中一些常用的包及其简要的功能。其中，包名后面带“. *”的表示其中包括一些相关的包。有关类的介绍和使用方法，Java 中提供了极其完善的技术文档。

表 6-1　Java 提供的部分常用包及主要功能

包　　名	主 要 功 能
java.applet	包含创建 applet 所必需的类和 applet 用来与其 applet 上下文通信的类
java.awt	包含用于创建用户界面和绘制图形图像的所有类
java.io	包含通过数据流、对象序列化以及文件系统实现的系统输入、输出
java.lang	提供了利用 Java 编程语言进行程序设计的基础类
java.math	提供了用于执行任意精度整数算法(BigInteger)和任意精度小数算法(BigDecimal)的类
java.net	提供了用于实现网络通信应用的所有类
java.sql	提供了使用 Java 编程语言访问并处理存储在数据源中的数据的 API
java.util	包含 collection 框架、遗留的 collection 类、事件模型、日期和时间设施、国际化和各种实用工具类(字符串标记生成器、随机数生成器和位数组)
javax.swing.*	提供一组“轻量级”组件，尽量让这些组件在所有平台上的工作方式都相同

注　使用 Java 时，除了 java.lang 外，其他的包都需要 import 语句引入之后才能使用。

6.2 常 用 类

6.2.1 System 类

System 类是一个特殊类，它是一个公共最终类，不能被继承，也不能被实例化，即不能创建 System 类的对象。

System 类功能强大，与 Runtime 一起可以访问许多有用的系统功能。System 类保存静态方法和变量的集合。标准的输入、输出和 Java 运行时的错误输出存储在变量 in、out 和 err 中。由 System 类定义的方法丰富并且实用。System 类中所有的变量和方法都是静态的，使用时以 System 作为前缀，即形如“System.变量名”和“System.方法名”。

1. 标准的输入输出

System 类包含 3 个使用频繁的公共数据流，分别是标准输入(in)、标准输出(out)和标准错误输出(err)。

（1）public static final InputStream in：代表标准输入。这个属性是 InputStream 类的一个对象，它是未经包装的原始 Input Stream，读取 System.in 之前应该先加以包装，可以通过 read()方法读取字节数据。

（2）public static final PrintStream out：代表标准输出。

（3）public static final PrintStream err：代表标准错误输出。

out 和 err 都已经被包装成 PrintStream 对象，所以可以直接使用 System.out 和 System.err。可以通过方法 print()、println()或 write()方法很方便地完成各种数据类型的输出。out 与 err 使用上的不同是：System.out 用于输出普通信息，out 的输出一般需要缓存；System.err 通常用来打印错误信息，不需要缓存，能快速显示紧急信息。

关于 InputStream 类和 PrintStream 类将在 java.io 包中介绍。

2. System 类的常用方法

表 6-2 给出了 System 类的常用方法和功能。

表 6-2　System 类的常用方法和功能

方　　法	功　　能
static void arraycopy(Object src, int srcPos, Object dest, int destPos, int length)	从指定源数组中复制一个数组，复制从指定的位置开始，到目标数组的指定位置结束
static String clearProperty(String key)	移除指定键指示的系统属性
static long currentTimeMillis()	返回以毫秒为单位的当前时间
static void exit(int status)	终止当前正在运行的 Java 虚拟机
static void gc()	运行垃圾回收器
static String getenv(String name)	获取指定的环境变量值
static Properties getProperties()	确定当前的系统属性
static String getProperty(String key)	获取指定键指示的系统属性
static String getProperty(String key, String def)	获取用指定键描述的系统属性

续表

方　法	功　能
static void setErr(PrintStream err)	重新分配“标准”错误输出流
static void setIn(InputStream in)	重新分配“标准”输入流
static void setOut(PrintStream out)	重新分配“标准”输出流
static void setProperties(Properties props)	将系统属性设置为 Properties 参数
static String setProperty(String key, String value)	设置指定键指示的系统属性

3. System 类的应用举例

System 类有一些有用的方法，下面简单介绍几个方法。

应用 1：获取一个程序段执行的时间

使用 currentTineMillis()方法可以获取一段程序执行的时间，时间单位是毫秒。其思路是在这段程序开始之前调用 currentTineMillis()方法存储开始时间，然后在这段程序结束处再次调用 currentTineMillis()方法存储结束时间。结束时间与开始时间之差即为该段程序所花费的时间。以下举例说明。

【实验 6-1】

```
//程序名称：JBE6201.java
//功能：获取对规模为 ARRAY_SIZE 大小的整数数组进行排序的时间
import java.util.Random;
class A{
 void createArray(int b[ ]){
      Random rand1=new Random( );
      for(int i=0;i<b.length;i++){
           b[i]=rand1.nextInt( );
      }
 }
 void sortArray(int b[ ]){
      int t=0;
      for(int i=0;i<b.length;i++){
           for(int j=i;j<b.length;j++){
                 if (b[j]<b[i])
                 {t=b[i];b[i]=b[j];b[j]=t;}
           }
      }
 }
 void printArray(int b[ ]){
      for(int i=0;i<b.length;i++){
           System.out.println("第"+i+"元素="+b[i]);
      }
      }
}
public class JBE6201{
```

```
    public static void main(String args[ ]){
        A obj=new A( );
        final int ARRAY_SIZE=100000;
        int a[ ]=new int[ARRAY_SIZE];
        obj.createArray(a);
        System.out.println("排序前元素为: ");
        //obj.printArray(a);
        long startTime=System.currentTimeMillis( ); //记录循环开始时间
        obj.sortArray(a);
        long endTime=System.currentTimeMillis( );   //记录循环结束时间
        System.out.println("排序前元素为: ");
        //obj.printArray(a);
        System.out.println(ARRAY_SIZE+"个元素的排序时间=
            "+(endTime-startTime)+ "milliseconds.");
    }
}
```

说明: 在类 A 中,方法 createArray()调用类 Random 的方法 nextInt()随机生成 ARRAY_SIZE 大小的整数数组,方法 sortArray()对 ARRAY_SIZE 大小的整数数组进行排序。为了获取排序时间,在方法 main()中,调用方法 sortArray()前后使用了 System.currentTimeMillis()。编译运行表明,ARRAY_SIZE=10 000 是排序时间为 344 milliseconds,ARRAY_SIZE=100 000 是排序时间为 31 922milliseconds。

应用 2: 快速复制数组

使用 arraycopy()方法可以将一个任意类型的数组快速地从一个地方复制到另一个地方。这比使用循环编写的程序要快得多。调用形式如下。

public static void arraycopy(Object src,int srcPos, Object dest, int destPos, int length)

参数:

- src: 源数组。
- srcPos: 源数组中的起始位置。
- dest: 目标数组。
- destPos: 目标数据中的起始位置。
- length: 要复制的数组元素的数量。

抛出:

- IndexOutOfBoundsException: 如果复制会导致对数组范围以外的数据进行访问。
- ArrayStoreException: 如果因为类型不匹配而使得无法将 src 数组中的元素存储到 dest 数组中。
- NullPointerException: 如果 src 或 dest 为 null。

从指定源数组中复制一个数组,复制从指定的位置开始,到目标数组的指定位置结束。从 src 引用的源数组到 dest 引用的目标数组,数组组件的一个子序列被复制下来。被复制的组件的编号等于 length 参数。源数组中位置在 srcPos 到 srcPos+length–1 之间的组件被分别复制到目标数组中的 destPos 到 destPos+length –1 位置。

【实验 6-2】

```
//程序名称：JBE6202.java
//功能：演示数组复制方法 arraycopy( )
public class JBE6202{
 public static void main(String args[ ]){
        char arr1[ ]={'a','b','c','d','e','f'};
        char arr2[ ]={'1','2','3','4','5','6'};
        System.out.println(" arr1="+new String(arr1));
        System.out.println(" arr2="+new String(arr2));
        System.arraycopy(arr1,0,arr2,0,arr1.length);
        System.out.println(" arr1="+new String(arr1));
        System.out.println(" arr2="+new String(arr2));
        System.arraycopy(arr1,0,arr1,1,arr1.length-1);
        System.arraycopy(arr2,1,arr2,0,arr2.length-1);
        System.out.println(" arr1="+new String(arr1));
        System.out.println(" arr2="+new String(arr2));
 }
}
```

运行结果为：

```
arr1=abcdef
arr2=123456
arr1=abcdef
arr2=abcdef
arr1=aabcde
arr2=bcdeff
```

应用 3：环境属性

可以通过调用 System.getProperty( )方法来获得不同环境属性的值。表 6-3 给出了键 key 的可能取值及其含义。

表 6-3　键 key 及 其 描 述

键 key	相关值的描述
java.versionJava	运行时环境版本
java.vendorJava	运行时环境供应商
java.vendor.urlJava	供应商的 URL
java.homeJava	安装目录
java.vm.specification.versionJava	虚拟机规范版本
java.vm.specification.vendorJava	虚拟机规范供应商
java.vm.specification.nameJava	虚拟机规范名称
java.vm.versionJava	虚拟机实现版本
java.vm.vendorJava	虚拟机实现供应商

续表

键 key	相关值的描述
java.vm.nameJava	虚拟机实现名称
java.specification.versionJava	运行时环境规范版本
java.specification.vendorJava	运行时环境规范供应商
java.specification.nameJava	运行时环境规范名称
java.class.versionJava	类格式版本号
java.class.pathJava	类路径
java.library.path	加载库时搜索的路径列表
java.io.tmpdir	默认的临时文件路径
java.compiler	要使用的 JIT 编译器的名称
java.ext.dirs	一个或多个扩展目录的路径
os.name	操作系统的名称
os.arch	操作系统的架构
os.version	操作系统的版本
user.name	用户的账户名称
user.home	用户的主目录
user.dir	用户的当前工作目录

【实验 6-3】

```
//程序名称：JBE6203.java
//功能：获取属性
public class JBE6203{
    public static void main(String args[ ]){
        System.out.println("运行时环境版本="+System.getProperty ("java.version"));
        System.out.println("安装目录="+System.getProperty("java.home"));
        System.out.println("类路径="+System.getProperty("java.class.path"));
        System.out.println("操作系统的名称="+System.getProperty("os.name"));
        System.out.println("操作系统的版本="+System.getProperty("os.version"));
        System.out.println("用户的账户名称="+System.getProperty("user.name"));
        System.out.println("用户的主目录="+System.getProperty("user.home"));
        System.out.println("用户的当前工作目录="+System.getProperty("user.dir"));
    }
}
```

运行结果为：

```
运行时环境版本=1.6.0_10 - rc2
安装目录=C:\java\jdk1.6\jre
类路径=C:\java\jdk1.6\jre\lib\rt.jar;.;E:\wu\lib;;E:\newbooks\java\work;
```

```
操作系统的名称=Windows XP
操作系统的版本=5.1
用户的账户名称=ibm
用户的主目录=C:\Documents and Settings\ibm
用户的当前工作目录=E:\newBooks\Java\work\ch07-1
```

应用 4：退出虚拟机

在用户的程序还未执行完之前，强制关闭 Java 虚拟机的方法是 exit( )：

```
Public static void exit(int status)
```

关闭虚拟机的同时把状态信息 status 传递给操作系统，status 为非零时，表示异常终止。

【实验 6-4】

```
// 程序名称：JBE6204.java
//功能：演示异常终止 exit( )方法
import java.util.*;
public class JBE6204{
    public static void main (String args[ ]){
        System.out.println("请输入两个数，每输入一个数回车确认");
        Scanner reader=new Scanner(System.in);
        double x = reader.nextDouble( );
        double y = reader.nextDouble( );
        if (y!=0){
                System.out.println(x+"÷"+y+"="+x/y);
        }
        else{
                System.out.println("除数不能为 0!!! ");
                System.exit(1);
        }
    }
}
```

6.2.2　Math 类

Math 类提供了用于几何学、三角学以及几种一般用途方法的浮点函数，来执行很多数学运算。

1. Math 类的常量

Math 类定义的两个双精度常量如下：

```
double  E  常量 e(2.7182818284590452354)
double  PI  常量 pi(3.14159265358979323846)
```

2. Math 类定义的常用方法

Math 类定义的方法是静态的，可以通过类名直接调用。表 6-4 给出了 Math 类的常用方法。

表 6-4　Math 类的常用方法

三 角 函 数	功　　能
public static double sin(double a)	返回 double 型的三角函数正弦值
public static double cos(double a)	返回 double 型的三角函数余弦值

续表

三 角 函 数	功　　能
public static double tan(double a)	返回 double 型的三角函数正切值
public static double asin(double a)	返回 double 型的三角函数反正弦值。返回的角度范围在 –pi/2～pi/2 之间。
public static double acos(double a)	返回 double 型的三角函数反余弦值。返回的角度范围在 0.0～pi 之间
public static double atan(double a)	返回 double 型的三角函数反正切值。返回的角度范围在 –pi/2～pi/2 之间
指 数 函 数	**功　　能**
public static double exp(double a)	返回欧拉数 e 的 double 次幂的值
public static double log(double a)	返回 double 值的自然对数(底数是 e)
public static double pow (double y,double x)	返回以 y 为底数，以 x 为指数的幂值
public static double sqrt(double a)	返回 a 的平方根
public static double cbrt(double a)	返回 double 值的立方根
舍 入 函 数	**功　　能**
public static intceil(double a)	返回大于或等于 a 的最小整数
public static intfloor(double a)	返回小于或等于 a 的最大整数
其他数学函数	**功　　能**
public static double random()	返回一个伪随机数，其值介于 0～1 之间
public static double toRadians(doubleangle)	将角度转换为弧度
public static double toDegrees (doubleangle)	将弧度转换为角度
public static type abs(type a)	返回 a 的绝对值。a 的类型 type 可为 int、long、float 或 double
public static type max(type a，type b)	返回 a 和 b 的最大值。a 和 b 的类型 type 可为 int、long、float 或 double
public static type min(type a，type b)	返回 a 和 b 的最小值。a 和 b 的类型 type 可为 int、long、float 或 double

3. Math 类的应用举例

【实验 6-5】

```
// 程序名称：JBE6205.java
//功能：演示 Math 类的方法
//输入三角形两边 a,b,及其夹角 angle，求面积 area=absin(angle)/2
import java.util.*;
public class JBE6205{
  public static void main (String args[ ])   {
        //System.out.println("请输入两个度数，每输入一个数回车确认");
        Scanner reader=new Scanner(System.in);
        System.out.print("输入边 a: ");
        double a = reader.nextDouble( );
```

```
        System.out.println("");
        System.out.print("输入边 b: ");
        double b = reader.nextDouble( );
        System.out.println("");
        System.out.print("输入夹角 angle: ");
        double angle = reader.nextDouble( );
        System.out.println("");
        System.out.printf("面积=%6.3f\n",a*b*Math.sin(angle*Math.PI/180)/2);
    }
}
```

运行结果为：

```
输入边 a: 2
输入边 b: 3
输入夹角 angle: 30
面积= 1.500
```

6.2.3　随机数类 Random

1. Random 类概述

Java 实用工具类库中的类 java.util.Random 提供了产生各种类型随机数的方法。它可以产生 int、long、float、double 以及 Goussian 等类型的随机数。这也是它与 java.lang.Math 中的方法 Random()最大的不同之处，后者只产生 double 型的随机数。

2. Random 类的构造方法及主要方法

表 6-5 给出了类 Random 的构造方法及主要方法。

表 6-5　类 Random 的构造方法及主要方法

构造方法	功能
Random()	创建一个新的随机数生成器
Random(long seed)	使用单个 long 种子创建一个新的随机数生成器
主要方法	**功能**
protected　int next(int bits)	生成下一个伪随机数
boolean nextBoolean()	返回下一个伪随机数，它是取自此随机数生成器序列的均匀分布的 boolean 值
double nextDouble()	返回下一个伪随机数，它是取自此随机数生成器序列的、在 0.0～1.0 之间均匀分布的 double 值
float nextFloat()	返回下一个伪随机数，它是取自此随机数生成器序列的、在 0.0～1.0 之间均匀分布的 float 值
double nextGaussian()	返回下一个伪随机数，它是取自此随机数生成器序列的、呈高斯（“正态”）分布的 double 值，其平均值是 0.0，标准差是 1.0
int nextInt()	返回下一个伪随机数，它是此随机数生成器的序列中均匀分布的 int 值
int nextInt(int n)	返回一个伪随机数，它是取自此随机数生成器序列的、在 0（包括）和指定值（不包括）之间均匀分布的 int 值
long nextLong()	返回下一个伪随机数，它是取自此随机数生成器序列的均匀分布的 long 值
void setSeed(long seed)	使用单个 long 种子设置此随机数生成器的种子

3. Random 类的应用举例

【实验 6-6】本实验利用随机函数生成一对相互独立的标准正态分布的随机变量，这对随机变量可以用于蒙特卡罗模拟风险分析。

产生标准正态分布的随机变量 X∽N（0，1）

标准正态分布的密度函数为

$$f(x)=\frac{1}{\sqrt{2\pi}}\mathrm{e}^{-\frac{x^2}{2}}\quad -\infty<x<+\infty$$

若 R_1，R_2 是相互独立的（0，1）区间均匀分布的随机变量，则随机变量为一对相互独立的标准正态分布的随机变量。

$$\xi_1=(-2\ln R_1)^{\frac{1}{2}}\cos 2\pi R_2$$

$$\xi_2=(-2\ln R_1)^{\frac{1}{2}}\sin 2\pi R_2$$

例如，估计最初投资费用 P 服从正态分布，均值 $\mu=1500$，标准差 $\sigma=150$。

$$P_1=1500+150(-2\ln R_1)^{\frac{1}{2}}\cos 2\pi R_2$$

$$P_1=1500+150(-2\ln R_1)^{\frac{1}{2}}\sin 2\pi R_2$$

则可使用（P_1+P_2）/2 来模拟 P。

```
//程序名称：JBE6206.java
//功能：演示 Random 类的方法
//生成蒙特卡罗模拟风险分析用的一对相互独立的标准正态分布的随机变量
import java.util.*;
public class JBE6206{
 public static void main (String args[ ])  {
        Random rand=new Random( );
        double r1=0.0,r2=0.0;
        double e1=0.0,e2=0.0;
        r1=rand. nextDouble( );
        r2=rand. nextDouble( );
        e1=Math.sqrt(-2*Math.log(r1))*Math.cos(2*Math.PI*r2);
        e2=Math.sqrt(-2*Math.log(r1))*Math.sin(2*Math.PI*r2);
        System.out.printf("第 1 个随机价格变量值=%8.4f\n",(1500+150*e1));
        System.out.printf("第 2 个随机价格变量值=%8.4f\n",(1500+150*e2));
        System.out.printf("价格 P 的模拟值==%8.4f\n",(1500+150*(e2+e1)/2));
 }
}
```

一次运行的结果为：

```
第 1 个随机价格变量值=1488.3436
第 2 个随机价格变量值=1444.5373
价格 P 的模拟值==1466.4404
```

6.2.4　基本数据类型的包装类

1. 基本数据类型的包装类

Java 语言中每个基本数据类型都有一个包装类与之对应，包装类的名称与基本数据类型的名称相似，详见表 6-6。每个包装类有自己的方法，可以对相应的数据类型数据进行处理。

表 6-6　基本类型和类的对应关系

基本类型	包装类	基本类型	包装类
byte	Byte	char	Character
short	Short	float	Float
int	Integer	double	Double
long	Long	boolean	Boolean

Java 语言可以直接处理基本类型，但是在有些情况下我们需要将其作为对象来处理，这时就需要将其转化为包装类。包装类包含有大量方法，因此在一定的场合，运用 Java 包装类来解决问题，能大大提高编程效率。

2. 包装类的属性和方法

每个包装类包含一些常量，以及可以对相应的数据类型数据进行处理的方法。下面介绍 Integer 类的属性及方法，其他包装类的情况类似。Integer 类的常量如下：

- MAX_VALUE：表示 Integer 类能够表示的最大值。
- MIN_VALUE：表示 Integer 类能够表示的最小值。
- SIZE：用来以二进制补码形式表示对应的基本类型值的比特位数。
- TYPE：表示 Integer 类的 Class 实例。

表 6-7 给出了 Integer 类的构造方法和主要方法。

表 6-7　Integer 类的构造方法和主要方法

构造方法	功能
Integer(int value)	构造一个新分配的 Integer 对象，它表示指定的 int 值
Integer(String s)	构造一个新分配的 Integer 对象，它表示 String 参数所指示的 int 值
主要方法	**功能**
byte byteValue()	以 byte 类型返回该 Integer 的值
int compareTo(Integer anotherInteger)	在数字上比较两个 Integer 对象
double doubleValue()	以 double 类型返回该 Integer 的值
boolean equals(Object obj)	比较此对象与指定对象
float floatValue()	以 float 类型返回该 Integer 的值
static Integer getInteger(String nm)	确定具有指定名称的系统属性的整数值
int hashCode()	返回此 Integer 的哈希码
int intValue()	以 int 类型返回该 Integer 的值
long longValue()	以 long 类型返回该 Integer 的值

续表

主 要 方 法	功 能
static int parseInt(String s)	将字符串参数作为有符号的十进制整数进行解析
static int parseInt(String s, int radix)	使用第 2 个参数指定的基数，将字符串参数解析为有符号的整数
short shortValue( )	以 short 类型返回该 Integer 的值
static int signum(int i)	返回指定 int 值的符号函数
static String toBinaryString(int i)	以二进制(基数 2)无符号整数形式返回一个整数参数的字符串表示形式
static String toHexString(int i)	以十六进制(基数 16)无符号整数形式返回一个整数参数的字符串表示形式
static String toOctalString(int i)	以八进制(基数 8)无符号整数形式返回一个整数参数的字符串表示形式
String toString( )	返回一个表示该 Integer 值的 String 对象
static String toString(int i)	返回一个表示指定整数的 String 对象
static String toString(int i, int radix)	返回用第二个参数指定基数表示的第 1 个参数的字符串表示形式
static Integer valueOf(int i)	返回一个表示指定的 int 值的 Integer 实例
static Integer valueOf(String s)	返回保存指定的 String 值的 Integer 对象
static Integer valueOf(String s, int radix)	返回一个 Integer 对象，该对象中保存了用第 2 个参数提供的基数进行解析时从指定的 String 中提取的值

3. 包装类的应用举例

【实验 6-7】编写一个方法，将一个以字符串形式表示的 double 类型的二维数组分离出来，保存在 double 类型的二维数组中。

```
//程序名称：JBE6207.java
//功能：演示包装类
public class JBE6207 {
    public static void main(String [ ] args){
        double[ ][ ] d;
        String s ="1.1,2.5,3.12;4.56;5.13,6.0;7.6,8.8,99.2,10.11";
        //对 s 以分号为分隔符分离生成一维数组 sFirst
        String sFirst[ ] = s.split(";");
        d = new double[sFirst.length][ ];
        for (int i=0;i<sFirst.length;i++){
                //System.out.println(sFirst[i]+" ");
                //对 sFirst[i]以逗号为分隔符分离生成一维数组 sSecond
                String sSecond[ ] = sFirst[i].split(",");
                d[i] = new double[sSecond.length];
                for(int j=0;j<sSecond.length;j++){
                        d[i][j] = Double.parseDouble(sSecond[j]);
                }
        }
```

```
        for(int i=0;i<d.length;i++){
                for(int j=0;j<d[i].length;j++){
                        System.out.print(d[i][j]+" ");
                }
                System.out.println( );
        }
    }
}
```

编译后运行结果为：

```
1.1 2.5 3.12
4.56
5.13 6.0
7.6 8.8 99.2 10.11
```

6.2.5 Vector 类

1. Vector 类概述

Java 的数组具有很强的功能，但数组容量的大小在创建时就确定好，使用中不能发生改变。事实上，在创建数组时有时并不能确切地知道数组容量大小。因此，一般在实际应用中创建一个尽可能大的数组，以满足要求，但这势必会造成空间的浪费。

java.util 包中的向量类 Vector 是一个动态数组，它可以根据需要动态伸缩。创建了一个向量类的对象后，可以往其中随意地插入不同的类的对象，既不需顾及类型，也不需预先选定向量的容量，并可方便地进行查找。因此对于事先不知或不愿事先定义数组容量大小，并需频繁进行插入和删除等操作的情况，可以考虑使用向量类。

2. Vector 类的构造方法及主要方法

表 6-8 给出了向量类 Vector 的构造方法及主要方法。

表 6-8　向量类 Vector 的构造方法及主要方法

构 造 方 法	功　　能
Vector()	构造一个空向量，使其内部数据数组的大小为 10，其标准容量增量为零
Vector(int initialCapacity)	使用指定的初始容量和等于零的容量增量构造一个空向量
Vector(int initialCapacity, int capacityIncrement)	使用指定的初始容量和容量增量构造一个空的向量
主 要 方 法	**功　　能**
boolean add(E e)	将指定元素添加到此向量的末尾
void add(int index, E element)	在此向量的指定位置插入指定的元素
void addElement(E obj)	将指定的组件添加到此向量的末尾，将其大小增加 1
int capacity( )	返回此向量的当前容量
void clear( )	从此向量中移除所有元素
Object clone( )	返回向量的一个副本
boolean contains(Object o)	如果此向量包含指定的元素，则返回 true
void copyInto(Object[ ] anArray)	将此向量的组件复制到指定的数组中

续表

主 要 方 法	功 能
E elementAt(int index)	返回指定索引处的组件
boolean equals(Object o)	比较指定对象与此向量的相等性
E firstElement( )	返回此向量的第一个组件(位于索引 0 处的项)
E get(int index)	返回向量中指定位置的元素
int hashCode()	返回此向量的哈希码值
int indexOf(Object o)	返回此向量中第一次出现的指定元素的索引，如果此向量不包含该元素，则返回– 1
int indexOf(Object o, int index)	返回此向量中第一次出现的指定元素的索引，从 index 处正向搜索，如果未找到该元素，则返回– 1
void insertElementAt(E obj, int index)	将指定对象作为此向量中的组件插入到指定的 index 处
boolean isEmpty()	测试此向量是否不包含组件
E lastElement()	返回此向量的最后一个组件
int lastIndexOf(Object o)	返回此向量中最后一次出现的指定元素的索引；如果此向量不包含该元素，则返回– 1
int lastIndexOf(Object o, int index)	返回此向量中最后一次出现的指定元素的索引，从index 处逆向搜索，如果未找到该元素，则返回– 1
E remove(int index)	移除此向量中指定位置的元素
boolean remove(Object o)	移除此向量中指定元素的第 1 个匹配项，如果向量不包含该元素，则元素保持不变
void removeAllElements()	从此向量中移除全部组件，并将其大小设置为零
boolean removeElement(Object obj)	从此向量中移除变量的第 1 个(索引最小的)匹配项
void removeElementAt(int index)	删除指定索引处的组件
E set(int index, E element)	用指定的元素替换此向量中指定位置处的元素
void setElementAt(E obj, int index)	将此向量指定 index 处的组件设置为指定的对象
void setSize(int newSize)	设置此向量的大小
int size()	返回此向量中的组件数
Object[ ] toArray()	返回一个数组，包含此向量中以恰当顺序存放的所有元素
String toString()	返回此向量的字符串表示形式，其中包含每个元素的 String 表示形式

3. Vector 类的应用举例

【实验 6-8】随机数生成两个整数型 Vector 向量，并从低到高对其排序，求两个向量的卷积，合并两个有序向量。给定两个向量 $a=(a_1, a_2, \cdots, a_m)$，$b=(b_1, b_2, \cdots, b_n)$， $m \leqslant n$，则 a 与 b 的卷积运算定义为

$$c = ab$$

$$c=(c_1, c_2, \cdots, c_{n-m+1})$$

$$c_k=\sum_{i=1}^{m} a_i b_{k+i-1}, (k=1, \cdots, n-m+1)$$

例如向量(1,2,3)和(5,4,3,2,1)的卷积为(22,16,10)。

卷积运算在图像处理以及其他许多领域有着广泛的应用。

```
//程序名称：JBE6208.java
//功能：演示 Random 类的方法
import java.util.*;
class myVector
{
  void creatVector(Vector v,int n,int range)
  //生成由 n 个[0,range)范围内的随机整数构成的向量
  {
        Random rand=new Random( );
        int v0;
        for(int i=0;i<n;i++)
        {
              v0=rand.nextInt(range);
              Integer integer1=new Integer(v0);
              v.addElement(integer1);
        }
  }
  //向量的卷积(convolution)运算 vc=va*vb
  void convolution(Vector vc,Vector va,Vector vb)
  {
        int na,nb,nc=0;
        int v0=0;
        na=va.size();
        nb=vb.size();
        if(na>nb){
              for(int i=0;i<na-nb+1;i++)
              {
                    v0=0;
                    for(int j=0;j<nb;j++)
                    {
                          v0=v0+(Integer)vb.elementAt(j)*
                            (Integer)va.elementAt(i+j);
                    }
                    Integer integer1=new Integer(v0);
                    vc.addElement(integer1);
              }
        }
        if(na<=nb){
              for(int i=0;i<nb-na+1;i++)
              {
                    v0=0;
                    for(int j=0;j<na;j++)
                    {
```

```
                        v0=v0+(Integer)va.elementAt(j)*
                          (Integer)vb.elementAt(i+j);
                    }
                    Integer integer1=new Integer(v0);
                    vc.addElement(integer1);
                }
            }
        }
        //向量的内积运算
        int dotproduct(Vector va,Vector vb)
        {
            int na,nb,n;
            int v0;
            na=va.size();
            nb=vb.size();
            n=na;
            if(na>nb){n=nb;}
            v0=0;
            for(int i=0;i<n;i++)
            {v0=v0+(Integer)vb.elementAt(i)*(Integer)va.elementAt(i);}
            return v0;
        }
        void printVector(Vector v)
        {
            for(int i=0;i<v.size( );i++)
            {
                System.out.println("第"+i+"个元素="+v.elementAt(i));
            }
        }
        void sortVector(Vector v)
        {
            Integer e1=new Integer(0);
            Integer e2=new Integer(0);
            for(int i=0;i<v.size( );i++) {
                    for(int j=i;j<v.size( );j++) {
                        e1=(Integer)v.elementAt(i);
                        e2=(Integer)v.elementAt(j);
                        if(e2.intValue( )<e1.intValue( ))
                        {
                            //e=(Integer)v.elementAt(i);
                            v.set(i,e2);
                            v.set(j,e1);
                        }
                    }
            }
```

```
    }
    int seekVector(Vector v,Integer e)
    {
        Integer e1=new Integer(0);
        for(int i=0;i<v.size( );i++) {
                e1=(Integer)v.elementAt(i);
                if(e.intValue( )<=e1.intValue( ))
                return i;
        }
        return -1;
    }
    void mergeVector(Vector v1,Vector v2)
    {
        Integer e1=new Integer(0);
        Integer e2=new Integer(0);
        int n1=v1.size( ) -1;
        int n2=v2.size( ) -1;
        for(int j=0;j<v2.size( );j++) {
            v1.addElement(e2);
        }
        while (n1>=0 && n2>=0)
        {
            e1=(Integer)v1.elementAt(n1);
            e2=(Integer)v2.elementAt(n2);
            if (e2.intValue( )>e1.intValue( ))
            {
                //System.out.println("e2.intValue( )>e1.intValue( )");
                v1.setElementAt(e2, n1+n2+1);n2-- ;
            }
            else{
                //System.out.println("e2.intValue( )<=e1.intValue( )");
                v1.setElementAt(e1, n1+n2+1);n1--;
            }
        }
        while (n1>=0)
        {
            e1=(Integer)v1.elementAt(n1);
            v1.setElementAt(e1, n1+n2+1);n1-- ;
        }
        while (n2>=0)
        {
            e2=(Integer)v2.elementAt(n2);
            v1.setElementAt(e2, n1+n2+1);n2-- ;
        }
    }
```

```
}
public class JBE6208
{
 public static void main(String args[ ])
 {
       Vector v1=new Vector( );
       Vector v2=new Vector( );
       Vector v3=new Vector( );
       myVector mv=new myVector( );
       mv.creatVector(v1,3,10);
       System.out.println("第 1 个原始 Vector 向量");
       mv.printVector(v1);
       mv.sortVector(v1);
       System.out.println("第 1 个原始 Vector 向量排序结果");
       mv.printVector(v1);
       mv.creatVector(v2,5,10);
       System.out.println("第 2 个原始 Vector 向量");
       mv.printVector(v2);
       mv.sortVector(v2);
       System.out.println("第 2 个原始 Vector 向量排序结果");
       mv.printVector(v2);
       mv.convolution(v3,v1,v2);
       System.out.println("两个 Vector 向量卷积的结果");
       mv.printVector(v3);
       mv.mergeVector(v1,v2);
       System.out.println("两个有序 Vector 向量合并后的结果");
       mv.printVector(v1);}
}
```

说明：在类 myVector 中，方法 createVector( )的作用是生成由 n 个[0,range)范围内的随机整数构成的向量，方法 sortVector( )对 Vector 类向量进行排序，方法 printVector( )是打印显示 Vector 类向量中元素，方法 sortVector( )将两个有序 Vector 类向量进行合并到其中一个 Vector 类向量。

6.2.6　Stack 类

1. Stack 类概述

Stack 类是 Vector 类的子类，它向用户提供了堆栈这种高级的数据结构。栈的基本特性就是先进后出，即先放入栈中的元素将后被推出。Stack 类中提供了相应方法完成栈的有关操作。

2. Stack 类的主要方法

表 6-9 显示了栈类 Stack 的主要方法。

表 6-9　栈类 Stack 的主要方法

方　　法	功　　能
boolean empty( )	测试堆栈是否为空
E peek( )	查看堆栈顶部的对象，但不从堆栈中移除它

续表

方　　法	功　　能
E pop( )	移除堆栈顶部的对象，并作为此函数的值返回该对象
E push(E item)	把项压入堆栈顶部
int search(Object o)	返回对象在堆栈中的位置，以 1 为基数

3. Stack 类的应用举例

【实验 6-9】将十进制数 N 转换为 d 进制数。

分析：数制转换的一个简单算法基于以下原理。

$$N=\left(N/d\right)d+N\%d$$

例如，将十进制数 1570 转换为八进制数过程如下。

N	$N/8$	$N\%8$
1570	196	2
196	24	4
24	3	0
3	0	3

$(1570)_{10}=(3042)_8$

实现过程：从转换的计算过程可知，数制转换实际上就是将待转换数 N 除以 d 后的余数压入栈中，并将 N 除以 d 的整数值作为新的转换数，如此重复直到转换数为 0 为止。最后，将栈中元素依次出栈，得到的数据序列就是所要求的解。程序如下：

```
//程序名称：JBE6209.java
//功能：利用栈类 Stack 方法实现对于输入的任意一个非负十进制整数，输出与其等值的 d 进制数
import java.util.*;
class  Conversion{
  void todSystem (int N,int d){
        //对于输入的任意一个非负十进制整数，输出与其等值的 d 进制数。
        Integer e=new Integer(0);
        int i=0;
        Stack s=new Stack( );
        while (N!=0) {
              s.push(new Integer(N%d));
              N = N/d;
        }
        while (!s.empty( )) {
              e=(Integer)s.pop( );i++;
              System.out.println("第"+i+"个元素="+e);
        }
  }
}
```

```
public class JBE6209{
 public static void main(String args[ ])    {
        Conversion a=new Conversion( );
        a.todSystem(1570,8);
 }
}
```

【实验 6-10】本实验编写程序判别表达式括号是否正确匹配。

假设在一个算术表达式中，可以包含三种括号：圆括号“(”和“)”，方括号“[”和“]”和花括号“{”和“}”，并且这三种括号可以按任意的次序嵌套使用。括号不匹配共有以下三种情况：

（1）左右括号匹配次序不正确。

（2）右括号多于左括号。

（3）左括号多于右括号。

分析：算术表达式中右括号和左括号匹配的次序是后到的括号要最先被匹配，这点正好栈的“后进先出”特点相符合，因此可以借助一个栈来判断表达式中括号是否匹配。

基本思路：将算术表达式看作是一个个字符组成字符串，依次扫描串中每个字符，每当遇到左括号时让该括号进栈；每当扫描到右括号时，比较其与栈顶括号是否匹配，若匹配则将栈顶括号（左括号）出栈继续进行扫描；若栈顶括号（左括号）与当前扫描的括号（右括号）不匹配，则表明左右括号匹配次序不正确，返回不匹配信息；若栈已空，则表明右括号多于左括号，返回不匹配信息。字符串循环扫描结束时，若栈非空，则表明左括号多于右括号，返回不匹配信息；否则，左右括号匹配正确，返回匹配信息。

算法如下：

```
//程序名称:JBE6209B.java
//功能：演示栈的使用
import java.util.*;
public class JBE6209B{
public static void main(String args[ ]) {
     Scanner reader=new Scanner(System.in);
     System.out.print("输入表达式：");
     String expr=reader.nextLine();
     if (checkMatch(expr))
          {System.out.print("输入表达式括号匹配！");}
     else  {System.out.print("输入表达式括号不匹配!!! ");}
}
static boolean checkMatch(String expr)  {
     //【功能】：检查表达式中括号是否匹配
     //expstr 为表达式对应的字符串
     //不匹配的情形有以下三种
     //情形 1：左右括号配对次序不正确；
     //情形 2：右括号多于左括号；
     //情形 3：左括号多于右括号；
```

```
        char ch,ch1='(',ch0='#';
        char chs[]=expr.toCharArray();
        int i=0;
        Stack stk=new Stack( );
        while (i<chs.length) {
              ch=chs[i++];
              if(ch=='('||ch== '['||ch=='{') stk.push(new Character(ch));
              if(ch==')'||ch== ']'||ch=='}')   {
                  switch (ch)
                  {
                       case ')': ch1='('; break;
                       case ']': ch1='['; break;
                       case '}': ch1='{'; break;
                  }//switch
                  if (stk.isEmpty()) return false; //情形 2
                  else
                  {
                       ch=((Character)stk.pop()).charValue();
                       if (ch!= ch1) return false; //情形 1
                  }
           }//if(ch==')'||ch== ']'||ch=='}')
        }//while
        if (stk.empty()) return true;
        else return false;  //情形 3
    }
  }
```

6.2.7　Queue 类

1. Queue 类概述

Queue 类是向用户提供了队列这种高级的数据结构。队列的基本特性就是先进先出，即先放入队列中的元素将先被推出。Queue 类中提供了相应方法完成队列的有关操作。

2. Queue 类的主要方法

表 6-10 给出了 Queue 类的主要方法。

表 6-10　Queue 类的主要方法

方　法	功　能
boolean add(E e)	将指定的元素插入此队列(如果立即可行且不会违反容量限制)，在成功时返回 true，如果当前没有可用的空间，则抛出 IllegalStateException
E element( )	获取，但是不移除此队列的头
boolean offer(E e)	将指定的元素插入此队列(如果立即可行且不会违反容量限制)，当使用有容量限制的队列时，此方法通常要优于 add(E)，后者可能无法插入元素，而只是抛出一个异常
E peek( )	获取但不移除此队列的头；如果此队列为空，则返回 null

续表

方　　法	功　　能
E poll( )	获取并移除此队列的头，如果此队列为空，则返回 null
E remove( )	获取并移除此队列的头

3. Queue 类的应用举例

【实验 6-11】打印二项展开式$(a + b)^n$的系数。

二项式$(a+b)^n$展开后其系数构成杨辉三角形，如图 6-1 所示。

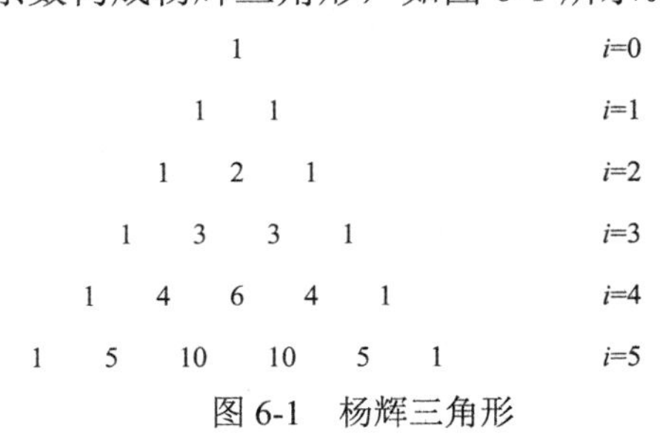

图 6-1　杨辉三角形

杨辉三角形每行元素具有以下特点：

（1）每行两端元素为 1，$i=0$ 时，两端重叠。

（2）第 i 行中非端点元素等于第 i-1 行对应的“肩头”元素之和。

基于上述特点，可以利用循环队列来打印杨辉三角形。

基本思路：在循环队列中依次存放第 i-1 行数据元素，然后逐个输出，同时生成第 i 行对应的数据元素并入队。

图 6-2 显示了在输出杨辉三角数过程中队列的状态。

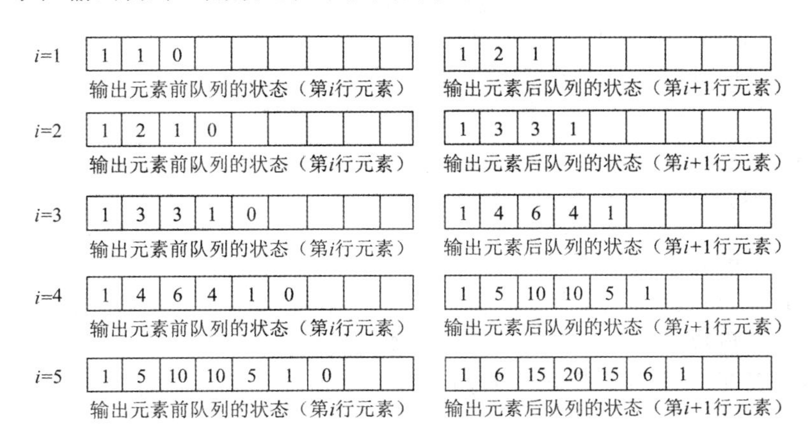

图 6-2　队列状态

程序如下：

```
//程序名称：JBE6210.java
//功能：利用队列打印二项式系数
import java.util.*;
class myQueue {
```

```
  void PrintBipoly(int n){
        String str=new String( );
        int i,j,k,e1=0,e2=0;
        Queue<String> queue = new LinkedList<String>( );
        //Integer.parseInt("4567");
        queue.offer(String.valueOf(1));
        queue.offer(String.valueOf(1));
        System.out.print(" ");
        for(k=0;k<=2*n;k++) System.out.print(" ");
        System.out.printf("%3d\n",1);
        for(i=1;i<=n;i++){
              System.out.print(" ");
              for(k=0;k<=2*n-i;k++) System.out.print(" ");
              queue.offer(str.valueOf(1));
              for(k=1;k<=i+2;k++){
                    str=queue.poll( );
                    e1=Integer.parseInt(str);
                    queue.offer(String.valueOf(e1+e2));
                    e2=e1;
                    if(k!=(i+2)) System.out.printf("%3d",e2);
              }
              System.out.println( );
        }
  }//PrintBipoly
}
public class JBE6210{
  public static void main(String args[ ])    {
        myQueue a=new myQueue( );
        a.PrintBipoly(5);
  }
}
```

6.2.8 Arrays 类

1. Arrays 类概述

Arrays 类是 Object 类的子类。此类包含用来操作数组(比如排序和搜索)的各种方法，此类还包含一个允许将数组作为列表来查看的静态工厂。

除非特别注明，否则如果指定数组引用为 null，则此类中的方法都会抛出 NullPointer-Exception。

此类中所含方法的文档都包括对实现的简短描述，应该将这些描述视为实现注意事项，而不应将它们视为规范的一部分。实现者应该可以随意替代其他算法，只要遵循规范本身即可。例如，sort(Object[ ])使用的算法不必是一个合并排序算法，但它必须是稳定的。

2. Arrays 类的主要方法

表 6-11 给出了 Arrays 类的主要方法。

表 6-11 Arrays 类的主要方法

方法	功能
public static int binarySearch(type [ ] a, type key)	使用二分搜索法来搜索指定的 type 型数组，以获得指定的值。必须在进行此调用之前对数组进行排序[通过 sort(type[ ])方法]。如果没有对数组进行排序，则结果是不确定的。如果数组包含多个带有指定值的元素，则无法保证找到的是哪一个
public static int binarySearch(type[ ] a, int fromIndex, int toIndex,type key)	使用二分搜索法来搜索指定的 type 型数组的范围，以获得指定的值。必须在进行此调用之前对范围进行排序[通过 sort(type[ ], int, int)方法]。如果没有对范围进行排序，则结果是不确定的。如果范围包含多个带有指定值的元素，则无法保证找到的是哪一个
public static type[ ] copyOf(type[ ] original, int newLength)	复制指定的数组，截取或用 0 填充(如有必要)，以使副本具有指定的长度。对于在原数组和副本中都有效的所有索引，这两个数组将包含相同的值。对于在副本中有效而在原数组无效的所有索引，副本将包含 (byte)0。当且仅当指定长度大于原数组的长度时，这些索引存在
public static type[ ] copyOfRange(type[ ] original, int from, int to)	将指定数组的指定范围复制到一个新数组。该范围的初始索引(from)必须位于 0 和 original.length(包括)之间。original[from]处的值放入副本的初始元素中(除非 from == original.length 或 from == to)。原数组中后续元素的值放入副本的后续元素。该范围的最后索引(to) (必须大于等于 from)可以大于 original.length，在这种情况下，false 被放入索引大于等于 original.length – from 的副本的所有元素中。返回数组的长度为 to – from
public static void fill(type[ ] a, type val)	将指定的 type 值分配给指定 type 型数组的每个元素
public static void fill(type[ ] a, int fromIndex, int toIndex, type val)	将指定的 type 值分配给指定 type 型数组指定范围中的每个元素。填充的范围从索引 fromIndex(包括)一直到索引 toIndex(不包括)。(如果 fromIndex== toIndex，则填充范围为空)
public static void sort(type[ ] a)	对指定的 type 型数组按数字升序进行排序
public static void sort(type[ ] a, int fromIndex, int toIndex)	对指定 type 型数组的指定范围按数字升序进行排序。排序的范围从索引 fromIndex(包括)一直到索引 toIndex(不包括)。(如果 fromIndex==toIndex，则排序范围为空)
public static String toString(type[ ] a)	返回指定数组内容的字符串表示形式。字符串表示形式由数组的元素列表组成，括在方括号("[ ]")中。相邻元素用字符", "(逗号加空格)分隔。这些元素通过 String.valueOf(type)转换为字符串。如果 a 为 null，则返回"null"

注意： *以上方法涉及类型 type 包括 boolean、byte、char、short、int、long、float、double、object 和 T 型(个别方法不能处理 boolean 型)。*

3. Arrays 类的应用举例

【实验 6-12】以下举例说明如何使用 Arrays 类的复制、排序、查找和填充等方法。

```
//程序名称：JBE6211.java
//功能：使用 Arrays 类的复制、排序、查找和填充等方法
import java.util.*;
class myArrays {
 void useArrays1( ){
      int i,key;
    //List<String> stooges = Arrays.asList("Larry", "Moe", "Curly");
```

```
        int a[ ]={11,68,30,51,42,21,60,47,100};
        int b[ ];
        System.out.println("原始 a[ ]="+Arrays.toString(a));
        //复制操作的演示
        b=Arrays.copyOfRange(a,2,a.length - 1);
        System.out.println("复制生成的 b[ ]="+Arrays.toString(b));
        //排序操作的演示
        System.out.println("排序前 a[ ]="+Arrays.toString(a));
        Arrays.sort(a);
        System.out.println("排序后 a[ ]="+Arrays.toString(a));
        //查找操作的演示
        key=30;
        i=Arrays.binarySearch(a,key);
        showSearch(key,i,"a[ ]");
        key=50;
        i=Arrays.binarySearch(a,key);
        showSearch(key,i,"a[ ]");
        //填充操作的演示
        Arrays.fill(a,2,a.length - 1,0);
        System.out.println("填充后的 a[ ]="+Arrays.toString(a));
    }
    void useArrays2( ){
        int i;
        String b[ ];
        String key=new String( );
        //List<String> a = Arrays.asList("ZYZ", "WRQ", "WHQ","GJ","LCM","YH","LL");
        String a[ ] = {"ZYZ", "WRQ", "WHQ","GJ","LCM","YH","LL"};
        System.out.println("原始 a[ ]="+Arrays.toString(a));
        //复制操作的演示
        b=Arrays.copyOfRange(a,2,a.length - 1);
        System.out.println("复制生成的 b[ ]="+Arrays.toString(b));
        //排序操作的演示
        System.out.println("排序前 a[ ]="+Arrays.toString(a));
        Arrays.sort(a);
        System.out.println("排序前 a[ ]="+Arrays.toString(a));
        //查找操作的演示
        key="WRQ";
        i=Arrays.binarySearch(a,key);
        showSearch(key,i,"a[ ]");
        key="GF";
        i=Arrays.binarySearch(a,key);
        showSearch(key,i,"a[ ]");
        //填充操作的演示
        Arrays.fill(a,2,a.length - 1,"NULL");
        System.out.println("填充后的 a[ ]="+Arrays.toString(a));
```

```
  }
  void showSearch(int key,int i,String str){
       if (i>=0)
             System.out.println(key+"在数组"+str+"中的位置为"+i);
       else System.out.println(key+"不在数组"+str+"中");
 }
 void showSearch(String key,int i,String str){
       if (i>=0)
             System.out.println(key+"在数组"+str+"中的位置为"+i);
       else System.out.println(key+"不在数组"+str+"中");
  }
 }
 public class JBE6211
 {
  public static void main(String args[ ])
  {
       myArrays a=new myArrays( );
       a.useArrays1( );
       a.useArrays2( );
  }
 }
```

运行结果为：

```
原始 a[ ]=[11, 68, 30, 51, 42, 21, 60, 47, 100]
复制生成的 b[ ]=[30, 51, 42, 21, 60, 47]
排序前 a[ ]=[11, 68, 30, 51, 42, 21, 60, 47, 100]
排序后 a[ ]=[11, 21, 30, 42, 47, 51, 60, 68, 100]
30 在数组 a[ ]中的位置为 2
50 不在数组 a[ ]中
填充后的 a[ ]=[11, 21, 0, 0, 0, 0, 0, 0, 100]
原始 a[ ]=[ZYZ, WRQ, WHQ, GJ, LCM, YH, LL]
复制生成的 b[ ]=[WHQ, GJ, LCM, YH]
排序前 a[ ]=[ZYZ, WRQ, WHQ, GJ, LCM, YH, LL]
排序前 a[ ]=[GJ, LCM, LL, WHQ, WRQ, YH, ZYZ]
WRQ 在数组 a[ ]中的位置为 4
GF 不在数组 a[ ]中
填充后的 a[ ]=[GJ, LCM, NULL, NULL, NULL, NULL, ZYZ]
```

6.2.9 哈希表

1. 哈希表概述

哈希表是一种重要的存储方式，也是一种常见的检索方法。其基本思想是将关系码的值作为自变量，通过一定的函数关系计算出对应的函数值，把这个数值解释为结点的存储地址，将结点存入通过计算得到的存储地址所对应的存储单元。检索时采用检索关键码的方法。目前，哈希表有一套完整的算法来进行插入、删除和解决冲突。在 Java 中哈希表用于存储对象，实现快速检索。

2. 哈希表的主要方法

表 6-12 给出了哈希表的构造方法和主要方法。

表 6-12　哈希表的构造方法和主要方法

构 造 方 法	功　　能
Hashtable( )	用默认的初始容量(11)和加载因子(0.75)构造一个新的空哈希表
Hashtable(int initialCapacity)	用指定初始容量和默认的加载因子(0.75)构造一个新的空哈希表
Hashtable(int initialCapacity, float loadFactor)	用指定初始容量和指定加载因子构造一个新的空哈希表
主 要 方 法	**功　　能**
void clear( )	将此哈希表清空，使其不包含任何键
Object clone( )	创建此哈希表的浅表副本
boolean contains(Object value)	测试此映射表中是否存在与指定值关联的键
boolean containsKey(Object key)	测试指定对象是否为此哈希表中的键
boolean containsValue(Object value)	如果此 Hashtable 将一个或多个键映射到此值，则返回 true
Enumeration<V> elements( )	返回此哈希表中的值的枚举
boolean equals(Object o)	按照 Map 接口的定义，比较指定 Object 与此 Map 是否相等
V get(Object key)	返回指定键所映射到的值，如果此映射不包含此键的映射，则返回 null。更确切地讲，如果此映射包含满足(key.equals(k))的从键 k 到值 v 的映射，则此方法返回 v；否则，返回 null
int hashCode( )	按照 Map 接口的定义，返回此 Map 的哈希码值
boolean isEmpty( )	测试此哈希表是否没有键映射到值
Enumeration<K> keys( )	返回此哈希表中的键的枚举
Set<K> keySet( )	返回此映射中包含的键的 Set 视图
V put(K key, V value)	将指定 key 映射到此哈希表中的指定 value
V remove(Object key)	从哈希表中移除该键及其相应的值
int size( )	返回此哈希表中的键的数量
String toString( )	返回此 Hashtable 对象的字符串表示形式，其形式为 ASCII 字符 ", " (逗号加空格)分隔开的、括在括号中的一组条目

3. 哈希表的应用举例

【实验 6-13】本实验以某单位员工的工资为基础数据建立一个哈希表。查找哈希表中特定员工的工资，查找工资大于特定值的员工及占比，输出平均工资和标准差等。

```
//程序名称：JBE6212.java
//功能：演示 Hashtable 类的方法
import java.io.*;
import java.util.*;
class myHashtable{
```

```
Hashtable hash;
void handleHashtable(int size,float a){
    //创建了一个哈希表的对象hash，初始容量为size，装载因子为a
    hash=new Hashtable(size,a);
    hash.put("张三","13936");
    hash.put("李四","8159");
    hash.put("王五","9800");
    hash.put("小雅","8142");
    hash.put("吴一","14074");
    hash.put("李明","12237");
    hash.put("江涛","7203");
    hash.put("胡四","11689");
    hash.put("温和","7671");
    hash.put("贾正","11224");
    //输出hash的内容和大小
    System.out.println("输出hash的内容和大小");
    System.out.println("哈希表="+hash);
    System.out.println("哈希表的元素个数="+hash.size( ));
    //依次输出hash中的内容
    System.out.println("依次输出hash中的内容");
    Enumeration enum1=hash.elements( );
    System.out.print("哈希表的元素: ");
    //System.out.println(Arrays.toString(enum1));
    int n=0,n1=0,wage0=0,wagesum=0;
    double wagestd=0;
    String str0=null,str1=null;
    while(enum1.hasMoreElements( )){
            str0=(String)enum1.nextElement( );
            wage0=Integer.parseInt(str0);
            wagesum=wagesum+wage0;
            //System.out.print(enum1.nextElement( )+" ");
            System.out.print(str0+" ");
            n++;
    }
    System.out.println( );
    Scanner stdin = new Scanner(System.in);
    System.out.println("=============");
    System.out.print("请输入姓名:");
    String name= stdin.nextLine();
    System.out.println(name+"的工资="+hash.get(name));
    System.out.println("查找工资大于特定值的员工");
    System.out.print("请输入基准工资:");
    int wage= stdin.nextInt();
    Enumeration enum2=hash.keys( );
    System.out.println("工资>="+wage+"的员工为: ");
```

```
        while(enum2.hasMoreElements( )){
                str0=(String)enum2.nextElement( );
                str1=(String)hash.get(str0);
                wage0=Integer.parseInt(str1);
                wagestd=wagestd+(wage0-wagesum/n)*(wage0-wagesum/n)/n;
                if ( wage0>=wage)
                     {System.out.println(str0+","+str1);n1++;}
            }
        System.out.printf("总计=%d 占比=%4.1f %%\n",n1,n1*100.0/n);
        System.out.println("输出平均工资和标准差:");
        System.out.printf("平均工资=%d  标准差%6.2f\n",wagesum/n,Math.sqrt(wagestd));
    }
}
public class JBE6212
{
    public static void main(String args[ ])
    {
        myHashtable myhash=new myHashtable( );
        myhash.handleHashtable(2,(float)0.8);
    }
}
```

运行结果如下：

```
输出 hash 的内容和大小
哈希表={贾正=11224, 王五=9800, 吴一=14074, 张三=13936, 江涛=7203, 胡四=11689, 李明=12237, 李四=8159, 小雅=8142, 温和=7671}
哈希表的元素个数=10
依次输出 hash 中的内容
哈希表的元素: 11224 9800 14074 13936 7203 11689 12237 8159 8142 7671
=============
请输入姓名:江涛
江涛的工资=7203
查找工资大于特定值的员工
请输入基准工资:10000
工资>=10000 的员工为:
贾正,11224
吴一,14074
张三,13936
胡四,11689
李明,12237
总计=5 占比=50.0%
输出平均工资和标准差:
平均工资=10413  标准差 2446.71
```

6.3 本 章 小 结

本章介绍了 Java 类库的结构，重点介绍常见类的主要方法及应用，常见类包括 System 类、Math 类、Random 类、基本数据类型的包装类、Vector 类、Stack 类、Queue 类、Arrays 类和 Hashtable 类。

6.4 思 考 和 练 习 题

1. 利用 System 类编写程序，获取系统环境信息。

2. 利用 Stack 类和 Queue 类实现判断一个字符序列是否为回文的算法。回文就是正读和反读都相同的字符序列，例如，‘abba’ 和 ‘abcba’ 是回文，‘abcde’ 和 ‘ababab’ 则不是回文。试写一个算法，判别读入的一个以‘＃’为结束符的字符序列是否为“回文”。

3. 编写一个方法，将一个以字符串形式表示的 long 类型的二维数组分离出来保存在 double 类型的二维数组。

4. Random 类随机产生[0,100]区域范围内的 100 个数，并统计分属区间[0,59]、[60,69]、[70,79]、[80,89]和[90,100]的元素个数。

第 7 章　Java 的异常处理机制

对于计算机程序来说，错误和异常情况都是不可避免的。一个良好的程序不仅要能实现特定的功能，具有较好的可读性和可操作性，更应有良好的健壮性，即具有较强的容错能力。Java 提供了丰富的出错与异常处理机制，本章将对这些内容进行介绍。

- 掌握异常的含义。
- 理解异常处理的机制，掌握两种抛出异常的方法。
- 理解并掌握自定义异常的使用。

7.1　异常的含义及分类

在详细介绍 Java 的异常处理机制之前，首先介绍异常的含义及分类。

1. 异常的含义

所谓异常就是程序运行时可能出现一些错误，比如试图打开一个根本不存在的文件，数组元素引用时下标越界，做除法运算时被零除等。

2. 异常的分类

在 Java 语言中，异常是一个对象，它继承自 Throwable 类，所有的 Throwable 类的子孙类所产生的对象都是例外（异常）。从 Throwable 直接派生出的异常类有 Error 和 Exception，如图 7-1 所示。

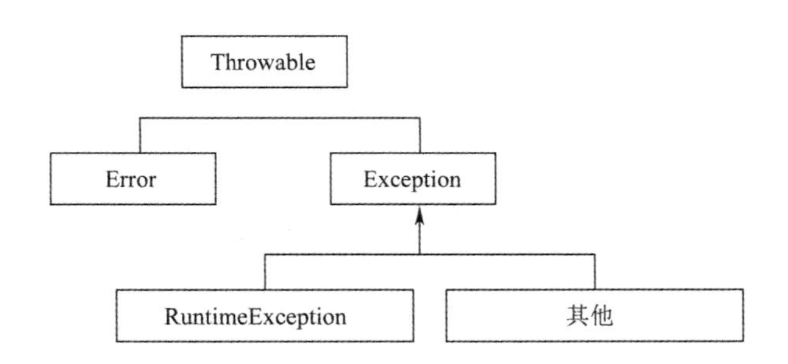

图 7-1　Java 异常层次图

Error 是程序无法处理的错误，表示 Java 系统中出现了一个非常严重的异常错误，比如 LinkageError、OutOfMemoryError 或 ThreadDeath 等。它们由 Java 虚拟机生成并抛出，Java 程序不做处理。这些异常发生时，Java 虚拟机一般会选择线程终止。

Exception 是 Java 程序员最熟悉的，它代表了真正意义上的异常对象的根基类。也就是说，

Exception 和从它派生而来的所有异常都是应用程序能够捕获到的，并且可以进行异常错误恢复处理的异常类型。Exception 可分为 RuntimeException 类和其他异常。

RuntimeException 类包括 NullPointerException（试图访问空指针）、IndexOutOfBoundsException（数组越界访问）等，这些异常一般是由程序逻辑错误引起的，程序应该从逻辑角度尽可能避免这类异常的发生。

其他异常包括 IOException、SQLException 等以及用户自定义的 Exception 异常等，这类异常一般是外部错误，例如试图从文件尾后读取数据等，这并不是程序本身的错误，而是在应用环境中出现的外部错误。

编译器放松了对 Throwable 继承树中两个分支的异常检查。java.long.Error 和 java.lang.RuntimeException 的子类免于编译时的检查。RuntimeException 异常由系统检测，用户的 Java 程序可不做处理，系统将它们交给默认的异常处理程序。

3. Exception 的主要方法

public String getMessage()：返回此 Throwable 的详细消息字符串。

public void printStackTrace()：将此 Throwable 对象的堆栈跟踪输出至错误输出流，作为字段 System.err 的值。

7.2　异　常　处　理

7.2.1　异常处理的定义及必要性

1. 异常处理的定义

异常处理是指用户程序以预定的方式响应运行错误和异常的能力。异常处理将会改变程序的控制流程，让程序有机会对错误作出处理。它的基本方式是：当一个方法引发一个异常后，将异常抛出，由该方法的直接或者间接调用者处理异常。

2. 异常处理的必要性

在程序开发的过程中，常常采用返回值进行错误处理。通常在编写一个方法时，可以返回一个状态代码，调用者根据状态代码判断出错与否，并按照状态代码代表的错误类型进行相应的处理，或显示一个错误页面，或提示错误信息。这种通过返回值进行错误处理的方法很有效，但也有许多不足之处，主要表现为：① 程序复杂；② 可靠性差；③ 返回信息有限；④ 返回代码标准化困难。

Java 语言提供了一种异常处理机制。采用错误代码和异常处理相结合的方式可以把错误代码与常规代码分开，也可以在 catch 中传播错误信息，还可以对错误类型进行分组。

7.2.2　异常处理的基本结构

1. 异常处理语句

异常处理语句有 try、catch、finally、throw 和 throws，在以下部分将逐一介绍这些语句的作用。

2. 异常处理的基本结构

try…catch 结构是异常处理的基本结构。这种结构中可能引发异常的语句封入在 try 块中，而处理异常的相应语句封入在 catch 块中。

try…catch 结构的格式如下：

```
try{
    程序执行体
}
catch(异常类型 1    异常对象 1){
    异常处理程序体 1
}
catch(异常类型 2    异常对象 2){
    异常处理程序体 2
}
…
catch(异常类型 n    异常对象 n){
    异常处理程序体 n
}
finally {
    异常处理结束前的执行程序体
//不论发生什么异常（或者不发生任何异常），都要执行的部分
}
```

说明：

- try 语句指明可能产生异常的代码段。
- catch 语句在 try 语句之后，用于捕捉异常，一个 try 语句可以有多个 catch 语句与之匹配。当有多个 catch 语句时，系统依照先后顺序逐个检查。用 catch 语句捕捉异常时，若找不到相匹配的 catch 语句，将执行默认的异常处理。
- catch 程序块的参数不能设置成多个，一个 catch 只有一个参数。
- 若两个 catch 程序块(均和某个 try 程序块有关)都用于捕捉同一类型异常，那么将产生语法错误。
- 若某一类型异常，可能有几个异常处理程序与它相匹配，那么执行 first 相匹配的异常处理程序。
- Java 中可以使用嵌套的 try…catch 结构。在使用嵌套的 try 块时，将先执行内部 try 块，如果没有遇到匹配的 catch 块，则将检查外部 try 块的 catch 块。

throw 语句用于指出当前现有异常，当程序执行到 throw 语句时，流程就转到相匹配的异常处理语句，所在的方法也不再返回值。throw 语句可以将异常对象提交给调用者，以进行再次处理。

throws 语句指明方法中可能要产生的异常类型，由调用者进行异常处理。

【实验 7-1】

```
//程序名称：JBE7201.java
//功能：测试被 0 除异常
public class JBE7201 {
    public static void main(String args[]) {
        doublenum=1;
        try  {
```

```
                num=1/0;
            }
            catch (ArithmeticException e)  {
                e.printStackTrace();
            }
        }
    }
```

运行结果为：

```
java.lang.ArithmeticException: / by zero
    at JBE7201.main(JBE7201.java:8)
```

说明：在本实验中，try 语句块中的语句 num=1/0 被执行时，由于被除数为 0，因此产生 ArithmeticException 异常，catch 语句捕获到这类异常后，输出上述信息，指明异常类型"java.lang.ArithmeticException: / by zero"，和异常位置"JBE7201.main(JBE7201.java:8)"。

7.2.3　多个 catch 块

单个 try 块能有许多 catch 块，当 try 块有可以引起不同类型异常的语句时，多个 catch 块是必需的。下列代码包括 3 种类型的异常。

【实验 7-2】

```
//程序名称：JBE7202.java
//功能：演示多 catch 结构形式
public class JBE7202{
 public static void main(String args[ ]) {
   int a[ ]={0, 0};
   int num=1, result=0;
   try  {
     result = num/0;
     System.out.println(num/a[2]);
   }
   catch (ArithmeticException e){
       System.out.println("Error1=="+e) ;
   }
   catch (ArrayIndexOutOfBoundsException e){
       System.out.println("Error2=="+e);
   }
   catch (Exception e)   {
       System.out.println("Error3=="+e ");
   }
}
}
```

运行结果：

```
Error1==java.lang.ArithmeticException: / by zero
```

说明：在本实验中，执行语句 result = num/0;出现被 0 除异常，此时执行 catch (ArithmeticException e)块中的语句，语句 System.out.println(num/a[2]); 没有执行到。

如果将 result = num/0 注释掉，那么当执行语句“System.out.println(num/a[2]);”时会出现数组下标越界异常 ArrayIndexOutOfBoundsException，此时运行结果为：

```
Error2==java.lang.ArrayIndexOutOfBoundsException: 2
```

若出现其他 Exception 异常，则由 catch (Exception e)捕获，并显示相应异常类型。

7.2.4 finally 语句

finally 语句可以和 try 语句一起使用，无论是否出现异常，finally 语句指明的代码一定被执行。一个异常处理程序只有一个 finally 块，但并不强制必须要有 finally 块。

有时，必须处理某些语句（如文件关闭操作），不管异常是否发生，都必须执行。此时，虽然能够在 try 和 catch 块放置代码以结束文件，但为了避免重写代码，可以把代码放在 finally 块。

有时我们希望某些语句在发生异常时也能执行，以释放外部资源或者关闭一个文件，这时可以用 finally 语句来实现。

若程序显式使用某些资源，那么必须在最后完成对资源的释放，即无用单元回收。在 C 与 C++中，常见的是指针不能回收，函数不能终止，出现“内存泄露”。Java 实现自动的无用的单元回收功能，可避免“内存泄露”，但 Java 同样存在别的“资源泄露”。Java 并没有彻底消除资源泄露。当某个对象不存在时，Java 才对该对象进行无用单元回收处理，当用户错误地对某个对象保持引用时，就会出现内存泄露。因此，一般在 finally 程序块中使用一些资源释放的代码。以下举例说明。

【实验 7-3】

```
//程序名称：JBE7203.java
//功能：演示没有 finally 的情形
import java.net.*;
import java.io.*;
class JBE7203{
  public void foo( ) throws IOException{
    //在空闲的端口中创建一个套接字
    ServerSocket ss = new ServerSocket(0);
    try {
      Socket socket = ss.accept( );
      //此处的其他代码
    }
    catch (IOException e) {
      ss.close( );        //label1
      throw e;
    }
    ss.close( );      //label2
  }
}
```

上述代码没有 finally 块，程序中创建了一个套接字，并调用 accept 方法。在退出该方法之前，必须关闭此套接字，以避免资源漏洞。为此，在//label2 处调用 close 来关闭此套接字，此语句为该方法的最后一条语句。正常情况下，//label2 处的 close 会执行，但是，如果 try 块中发生一个异常，//label2 处的 close 语句是不会执行的，即在这种情况下，套接字没有关闭，可能产生资源漏洞。因此，程序中必须捕获这个异常，并在重新发出这个异常之前在//label1 处插入对 close 的另一个调用。这样就可以确保在退出该方法之前关闭套接字。

上述编写代码的方式既麻烦又易于出错，但在没有 finally 的情况下这是必不可少的。以下借助 finally 块来解决这个问题。

【实验 7-4】

```
//程序名称：JBE7204.java
//功能：演示有 finally 的情形
import java.net.*;
import java.io.*;
class JBE7204
{
  public void foo2( ) throws IOException
  {
    //在空闲的端口中创建一个套接字
    ServerSocket ss = new ServerSocket(0);
    try {
      Socket socket = ss.accept( );
      //此处的其他代码
    }
    finally {
      ss.close( );
    }
  }
}
```

上述代码中，close 方法出现在 finally 块中，因此不管 try 块内是否发出异常，该方法总被执行。这样可以确保在退出该方法之前总会调用 close 方法来关闭套接字，避免泄露资源。

7.3　两种抛出异常的方式

7.3.1　throw——直接抛出

直接抛出异常是在方法中用关键字 throw 引发明确的异常。当 throw 被执行时，其后语句将不再被执行，执行流程将直接寻找 catch 语句并进行匹配。显然，这种异常不是出错产生，而是人为地抛出。

throw 抛出异常的格式为：

```
throw ThrowableObject;
```

例如：

```
throw new ArithmeticException( );
```

【实验 7-5】

```
//程序名称：JBE7301.java
```

```
//功能：演示 Throw 功能
class JBE7301{
public static void main(String args[ ]) {
    System.out.print("Now");
    try{
        System.out.print("is");
        throw new NullPointerException( ) ;              //直接抛出一个异常
        //System.out.print("This will not execute!");   //此句不被执行
    }
    catch (NullPointerException m){
        System.out.print("the");
    }
    System.out.print("time. \n");
 }
}
```

运行结果为：

```
Now is the time.
```

说明：在本实验中，“throw new NullPointerException( );”用于人为抛出异常NullPointerException，catch(NullPointerException m)块对这类异常进行处理。

注意：语句“System.out.print("This will not execute!");”必须注释起来，否则编译时会出现如下错误信息。

```
JBE7301.java:10: 无法访问的语句
        System.out.print("This will not execute!"); //此句不被执行
        ^
1 错误
```

在一个方法中，可以使用多个 try…catch 语句，使用 throw 抛出多个异常。

【实验 7-6】

```
//程序名称：JBE7302.java
//功能：演示 Throw 抛出多个异常的功能
classJBE7302{
  public static void main(String args[ ])  {
      try {
          throw new ArithmeticException( );
      }
      catch(ArithmeticException e1){
          System.out.println("e1…"+e1);
      }
      try {
          throw new  ArrayIndexOutOfBoundsException( );
      }
      catch(ArrayIndexOutOfBoundsException e2){
          System.out.println("e2…"+e2);
```

```
        }
        try {
              throw new StringIndexOutOfBoundsException( );
        }
        catch(StringIndexOutOfBoundsException e3){
              System.out.println("e3…"+e3);
        }
  }
}
```

运行结果为：

```
e1…java.lang.ArithmeticException
e2…java.lang.ArrayIndexOutOfBoundsException
e3…java.lang.StringIndexOutOfBoundsException
```

说明：在本实验中，在 3 个 try 块中使用 throw 语句抛出了 3 个异常：java.lang.ArithmeticException、java.lang.ArrayIndexOutOfBoundsException 和 java.lang.StringIndexOutOfBoundsException。每个 try 块都有一个 catch 块与之对应，用于捕获并处理对应的异常。

注意：Java 的异常处理模型中，要求所有被抛出的异常都必须要有对应的“异常处理模块”。也就是说，如果在程序中抛出一个异常，那么在方法中就必须要捕获这个异常（处理这个异常）。例如在下面的例子中，抛出了一个 Exception 类型的异常，但在该方法中却没有捕获并处理此异常的地方。这样的程序即便是能够编译通过，运行时也是致命的（可能导致程序崩溃），所以，Java 语言干脆在编译时就尽可能地检查并避免这种本不应该出现的错误，这无疑对提高程序的可靠性大有帮助。

【实验 7-7】

```
//程序名称：JBE7303.java
//功能：演示存在被抛出的异常没有对应的异常处理模块的错误情形
import java.io.*;
public class JBE7303{
public static void main(String[ ] args) {
 try {
    BufferedReader rd=null;
    Writer wr=null;
    try {
          File srcFile = new File((args[0]));
          File dstFile = new File((args[1]));
rd = new BufferedReader(new InputStreamReader(new FileInputStream(srcFile),
args[2]));
          wr = new OutputStreamWriter(new FileOutputStream(dstFile), args[3]);
          // 注意下面这条语句，它有什么问题吗
          if (rd == null || wr == null) throw new Exception("error! test!");
          while(true) {
                String sLine = rd.readLine( );
                if(sLine == null) break;
                wr.write(sLine);
```

```
                wr.write("\r\n");
            }
        }
finally {
    wr.flush( );
    wr.close( );
    rd.close( );
 }
}
 catch(IOException ex) {
     ex.printStackTrace( );
 }
 }
}
```

编译时报错了，错误信息如下：

```
JBE7303.java:17:未报告的异常 java.lang.Exception；必须对其进行捕捉或声明以便抛出
        if (rd == null || wr == null) throw new Exception("error! test!");
            ^
1 错误
```

说明：在本实验中，“if (rd == null || wr == null) throw new Exception("error! test!");”语句抛出异常，但没有对应的 catch 块，因此出现上述错误。

注意：Error 异常的特殊性。Java 异常处理模型中规定：Error 和从它派生而来的所有异常都表示系统中出现了一个非常严重的异常错误，并且这个错误可能是应用程序所不能恢复的（其实这在前面的内容中已提到过）。因此，如果系统中真的出现了一个 Error 类型的异常，则表明系统已处于不可恢复的状态，此时，已经没有必要（也没有能力）来处理此等异常错误。所以，java 编译器就没有必要保证“在编译时，所有的 Error 异常都有其对应的错误处理模块”。当然，Error 类型的异常一般都是由系统遇到致命的错误时所抛出的，它最后也由 Java 虚拟机处理。

【实验 7-8】

```
//程序名称：JBE7304.java
//功能：演示 Error 异常
import java.io.*;
public class JBE7304 {
 public static void main(String[ ] args) {
      try { test( ); }
      catch(Exception ex) { ex.printStackTrace( ); }
 }
static void test( ) throws Error {
      throw new Error("故意抛出一个 Error");
 }
}
```

说明： 在本实验中，test 函数声明了它可能抛出 Error 类型的异常，但在 main 函数中却并没有 catch(Error)或 catch(Throwable)块。该程序在编译时没有出现错误。

注意： RuntimeException 异常的特殊性。在 Java 的异常处理模型中，要求所有被抛出的异常都必须要有对应的“异常处理模块”。也就是说，如果在程序中抛出一个异常，那么在程序中（函数中）就必须要捕获这个异常（处理这个异常）。但对于 RuntimeException 和 Error 这两种类型的异常（以及它们的子类异常），却是例外的。其中，Error 表示 Java 系统中出现了一个非常严重的异常错误；而 RuntimeException 虽然是 Exception 的子类，但它却代表了运行时异常（这是 C++异常处理模型中的不足之处，虽然 VC 实现的异常处理模型很好）。

【实验 7-9】

```
//程序名称：JBE7305.java
//功能：演示 RuntimeException 异常
import java.io.*;
public class JBE7305 {
 public static void main(String[ ] args) {
       test( );
 }
 static void test( ) {
       // 注意这条语句
       throw new RuntimeException("故意抛出一个 RuntimeException");
 }
}
```

说明： 在本实验中，通过 throw 抛出 RuntimeException 异常，并没有 catch 块。程序编译时没有错误出现。

7.3.2 throws——间接抛出异常（声明异常）

如果一个方法可能导致一个异常但不处理它，此时要求在方法声明中包含 throws 子句，通知潜在调用者，在发生异常时沿着调用层次向上传递，由调用它的方法来处理这些异常。这类异常称为声明异常。

基本格式为：

```
类型  方法名(参量表) throws  异常列表
{
    代码
}
```

【实验 7-10】

```
//程序名称：JBE7306.java
//功能：演示 Throws 异常处理方式
class  JBE7306{
private static void p( )  throws ArithmeticException {
//间接抛出异常，自己并未处理，让方法的直接调用者来处理
    int  i;
    i=4/0;              //此句可能引发异常，可是自己并未处理
}
```

```
public static void main(String args[ ]){
    try{
        p( );         //方法的直接调用者捕获处理异常
    }
    catch(ArithmeticException e) {
        System.out.println("Error: Divider is zero! \n");
    }
 }
}
```

运行结果为：

```
Error: Divider is zero!
```

说明：在本实验中，语句“i=4/0”；将产生异常，产生异常后方法 p( )并不进行处理，而是由调用 p( )的方法 main 进行处理。

7.4　自 定 义 异 常

通过继承 Exception 类或它的子类，实现自定义异常类。对于自定义异常，必须采用 throw 语句抛出异常，这种类型的异常不会自行产生。

可以通过扩展 Exception 类来创建异常类。扩充类像任何其他类一样包含构造方法、数据成员和方法。当实现自定义异常时使用 throw 和 throws 关键字。

用户定义的异常同样要用 try…catch 捕获，但必须由用户抛出 throw new myException。

【实验 7-11】

```
//程序名称：JBE7401.java
//功能：演示自定义异常
class myException extends Exception
{    }
class UserTrial{
 int num1, num2;
   public UserTrial(int a, int b)
      {num1=a; num2=b; }
void show( ) throws myException {
      if ((num1<0) ||(num2>0))
      throw new myException( );
      System.out.println("Value1="+ num1);
      System.out.println("Value2 ="+num2);
 }
}

public class JBE7401{
 public static void main(String args[ ]){
      UserTrial trial =new UserTrial( - 1, 1);
      try
      { trial.show( );}
```

```
        catch (myException e)
        { System.out.println("Illegal Values: Caught in main"); }
    }
}
```

说明：

- 在上述给出的代码中，称 myException 类从 Exception 类扩展而来。
- UserTrial 类有一个能引发称为 myException 的自定义异常的方法。
- 在 myExceptionThrow 类中的 main( )方法创建 UserTrial 类的对象并传送错误值给构造方法。
- main( )方法的 try 块调用 show( )方法。
- show( )方法引发异常，由异常处理程序在 main( )方法中捕获。
- 显示在 catch 块中的消息 Illegal Values: Caught in main（非法的值在 main 中俘获）被显示在屏幕上。

运行结果为：

```
Illegal Values: Caught in main
```

执行创建对象语句"UserTrial trial =new UserTrial(–1, 1)"，num1 与 num2 的值满足异常触发条件。若将此创建对象语句变为创建"UserTrial trial =new UserTrial(1, –1);"，此时 num1 与 num2 的值不满足异常触发条件，异常未触发，运行结果为：

```
Num1=1
Num2= - 1
```

7.5　常　见　异　常

常见的异常如下：

- ArithmeticException：算术错误，如除以 0。
- ArrayIndexOutOfBoundsException：数组下标越界异常。
- ArrayStoreException：数组存储异常。
- AWTException：AWT 中的异常。
- ClassCastException：类强制转换异常。
- ClassNotFoundException：类或接口不存在异常。
- EOFException：文件结束异常。
- FileNotFoundException：不能找到文件。
- IllegalAccessException：非法访问异常。
- IllegalArgumentException：非法参数异常。
- IndexOutOfBoundsException：索引越界异常。
- InterruptedException：线程中断异常。
- IOException：I/O 异常的根类。
- NoSuchMethodException：请求的方法不存在异常。
- NullPointerException：试图访问 null 对象引用异常。
- NumberFormatException：数字格式化异常，如从字符串到数字格式的非法转换。

● SecurityException：安全性异常。

7.6 综 合 应 用 案 例

【实验 7-12】对一个公司 Company 来说，产品出库数应小于产品库存数，因此，如果产品出库数大于产品库存数时需要做异常处理。

以下自定义一个异常类 myException。出库方法（outStock）中可能产生异常，条件是产品出库数大于产品库存数。由于异常 outStock 可能会产生异常，因此 outStock 方法要声明抛出异常，由上一级方法调用。具体程序如下：

```
//程序名称：JBE7601.java
//功能：演示异常的综合应用

// 自定义异常类
class myException extends Exception{
      Company  com;      // 公司对象
      double amount;   // 客户要购买产品数量
      myException(Company com, double  amount){
           this.com=com;
           this.amount=amount;
    }
    public String showExceptionMessage(){
         String  str="公司库存="+com.stocknum+ "<"+"待购买石油="+amount;
         returnstr;
    }
}
class Company{
    double stocknum;// 库存石油数
     Company(double  stocknum){
         this.stocknum=stocknum;
     }
     //产品入库
    voidinStock(double amount){
      if(amount>0.0)
                 stocknum=stocknum+amount;
    }
      //产品出库
    voidoutStock(double amount) throws myException{
            if (stocknum<amount) throw new myException(this, amount);
            stocknum=stocknum-amount;
            System.out.println("出库成功!!! ");
    }
    public void showStock(){
       System.out.println("公司库存总量="+stocknum);
```

```
    }
}
public class Java060601{
      public static void main(String args[]){
            try{
                  Company com=new Company(10);
                  com.inStock(100);
                  com.outStock(100);
                  com.inStock(50);
                  com.outStock(80);
            }
            catch(myException e) {
             System.out.println(e.showExceptionMessage());
      }
    }
}
```

7.7　本　章　小　结

本章主要介绍了异常的含义及分类、异常处理机制、两种抛出异常的方式、自定义异常、一般异常以及相应的上机实验实例。

7.8　思 考 和 练 习 题

1. 简述异常的含义及作用。
2. 简述 Java 异常处理的机制。
3. 简述 finally 块的用途，并举例说明。
4. 简述 throw 和 throws 的用途，以及两者之间的差异。
5. 编写一个程序，自定义一个异常，并对其进行处理。
6. 列举 10 种常见异常。

第 8 章　输入和输出及数据库操作

Java 将读取数据的对象称为输入流；能向其写入数据的对象称为输出流。Java 中的流分为两种：字节流和字符流。ODBC 是 Windows 开放服务体系结构的一个组件，是使用十分广泛的数据库接口。Java 中采用 JDBC 克服了使用 ODBC 的不足，它隔离了 Java 与不同数据库之间的对话，使得程序员只需写一遍程序就可让它在任何数据库管理系统平台上运行。

- 理解流的含义和流的层次结构。
- 掌握常见的输入流和输出流。
- 理解 ODBC 和 JDBC 的含义。
- 掌握如何使用 JDBC-ODBC 技术访问数据库。

8.1　输 入 和 输 出

8.1.1　流的含义

流是一个很形象的概念，当程序需要读取数据时，就会开启一个通向数据源的流，这个数据源可以是文件、内存，或是网络连接。类似地，当程序需要写入数据时，就会开启一个通向目的地的流。这时就可以想象数据好像在这其中“流”动一样，如图 8-1 所示。

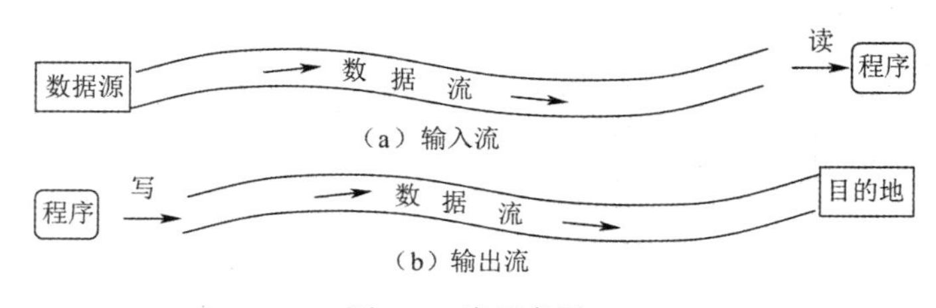

图 8-1　流示意图

数据流是指一组有顺序、有起点和终点的字节集合。Java 将读取数据的对象称为输入流；能向其写入数据的对象称为输出流。使用输入/输出流必须在程序的开头加上语句“import java.io.*”。

Java 中的流分为两种：字节流和字符流。基于文本的 I/O 都是一些人们能够阅读的字符（如程序的源代码），而基于数据的 I/O 是二进制（如表示图像的位图）。字节流中的数据以 8 位字节为单位进行读写，字符流中的数据以 16 位字符为单位进行读写。因此字节流不能正确携带字符，一些与字符相关的流在字节流中是没有意义的。

InputStream 类和 OutputStream 类是字节流类的父类，Reader 类和 Writer 类是字符流类的父类。这 4 个类是抽象类，Java 中其他多种多样变化的流均是由它们派生出来的。在这 4 个抽象类中，InputStream 和 Reader 定义了完全相同的接口：

```
int read( )
int read(char cbuf[ ])
int read(char cbuf[ ], int offset, int length)
```

而 OutputStream 和 Writer 也是如此：

```
int write(int c)
int write(char cbuf[ ])
int write(char cbuf[ ], int offset, int length)
```

8.1.2　流的层次结构

InputStream 和 OutputStream 流层次结构分别如图 8-2 和图 8-3 所示。

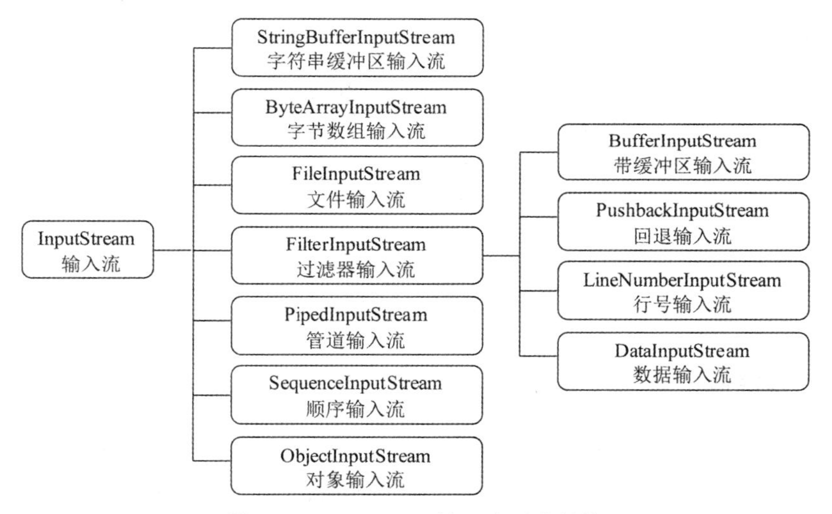

图 8-2　InputStream 输入流层次结构

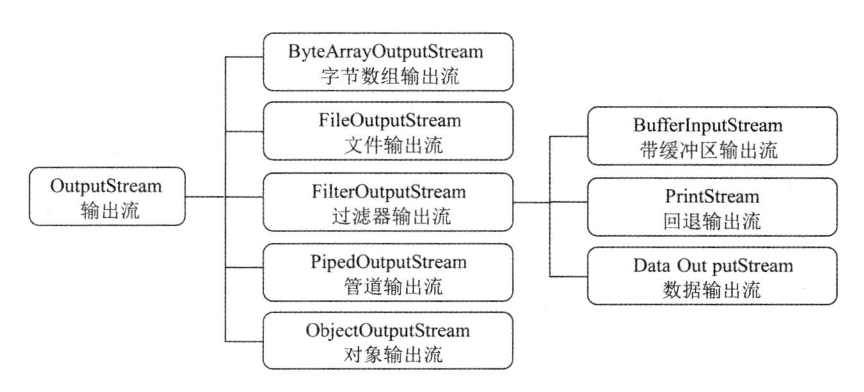

图 8-3　OutputStream 输出流层次结构

Java 的输入流和输出流的种类很多，这里主要介绍 FileInputStream 和 FileOutputStream，DataInputStream 和 DataOutputStream。

Reader 和 Writer 流层次结构分别如图 8-4 和图 8-5 所示。

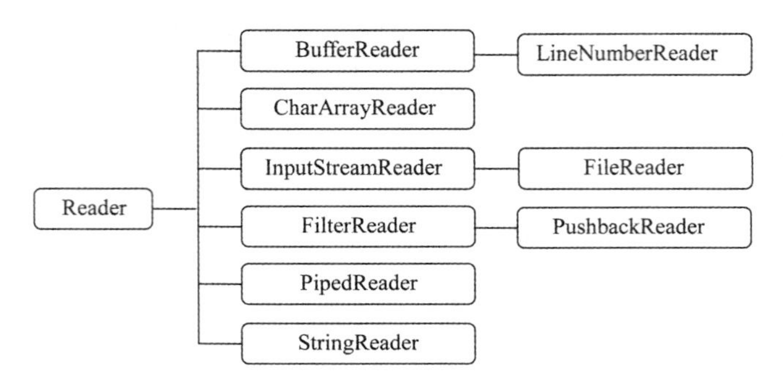

图 8-4　Reader 流层次结构

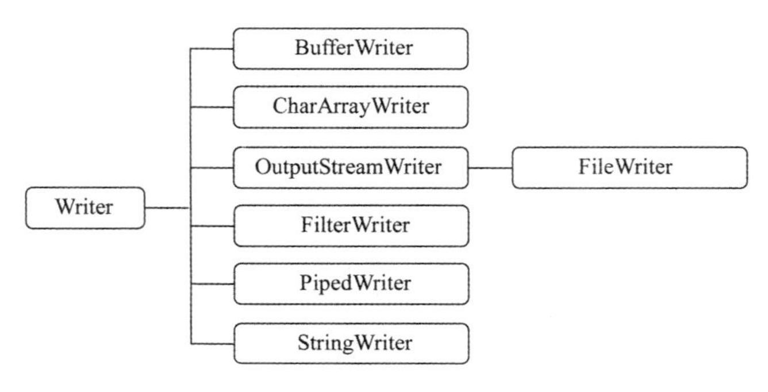

图 8-5　Writer 流层次结构

8.1.3　标准输入输出

标准输入输出都是 System 类中定义的类成员变量，包括以下内容：

- System.in：代表标准输入流，作为 InputStream 类的一个实例来实现标准输入，可以使用 read( )和 skip(long n)等成员函数。read( )可以从输入流读字符，而 skip(long n)可以在输入流中跳过 n 个字节。默认状态对应于键盘输入。
- System.out：代表标准输出流，作为 PrintStream 类的一个实例来实现标准输出，可以使用 print( )和 println( )两个成员方法。默认状态对应于屏幕输出。
- System.err：代表标准错误输出流，作为 PrintStream 类的一个实例来实现标准错误输出。默认状态对应于屏幕输出。

8.1.4　File 类

File 类与 InputStream/OutputStream 类同属于一个包，它不允许访问文件内容。File 类主要用于命名文件、查询文件属性和处理文件目录。

1. *File 类的构造方法*

- public File(String name)：指定与 File 对象关联的文件或目录的名称，name 可以包含路径信息及文件或目录名。例如：

```
File myFile= new File("D:\WU\abc.txt");
```

- public File(String pathname, String name)：使用参数 pathName（绝对路径或相对路径）来定位参数 name 所指定的文件或目录。例如：

```
File myFile= new File("D:\WU", "abc.txt");
```

- public File(File directory, String name)：使用现有的 File 对象 directory（绝对路径或相对路径）来定位参数 name 所指定的文件或目录。例如：

```
File myDir=new File("D:\WU");
myFile= new File(myDir, "abc.txt");
```

- public File(URI rui)：使用给定的同一资源定位符来定位文件。

2. File 类的常见方法

表 8-1 给出了 File 类的常见方法及功能。

表 8-1　File 类的常见方法及功能

方 法 类 型	方 法 名 称	方 法 功 能
文件名的处理	String getName( )	得到一个文件的名称（不包括路径）
	String getPath( )	得到一个文件的路径名
	String getAbsolutePath( )	得到一个文件的绝对路径名
	String getParent( )	得到一个文件的上一级目录名
	String renameTo(FilenewName)	将当前文件名更名为给定文件的完整路径
文件属性测试	boolean exists( )	测试当前 File 对象所指示的文件是否存在
	boolean canWrite( )	测试当前文件是否可写
	boolean canRead( )	测试当前文件是否可读
	boolean isFile( )	测试当前文件是否是文件（不是目录）
	boolean isDirectory( )	测试当前文件是否是目录
普通文件信息和工具	long lastModified( )	得到文件最近一次修改的时间
	long length( )	得到文件的长度，以字节为单位
	boolean delete( )	删除当前文件
目录操作	boolean mkdir( )	根据当前对象生成一个由该对象指定的路径
	String list( )	列出当前目录下的文件

【实验 8-1】

```
//程序名：JBE8101.java
//功能：演示 File 类的使用
import java.io.*;
class FileTest{
void listAttributes(String  fileName){
    File f=new File(fileName);
    if( f.exists( ) ) {
    System.out.println(fileName+"的属性为:");
```

```
        System.out.println("文件存在否: "+f.exists());
            System.out.println("文件可读否: "+f.canRead());
        System.out.println("文件可写否: "+f.canWrite());
            System.out.println("是文件否: "+f.isFile());
            System.out.println("是目录否: "+f.isDirectory());
            System.out.println("文件的绝对路径: "+f.getAbsolutePath());

        }else
            System.out.println(fileName+" 不存在!! ");
      }
    }
    public class JBE8101{
    public static void main(String args[ ]){
    if(args.length!=1){
        System.out.println("使用格式: java 字节码文件 带测试文件或目录");
        System.out.exit(1);
    }
    FileTest  obj=new FileTest ( );
        obj.listAttributes(args[0]);
    }
    }
```

按如下进行编译：

```
Javac JBE8101.java
```

按如下运行：

```
java  JBE8101 JBE8101.java
```

运行结果为：

```
JBE8101.java 的属性为:
文件存在否: true
文件可读否: true
文件可写否: true
是文件否: true
是目录否: false
文件的绝对路径: E:\newBooks\Java\work\ch07\JBE8101.java
```

8.1.5　FileInputStream 类和 FileOutputStream 类

FileInputStream 类和 FileOutputStream 类分别是 InputStream 类和 OutputStream 类的子类，且也是抽象类，不能创建对象，必须通过其子类实现实例化。

1. FileInputStream 类

FileInputStream 类用于从文件系统的某个文件中获得输入字节。通过 FileInputStream 可以访问文件的一个字节、几个字节或整个文件。

表 8-2 给出了 FileInputStream 类的构造方法及主要方法。

表 8-2　FileInputStream 类的构造方法及主要方法

构 造 方 法	功　　能
FileInputStream(File file)	通过打开一个到实际文件的连接来创建一个 FileInputStream，该文件通过文件系统中的 File 对象 file 指定
FileInputStream(FileDescriptor fdObj)	通过使用文件描述符 fdObj 创建一个 FileInputStream，该文件描述符表示到文件系统中某个实际文件的现有连接
FileInputStream(String name)	通过打开一个到实际文件的连接来创建一个 FileInputStream，该文件通过文件系统中的路径名 name 指定
主 要 方 法	功　　能
int available( )	返回下一次对此输入流调用的方法可以不受阻塞地从此输入流读取(或跳过)的估计剩余字节数
void close( )	关闭此文件输入流并释放与此流有关的所有系统资源
protected　void finalize( )	确保在不再引用文件输入流时调用其 close 方法
FileChannel getChannel( )	返回与此文件输入流有关的唯一 FileChannel 对象
FileDescriptor getFD( )	返回表示到文件系统中实际文件的连接的 FileDescriptor 对象，该文件系统正被此 FileInputStream 使用
int read( )	从此输入流中读取一个数据字节
int read(byte[ ] b)	从此输入流中将最多 b.length 个字节的数据读入一个 byte 数组中
int read(byte[ ] b, int off, int len)	从此输入流中将最多 len 个字节的数据读入一个 byte 数组中
long skip(long n)	从输入流中跳过并丢弃 n 个字节的数据

使用 FileInputStream 类对文件操作的基本步骤如下：

（1）打开输入流。这里是为一个文本文件打开输入流对象 FileInputStream。以下以打开 d:\wu 下的文件 abc.txt 为例创建一个名为 fin 的输入流对象。

```
FileInputStream fin= new FileInputStream("D:\WU", "abc.txt")
```

或者：

```
File myFile= new File("D:\WU\abc.txt");
FileInputStream fin= new FileInputStream(myFile);
```

（2）使用方法 read( )读取信息。read( )方法有如下 3 种使用形式：

- fin.read( )：从此输入流 fin 中读取一个数据字节，如果当前位置已经是文件末尾，则返回 -1。
- fin.read(byte[ ] b)：从此输入流 fin 中将最多 b.length 个字节的数据读入一个 byte 数组中。如果读不到末尾，那么读取的长度为字符数组的长度，返回值即为读取长度；如果读到文件末尾则停止继续读取，返回值为 -1。
- fin.read(byte[ ] b, int off, int len)：从此输入流 fin 中将最多 len 个字节的数据读入一个 byte 数组中。如果读不到末尾，那么读取的长度为 len，返回值即为读取长度；如果读到文件末尾则停止继续读取，返回值为 -1。

（3）读取完毕后要关闭输入流。

```
myFileStream.close( )
```

2. FileOutputStream 类

FileOutputStream 类用来处理以文件作为数据输出的数据流。

表 8-3 给出了 FileOutputStream 类的构造方法及主要方法。

表 8-3　FileOutputStream 类的构造方法及主要方法

构 造 方 法	功　　能
FileOutputStream(File file)	创建一个向指定 File 对象表示的文件中写入数据的文件输出流
FileOutputStream(File file, boolean append)	创建一个向指定 File 对象表示的文件中写入数据的文件输出流
FileOutputStream(FileDescriptor fdObj)	创建一个向指定文件描述符处写入数据的文件输出流，该文件描述符表示一个到文件系统中的某个实际文件的现有连接
FileOutputStream(String name)	创建一个向具有指定名称的文件中写入数据的文件输出流
FileOutputStream(String name, boolean append)	创建一个向具有指定 name 的文件中写入数据的文件输出流
主 要 方 法	功　　能
void close( )	关闭此文件输出流并释放与此流有关的所有系统资源
protected　void finalize( )	清理到文件的连接，并确保在不再引用此文件输出流时调用此流的 close 方法
FileChannel getChannel( )	返回与此文件输出流有关的唯一 FileChannel 对象
FileDescriptor getFD( )	返回与此流有关的文件描述符
void write(byte[ ] b)	将 b.length 个字节从指定 byte 数组写入此文件输出流中
void write(byte[ ] b, int off, int len)	将指定 byte 数组中从偏移量 off 开始的 len 个字节写入此文件输出流
void write(int b)	将指定字节写入此文件输出流

使用 FileOutputStream 类对文件操作的基本步骤如下：

（1）打开输出流。这里是为一个文本文件打开输出流对象 FileOutputStream。以下以打开 D:\WU 下的文件 abc.txt 为例创建一个名为 fout 的输入流对象。

```
FileOutputStream fout= new FileOutputStream("D:\WU", "abc.txt");
```

或者：

```
File myFile= new File("D:\WU\abc.txt");
FileOutputStream fout= new FileOutputStream(myFile);
```

（2）使用方法 write( )写信息。write ( )方法有如下 3 种使用形式：

- fout.write(byte b[ ])：将参数 b 中的字节写到输出流 fout。
- fout.write(byte b[ ], int off, int len)：将参数 b 的从偏移量 off 开始的 len 个字节写到输出流 fout。
- fout.write(int b)：先将 int 转换为 byte 类型，把低字节写入到输出流 fout。

（3）存储完毕后要关闭 FileOutputStream 对象。

程序如下：

```
fout.close( )
```

【实验 8-2】

```
//程序名：JBE8102.java
//功能：演示 FileInputStream 和 FileOutputStream 类的使用
import java.io.*;
public class JBE8102{
public static void main(String args[]) throws IOException{
    String fname="FileInputStreamExample.java";
    try
    {
        FileInputStream fin = new FileInputStream(fname);
        FileOutputStream fout = new FileOutputStream("Output.txt");
        int n=16,count;
        byte buffer[] = new byte[n];
        while (((count=fin.read(buffer,0,n))!=-1) && (n>0)) //读取输入流
        {
            fout.write(buffer,0,count); //写入输出流
        }
        System.out.println();
        fin.close(); //关闭输入流
        fout.close(); //关闭输出流
    }
    catch (IOException ioe)
    {
        System.out.println(ioe);
    }
    catch (Exception e)
    {
        System.out.println(e);
    }
 }
}
```

说明：在本实验中，首先使用 FileInputStream 类读入文件"FileInputStreamExample.java"，然后使用 FileInputStream 类输出文件到 Output.txt。

8.1.6　DataInputStream 类和 DataOutputStream 类

DataInputStream 类和 DataOutputStream 类分别是 FileInputStream 类和 FileOutputStream 类的子类。数据输入流允许应用程序以与机器无关的方式从底层输入流中读取基本 Java 数据类型。数据输出流允许应用程序以适当方式将基本的 Java 数据类型写入输出流中。应用程序可以使用数据输出流写入稍后由数据输入流读取的数据。

1. DataInputStream

DataInputStream 与 FileInputStream 差不多，可以直接读取任意一种变量类型。一般来说，对二进制文件使用 DataInputStream 流。打开和关闭 DataInputStream 对象时，其方法与

FileInputStream 相同。也可以使用 read( )方法读取文件内容，同时还可以使用其他方法来访问不同类型的数据。

表 8-4 给出了 DataInputStream 类的构造方法和主要方法。

表 8-4　DataInputStream 类的构造方法及主要方法

构造方法	功能
DataInputStream(InputStream in)	使用指定的底层 InputStream 创建一个 DataInputStream
主要方法	**功能**
int read(byte[ ] b)	从包含的输入流中读取一定数量的字节，并将它们存储到缓冲区数组 b 中
int read(byte[ ] b, int off, int len)	从包含的输入流中将最多 len 个字节读入一个 byte 数组中
boolean readBoolean( )	读取一个输入字节，如果该字节不是 0，则返回 true，如果是 0，则返回 false
byte readByte( )	读取并返回一个输入字节
char readChar( )	读取 2 个输入字节并返回一个 char 值
double readDouble( )	读取 8 个输入字节并返回一个 double 值
float readFloat( )	读取 4 个输入字节并返回一个 float 值
void readFully(byte[ ] b)	从输入流中读取一些字节，将它们存储在缓冲区数组 b 中
void readFully(byte[ ] b, int off, int len)	从输入流中读取 len 个字节
int readInt( )	读取 4 个输入字节并返回一个 int 值
String readLine( )	从输入流中读取下一文本行
long readLong( )	读取 8 个输入字节并返回一个 long 值
short readShort( )	读取 2 个输入字节并返回一个 short 值
int readUnsignedByte( )	读取一个输入字节，将它左侧补 0（zero-extend）转变为 int 类型，并返回结果，所以结果的范围是 0～255
int readUnsignedShort( )	读取 2 个输入字节，并返回 0～65 535 范围内的一个 int 值
String readUTF( )	读入一个已使用 UTF-8 修改版格式编码的字符串
int skipBytes(int n)	试图在输入流中跳过数据的 n 个字节，并丢弃跳过的字节

使用 DataInputStream 类对文件操作的基本步骤如下：

（1）打开 DataInputStream 流。

```
FileInputStream fin= FileInputStream("D:\WU\abc.txt");
DataInputStream din= new DataInputStream (fin)
```

（2）读取有关数据。

```
din.read( )
```

（3）关闭 DataInputStream 流。

```
din.close( )
```

2. DataOutputStream 类

DataOutputStream 与 FileOutputStream 差不多，可以直接写任意一种变量类型。一般来说，对二进制文件使用 DataOutputStream 流。打开和关闭 DataOutputStream 对象时，其方法与 FileOutputStream 相同。也可以使用 write( )方法写文件内容，同时还可以使用其他方法来访问不同类型的数据。

表 8-5 给出了 DataOutputStream 类的主要方法。

表 8-5　DataOutputStream 类的主要方法

主 要 方 法	功　　能
void flush( )	清空此数据输出流
int size( )	返回计数器 written 的当前值，即到目前为止写入此数据输出流的字节数
void write(byte[ ] b, int off, int len)	将指定 byte 数组中从偏移量 off 开始的 len 个字节写入基础输出流
void write(int b)	将指定字节（参数 b 的 8 个低位）写入基础输出流
void writeBoolean(boolean v)	将一个 boolean 值以 1-byte 值形式写入基础输出流
void writeByte(int v)	将一个 byte 值以 1-byte 值形式写出到基础输出流中
void writeBytes(String s)	将字符串按字节顺序写出到基础输出流中
void writeChar(int v)	将一个 char 值以 2-byte 值形式写入基础输出流中，先写入高字节
void writeChars(String s)	将字符串按字符顺序写入基础输出流
void writeDouble(double v)	使用 Double 类中的 doubleToLongBits 方法将 double 参数转换为一个 long 值，然后将该 long 值以 8-byte 值形式写入基础输出流中，先写入高字节
void writeFloat(float v)	使用 Float 类中的 floatToIntBits 方法将 float 参数转换为一个 int 值，然后将该 int 值以 4-byte 值形式写入基础输出流中，先写入高字节
void writeInt(int v)	将一个 int 值以 4-byte 值形式写入基础输出流中，先写入高字节
void writeLong(long v)	将一个 long 值以 8-byte 值形式写入基础输出流中，先写入高字节
void writeShort(int v)	将一个 short 值以 2-byte 值形式写入基础输出流中，先写入高字节
void writeUTF(String str)	以与机器无关的方式使用 UTF-8 修改版编码将一个字符串写入基础输出流

使用 DataOutputStream 类对文件操作的基本步骤如下：

（1）打开 DataOutputStream 流。

```
FileOutputStream fout= FileOutputStream("D:\WU\abc.txt");
DataoutputStream dout= new DataOutputStream (fout)
```

（2）存储有关数据。

```
dout.write( )
```

（3）关闭 DataOutputStream 流。

```
dout.close( )
```

【实验 8-3】

```
//程序名：JBE8103.java
//说明：演示 DataInputStream+DataOutputStream 的应用
import java.io.*;
public class JBE8103 {
public static void main(String[ ] args) throws Exception {
```

```
        FileOutputStream fout = new FileOutputStream("D:/WU/abc.txt");
        DataOutputStream dout= new DataOutputStream(fout) ;
        String names[ ] = { "诺基亚", "三星", "摩托罗拉","其他" };     //名称
        float prices[ ] = { 1198.5f, 1130.5f, 1150.5f,800.0f };     // 价格
        int nums[ ] = { 50, 30,15,10 };                             //数量
                                                                    //写入文件
        for (int i = 0; i < names.length; i++) {                    // 循环写入
            dout.writeChars(names[i]) ;                             // 写入字符串
            dout.writeChar('\t') ;                                  // 加入分隔符
            dout.writeFloat(prices[i]) ;                            // 写入小数
            dout.writeChar('\t') ;                                  // 加入分隔符
            dout.writeInt(nums[i]) ;                                // 写入整数
            dout.writeChar('\n') ;                                  // 换行
        }
        dout.close( ) ;
        FileInputStream fin = new FileInputStream("D:/WU/abc.txt");
        DataInputStream din= new DataInputStream(fin) ;
                                                    //读取文件
        for (int i = 0; i < names.length; i++) {                    // 循环写入
            for(int j=0;j<names[i].length( );j++)
                System.out.print(din.readChar( ));
            System.out.print(din.readChar( ));
            System.out.print(din.readFloat( ));
            System.out.print(din.readChar( ));
            System.out.print(din.readInt( ));
            System.out.print(din.readChar( ));
        }
        din.close( ) ;
    }
    }
```

编译运行后输出结果为：

```
诺基亚  1198.5  50
三星    1130.5  30
摩托罗拉        1150.5  15
其他    800.0   10
```

说明：在本实验中，首先使用 DataOutputStream 输出流将数组 names、prices 和 nums 的内容写入文件 abc.txt。待写入完毕后，使用 DataInputStream 输入流读取文件 abc.txt，然后将读取的内容输出到显示屏。

注意：本程序须放在目录 D:\wu 目录下，否则编译完后运行时将出现以下异常提示：

```
Exception in thread "main" java.io.FileNotFoundException: D:\WU\abc.txt (系统找不到指定的路径。)
        at java.io.FileOutputStream.open(Native Method)
        at java.io.FileOutputStream.<init>(FileOutputStream.java:212)
        at java.io.FileOutputStream.<init>(FileOutputStream.java:104)
        at JBE8103.main(JBE8103.java:6)
```

8.1.7　随机访问文件

在很多场合，例如银行系统、实时销售系统，要求能够迅速、直接地访问文件中的特定信息，而无需查找其他记录。这种类型的即时访问可能要用到随机存取文件和数据库。随机文件的应用程序必须指定文件的格式。最简单的是要求文件中的所有记录均保持相同的固定长度。利用固定长度的记录，程序可以很容易地计算出任何一条记录相对于文件头的确切位置。

Java.io 包提供了 RandomAccessFile 类用于创建和访问随机文件。RandomAccessFile 类实现了 DataOutput 和 DataInput 接口，可用来读写各种数据类型。

RandomAccessFile 类有一个位置指示器，指向当前读写处的位置。刚打开文件时，文件指示器指向文件的开头处。对文件指针显式操作的方法有以下几种：

- int skipBytes(int n)：把文件指针向前移动指定的 n 个字节。
- void seek(long)：移动文件指针到指定的位置。
- long getFilePointer( )：得到当前的文件指针。

这些方法在随机读取等长记录格式文件时有很大的优势，但仅限于操作文件，不能访问其他 IO 设备，如网络和内存映像等。

1. 构造函数

- public RandomAccessFile(String name, String mode)
- public RandomAccessFile(File file, String mode)

mode 的取值有以下几种情况：

- “r”只读：任何写操作都将抛出 IOException。
- “rw”读写：文件不存在时会创建该文件，文件存在时，原文件内容不变，通过写操作改变文件内容。
- “rws”同步读写：等同于读写，但是任何写操作的内容都被直接写入物理文件，包括文件内容和文件属性。
- “rwd”数据同步读写：等同于读写，但任何内容的写操作都直接写到物理文件，对文件属性内容的修改并非如此。

2. 主要方法

RandomAccessFile 类的主要方法详见表 8-6。

表 8-6　RandomAccessFile 类的主要方法

主 要 方 法	功　　能
public RandomAccessFile(File f, String mode)	构造函数，指定关联的文件以及处理方式：r 为只读，rw 为读写
public void setLength(long newLength)	设置文件的长度，即字节数
public long length( )	返回文件的长度，即字节数
public void seek(long pos)	移动文件指针到指定的位置，pos 指定从文件开头的偏离字节数。可以超过文件总字节数，但只有写操作后，才能扩展文件大小

续表

主要方法	功　能
public int skipBytes(int n)	跳过 n 个字节，返回数为实际跳过的字节数
public int read( )	从文件中读取 1 字节，字节的高 24 位为 0。如遇到结尾，则返回 －1
public final double readDouble( )	读取 8 个字节
public final void writeChar(int v)	写入 1 个字符，2 个字节，高位先写入
public final void writeInt(int v)	写入 4 个字节的 int 型数字
public long getFilePointer( )	返回指针的当前位置

3. 应用过程

（1）创建和打开随机文件访问方式。

● 用文件名：

```
RandomAccessFile myRAFile=new RandomAccessFile(String name,String mode);
```

● 用文件对象：

```
RandomAccessFile myRAFile=new RandomAccessFile(File file,String mode);
```

（2）随机访问读写。利用 read( )或 write( )方法进行随机读写。

（3）关闭流。利用 close( )方法关闭打开的流对象。

【实验 8-4】

```
//程序名称：JBE8104.java
//功能：演示 RandomAccessFile 的应用
import java.io.*;
public class JBE8104{
public static void main(String args[ ]) throws IOException {
    Prime a=new Prime( );
    int MAX_VALUE=100;
    a.createPrimes(MAX_VALUE);
    a.showPrimes(MAX_VALUE);
}
}
class Prime{
public void createPrimes(int max) throws IOException{
    RandomAccessFile fp;
    fp=new RandomAccessFile("primes.bin","rw");          //创建文件对象
    fp.seek(0);                                          //文件指针为 0
    fp.writeInt(2);                                      //写入整型
    int k=3;
    while (k<=max)
    {
        if (isPrime(k))
        fp.writeInt(k);
        k = k+2;
    }
```

```
        fp.close( );                                            //关闭文件
    }
    public boolean isPrime(int k) {
        int i=0;
        boolean yes = false;
        for (i=2;i<=k/2 ; i++)
        {
            if(k%i==0) break;
        }
        if(i>k/2) yes=true;
        return yes;
    }
    public void showPrimes(int max) throws IOException{
        try{
            RandomAccessFile fp;
            fp=new RandomAccessFile("primes.bin","rw");         //创建文件对象
            fp.seek(0);
            System.out.println("[2…"+max+"]中有 "+
            (fp.length( )/4)+" 个素数:");
            for (int i=0;i<(int)(fp.length( )/4);i++){
                fp.seek(i*4);
                System.out.print(fp.readInt( )+" ");
                if ((i+1)%5==0) System.out.println( );
            }
            fp.close( );                                        //关闭文件
        } catch(EOFException e) { }
    }
    }
```

编译后运行结果为：

```
[2..100]中有 25 个素数:
2 3 5 7 11
13 17 19 23 29
31 37 41 43 47
53 59 61 67 71
73 79 83 89 97
```

说明：在本实验中，对一个二进制整数文件实现访问操作，当以可读写方式“rw”打开一个文件 primes.bin 时，如果文件不存在，将创建一个新文件，先将 2~100 内的素数依次写入文件 primes.bin。类 Prime 中方法 createPrimes( )是往文件 primes.bin 中写入素数，方法 showPrimes( )是从文件 primes.bin 中读取素数。

8.1.8　Reader 类和 Writer 类

在 JDK 1.1 之前，java.io 包中的流只有普通的字节流（以 byte 为基本处理单位的流），这种流对于以 16 位的 Unicode 码表示的字符流处理很不方便。从 JDK 1.1 开始，java.io 包中加入了专门用于字符流处理的类，它们是以 Reader 和 Writer 为基础派生的一系列类。

与类 InputStream 和 OutputStream 一样，Reader 和 Writer 也是抽象类，只提供了一系列用于字符流处理的接口。它们的方法与类 InputStream 和 OutputStream 类似，只不过其中的参数换成了字符或字符数组。

Reader 和 Writer 是所有读取字符流类的父类抽象类（面向 Unicode 字符操作），Java 使用 Unicode 码表示字符和字符串。

字符流主要是用来处理字符的。Java 采用 16 位的 Unicode 来表示字符串和字符，对应的字符流按输入和输出分别称为 readers 和 writers。

InputStreamReader 和 OutputStreamWriter 在构造这两个类对应的流时，会自动进行转换，它们将平台默认的编码集编码的字节转换为 Unicode 字符。对英语环境，其默认的编码集一般为 ISO8859-1。

BufferedReader 和 BufferedWriter 这两个类对应的流使用了缓冲，能大大提高输入输出的效率。这两个也是过滤器流，常用来对 InputStreamReader 和 OutputStreamWriter 进行处理。

Reader 类的主要方法详见表 8-7。

表 8-7　Reader 类的主要方法

主 要 方 法	功　　能
boolean ready( )	输入字符流是否可读
int read( )	读取一个字符
int read(char[ ] cbuf)	读取一串字符(到字符数组 cbuf)
long skip(long n)	跳过 n 个字符
mark(int readAheadLimit)	在当前位置做一标记
reset( )	将读取位置恢复到标记处
close( )	关闭字符流

Writer 类的主要方法详见表 8-8。

表 8-8　Writer 类的主要方法

主 要 方 法	功　　能
void close( )	关闭流
void flush( )	强行写入
void write(char[ ] cbuf)	写入字符串 cbuf
void write(char[ ] cbuf, int off, int len)	写入字符数组 cbuf 中自位置 off 开始的 len 字符
void write(int c)	写入 c
void write(String str)	写入字符串 str
void write(String str, int off, int len)	写入字符串 str 中自位置 off 开始的 len 字符

8.1.9　IOException 类的 4 个子类

IOException 类中的 4 个子类及含义如下所述：

- public class EOFException：当碰到输入尾时，抛出这种类型的异常。
- public class FileNotFoundException：当文件找不到时，构造函数抛出这种类型的异常。

- public class InterruptedIOException：当 I/O 操作被中断时，抛出这种类型的异常。
- public class UTFDataFormatException：当在读的字符串中有 UTF 语法格式错误时，由 DataInputStream.readUTF( )方法抛出。

8.1.10　应用上机实验

1. 数值型数据的输入和格式化输出

【实验 8-5】

Scanner 是 JDK 1.5 中新增的一个类，可以使用该类创建一个对象，如下所示：

```
Scanner reader=new Scanner(System.in);
```

然后 reader 对象调用下列方法（函数）：nextByte( )、nextDouble( )、nextFloat( )、nextInt( )、nextLine( )、nextLong( )、nextShort( )，读取用户在命令行输入的各种数据类型。

Java 提供一个完全类似于 C 语言中的 printf 函数的格式化输出方法 System.out.printf，借此可实现格式化输出。其格式如下：

```
System.out.printf(格式控制部分, 表达式 1, 表达式 2, …, 表达式 n);
// 程序名称：JBE8105.java
//功能：演示数值型数据的输入
import java.util.*;
public class JBE8105
{
    public static void main (String args[ ])
    {
        System.out.println("请输入若干个数，每输入一个数后回车确认");
        System.out.println("最后输入一个非数字结束输入操作");
        Scanner reader=new Scanner(System.in);
        double sum=0;
        int m=0;
        while(reader.hasNextDouble( ))
        {
            double x = reader.nextDouble( );
            m=m+1;
            sum=sum+x;

        }
        System.out.printf("%d 个数的和为%f\n",m,sum);
        System.out.printf("%d 个数的平均值是%f\n",m,sum/m);
    }
}
```

2. 字符界面下的基本输入和输出程序

【实验 8-6】

字符界面是将屏幕划分成若干行和列后形成的若干小方格，在每个方格内可以显示或输出一个字符。

```
// 程序名称：JBE8106.java
```

```
//功能：演示字符的输入输出
import java.io.*  ;                              //引入类库
public class JBE8106{                          //定义类
public class void main(String args[ ])         //定义 main 方法
{
    char c='';                                   //此处必须赋初值
    System.out.print("请输入一个字符：");        //输出提示
    try{
        c=(char)System.in.read( );               //接收用户输入的一个字符
    }catch(IOException e){                       //此处写产生输入错误的处理代码
        System.out.println(e);                   //输出异常信息
    }
    System.out.print("你输入的字符是"+c);        //输出用户输入的字符
}
}
```

3. 图形界面下的基本输入和输出程序

字符界面是指用户和程序之间通过图形方式进行交互。图形模式下的屏幕是由若干行和列的微小像素组成的，每个像素只显示一种颜色，由此组成一幅多彩的画面。

【实验 8-7】

```
//程序名称：JBE8107.java
//功能：演示图形界面下的输入输出
import java.awt.*;
import java.awt.event.*;
import java.applet.*;
public class JBE8107 extends Applet implements ActionListener{ //响应动作事件
label prompt;                 //定义标签对象用于提示信息
TextField input1;             //定义单行文本框对象用于输入数据 1
TextField input2;             //定义单行文本框对象用于输入数据 2
public void init( ){
    prompt=new Label("输入两个数(输入完毕后按回车！)"); //创建标签对象
    input1=new TextField(3);                     //创建文本框对象，长度为 3
    input2=new TextField(3);                     //创建文本框对象，长度为 3
    add(prompt);                                 //将提示标签加入图形界面
    add(input1);                                 //将文本框加入图形界面
    add(input2);                                 //将文本框加入图形界面
    input1.addActionListener(this);              //响应文本框中的回车事件
    input2.addActionListener(this);              //响应文本框中的回车事件
}
public void paint(Graphics g){
    int a,b,c;
    a=Integer.parseInt(input1.GetText( ));       //获取文本框中用户输入的字符
    b=Integer.parseInt(input1.GetText( ));       //获取文本框中用户输入的字符
    c=a+b;
```

```
        g.drawString("两个数的和为: "+c,60,80);          //将运行结果输出到图形界面
    }
    public void actionPerformed(ActionEvent e){         //发生回车事件，执行该方法
        if(e.getSource( )==input2)                      //事件源为第 2 个文本框
        repaint( );                                     //重新绘制界面
    }
    }
```

【实验 8-8】

这里综合运用文件类的方法和属性来实现对文件的各类操作，如创建、显示、删除、移动、获取属性等。这些操作包含在自定义类 myFileOperation 中，在 JBE8108 中调用类 myFileOperation 的方法。

```
// 程序名称: JBE8108.java
//功能: 演示文件操作输出
package mypack1;
import mymath.*;
import java.io.*;
public class JBE8108
{
    public static void main (String args[ ])
    {
     myFileOperation my=new myFileOperation();
     //my.showFile("ch11");
     //my.createFolder("t1");
     // my.copyFile("test01.java","test01wu.java");
     my.copyFolder("ch11","t1");
     //my.deleteFolder("test01wu.java");

    }
}

//程序名称: myFileOperation.java
//功能: 包含文件的常见操作
package mymath;
import java.io.*;
import java.util.*;
public  class myFileOperation {
//1.创建文件夹
public void createFolder(String spath){
     File mypath = new File(spath);
     try {
         if (!mypath.exists()) {
             mypath.mkdir();
         }
     }
```

```
        catch (Exception e) {
            System.out.println("新建目录操作出错");
            e.printStackTrace();
        }
    }
    //2.创建文件
    public void createFile(String sfile){
        int ret=0;
        File myfile = new File(sfile);
        try {
            if (!myfile.exists()){
                myfile.createNewFile();
            }
        }
        catch (Exception e) {
            System.out.println("新建文件操作出错");
            e.printStackTrace();
        }
    }
    //3.读取文件属性
    public void getAttributes(String sfile){
        File f = new File(sfile);
        if (f.exists()) {
            System.out.println(f.getName() + "的属性如下： 文件长度为：" + f.length());
            System.out.println(f.isFile() ? "是文件" : "不是文件");
            System.out.println(f.isDirectory() ? "是目录" : "不是目录");
            System.out.println(f.canRead() ? "可读取" : "不");
            System.out.println(f.canWrite() ? "是隐藏文件" : "");
            System.out.println("文件夹的最后修改日期为：" + new Date(f.lastModified()));
        }
    }
    //4.删除文件
    public void deleteFile(String sfile){
        File myfile = new File(sfile);
        try {
            if (myfile.exists()){
                myfile.delete();
            }
        }
        catch (Exception e) {
            System.out.println("删除文件操作出错");
            e.printStackTrace();
        }
    }
```

```
//5.删除文件夹
public void deleteFolder(String spath) {
      try {
         deleteAllFile(spath); //删除文件夹中的所有内容
         File myFilePath = new File(spath);
         myFilePath.delete(); //删除空文件夹
       }
      catch (Exception e) {
         System.out.println("删除文件夹操作出错");
         e.printStackTrace();
      }
   }
//6.删除文件夹中的所有文件
public void deleteAllFile(String spath) {
    File fp = new File(spath);
    if (!fp.exists() || !fp.isDirectory()) return;
    String List0[] = fp.list();
    File temp = null;
    for (int i=0;i<List0.length;i++){
        if(spath.endsWith(File.separator)){
            temp=new File(spath+List0[i]);
        }
        else{
            temp=new File(spath+File.separator+List0[i]);
        }
        if (temp.isFile()) temp.delete();

        if (temp.isDirectory()) {
            deleteAllFile(spath+"/"+ List0[i]);//先删除文件夹中的文件
            deleteFolder(spath+"/"+ List0[i]);//再删除空文件夹
        }
    }
}
//7.遍历一个文件夹下的文件
public void showFile(String spath){
    File file=new File(spath);
    File[] files=file.listFiles();
    System.out.println(spath+"目录下的文件数有"+files.length);
    for(File f:files){
        if(f.isFile()){
            System.out.println(f.getName());
        }
        else if(f.isDirectory()){
            showFile(f.getPath());//递归调用
        }
```

```
        }
    }
    //8.复制单个文件
    //oldPath 可以是源文件或文件夹，newPath 为目标文件夹
    public  void  copyFile(String oldPath,String newPath){
        File f1 = new File(oldPath);
        File fdir=new File(newPath);
        String desPath = newPath+File.separator+ f1.getName();
        File f2 = new File(desPath);
        //文件夹不存在，则创建文件夹
        if(!fdir.exists())  fdir.mkdirs();
        //目标位置有该文件，则删除
        if(f2.exists()) f2.delete();
        try {
            if(f1.exists())  {//文件存在时则复制
                InputStream  fin=new  FileInputStream(oldPath);  //读入原文件
                FileOutputStream fout=new  FileOutputStream(desPath);
                int n=2;
                byte buffer[] =new byte[n];
                while  ((fin.read(buffer,0,n)!=-1)  &&  (n>0))  //读取输入流
                {
                    fout.write(buffer,0,n);
                }
                fin.close();  //关闭输入流
                fout.close(); //关闭输出流
            }
        }
        catch  (Exception  e)  {
             System.out.println("复制文件时操作出错");
             e.printStackTrace();
        }
    }
    //9.复制一个文件夹，从 oldPath 复制到 newPath
    public void copyFolder(String oldPath,String newPath){
        File f1=new File(oldPath);
        File f2=new File(newPath);
        String str="";
        if(!f2.exists())    f2.mkdirs();
        File[] files=f1.listFiles();
        for(File f:files){
            str=newPath+File.separator+new File(f.getParent()).getName();
            if(f.isFile()){
                copyFile(f.getPath(),str);
            }
            else if(f.isDirectory()){
```

```
                copyFolder(f.getPath(),str);//递归调用
            }
        }
    }
    //10.移动文件到指定目录
    public void moveFile(String oldPath,String  newPath){
        copyFile(oldPath,newPath);
        deleteFile(oldPath);
    }
    //11.移动文件夹到指定目录
    public void moveFolder(String oldPath,String newPath){
        copyFolder(oldPath,newPath);
        deleteFolder(oldPath);
      }
    }
```

8.2　数据库操作

8.2.1　ODBC 概述

ODBC 是 Windows 开放服务体系结构的一个组件，是使用十分广泛的数据库接口。ODBC 是以开发者工具包形式发行的一个面向 SQL 的 API，适用于多种 DBMS。使用 ODBC，可以实现以相同的代码访问多种不同格式的数据库，简化了数据库的访问，也向程序的跨平台开发和移植提供了极大的方便。

ODBC 由应用程序、驱动程序管理器（Driver Manager）、驱动程序（Driver）和数据源等组成，如图 8-6 所示。应用程序通过 ODBC 接口访问不同数据源中的数据，每个不同的数据源类型由一个驱动程序支持。驱动程序管理器为应用程序装入合适的驱动程序。

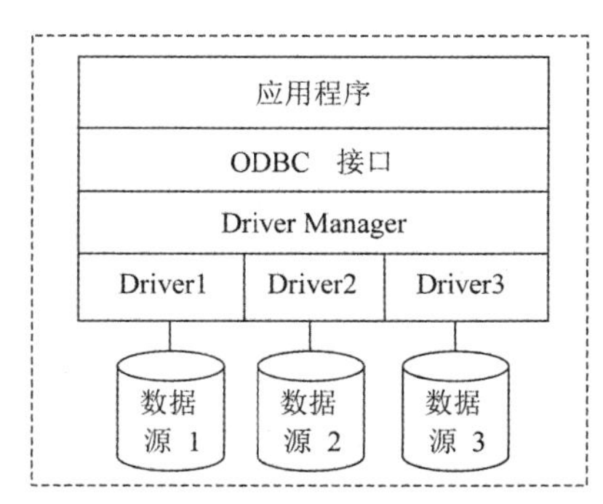

图 8-6　ODBC 层次结构

各层的功能如下：

1. *应用程序（Application）*

- 请求与数据源的连接和会话（SQL Connect）。
- 向数据源发送 SQL 请求（SQL ExecDirt）或（SQL Execute）。
- 对 SQL 请求的结果定义存储区和数据格式。
- 请求结果。
- 处理错误。
- 把结果返回给用户。
- 对事务进行控制，请求执行或退回操作（SQL Transact）。
- 终止对数据源的连接（SQL Disconnect）。

2. 驱动程序管理器（Driver Manager）

动态链接库 ODBC.DLL 的主要目的是装入驱动程序，此外还执行以下工作。

- 处理几个 ODBC 初始化调用。
- 为每一个驱动程序提供 ODBC 函数入口点。
- 为 ODBC 调用提供参数和次序验证。

3. 驱动程序（Driver）

对来自应用程序的 ODBC 函数调用进行应答，按照其要求执行以下任务。

- 建立与数据源的连接。
- 向数据源提交请求。
- 在应用程序需要时，转换数据格式。
- 返回结果给应用程序。
- 将运行错误合适化标准代码返回。
- 在需要时说明和处理光标（Cursor）。

4. 数据源

数据源（DSN，Data Source Name）是一个名称字符串，标识了应用程序的操作对象，可以是数据库的标识符，也可以是电子表格、Word 文档的标识符。该标识符描述了提供数据对象的基本属性，包括数据库路径、文件名称、用户标识 ID、本地数据库、网络数据库等信息。

5. ODBC 的不足

Java 中使用 ODBC 的不足主要表现在以下几方面：

- ODBC 是一个 C 语言实现的 API，并不适合在 Java 中直接使用。从 Java 程序调用本地 C 代码在安全性、完整性、健壮性等方面都有许多缺点。
- 完全精确地实现从 C 代码 ODBC 到 Java API 写的 ODBC 的翻译也并不令人满意。比如，Java 没有指针，而 ODBC 中大量地使用了指针，包括极易出错的空指针“void*”。
- ODBC 很难学习，它把简单和高级功能混在一起，即便是非常简单的查询都有复杂的选项。相反，JDBC 尽量保持了简单事物的简单性，但又允许复杂的特性。
- 启动“纯 Java”机制需要像 JDBC 这样的 Java API。如果使用 ODBC，就必须手动将 ODBC 驱动程序管理器和驱动程序安装在每台客户机上。如果完全用 Java 编写 JDBC 驱动程序，则 JDBC 代码在所有 Java 平台上都可以自动安装、移植并保证安全性。

8.2.2　JDBC 概述

JDBC（Java DataBase Connectivity）是一种用于执行 SQL 语句的 Java API。JDBC 使开发人员可以用纯 Java 语言编写完整的数据库应用程序。用 JDBC 写的程序能够自动地将 SQL 语句传送给几乎任何一种数据库管理系统（DBMS）。同时，JDBC 也是一种规范，它让各数据库厂商为 Java 程序员提供标准的数据库访问类和接口，这样就使得独立于 DBMS 的 Java 应用开发工具和产品成为可能。JDBC 隔离了 Java 与不同数据库之间的对话，使得程序员只需写一遍程序就可以在任何数据库管理系统平台上运行。

JDBC 完成 3 件事：①与一个数据库连接；②向数据库发送 SQL 语句；③处理数据库返回的结果。图 8-7 显示了 Java 程序通过 JDBC 访问数据库的过程。

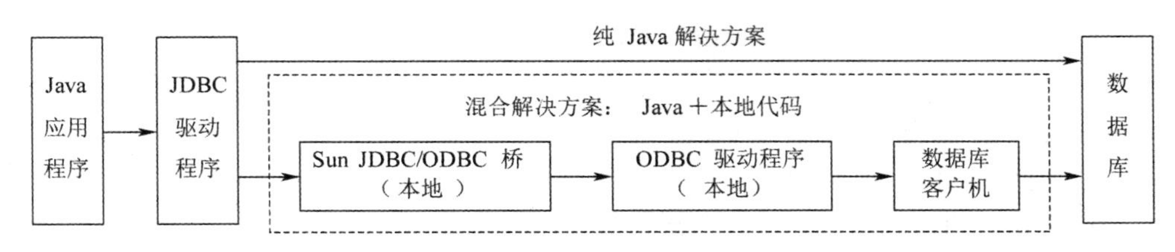

图 8-7　Java 程序通过 JDBC 访问数据库的示意图

JDBC API 是一组由 Java 语言编写的类和接口，包含在 java.sql 和 javax.sql 两个包中。java.sql 为核心包，包含于 J2SE 中。javax.sql 包扩展了 JDBC API 的功能，使其从客户端发展为服务器端，成为 J2EE 的一个基本组成部分。JDBC API 可分为以下两个层次：

- 面向底层的 JDBC Driver API：主要是针对数据库厂商开发数据库底层驱动程序使用。
- 面向程序员的 JDBC API：应用程序通过 JDBC API 和底层的 JDBC Driver API 打交道。

图 8-8 显示了 Java 应用程序、JDBC 驱动器管理器和数据库之间的关系。

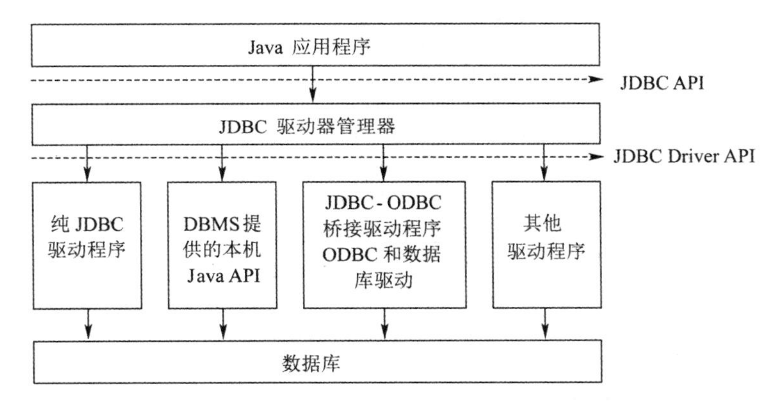

图 8-8　Java 应用程序、JDBC 驱动器管理器和数据库之间的关系

JDBC 的 Driver 可以分为以下 4 种类型：

- JDBC-ODBC 和 ODBC Driver：通过 ODBC 驱动器提供数据库连接，要求每一台客户机都装入 ODBC 驱动。
- Native-API Partly-Java Driver：将数据库厂商的特殊协议转换成 Java 代码及二进制类码，客户机上需要装有相应的 DBMS 驱动程序。
- JDBC-Net All-Java Driver：将 JDBC 指令转化成独立于 DBMS 的网络协议形式，再由服务器转化为特定 DBMS 的协议形式。目前一些厂商已经开始添加 JDBC 的这种驱动器到它们已有的数据库中介产品中。
- Native-protocol All-Java Driver：将 JDBC 指令转换成网络协议后不再转换，而是由 DBMS 直接使用。

在这 4 种驱动器中，后两种“纯 Java”的驱动器效率更高，也更具有通用性，它们能够充分表现出 Java 技术的优势，例如可以在 Applet 中自动下载需要的 JDBC 驱动器。在不能得到纯 Java 的驱动器时，可以使用前两种驱动器作为中间解决方案。一个基本的 JDBC 程序开发包含如下步骤：

（1）设置环境，引入相应的 JDBC 类。

（2）选择合适的 JDBC 驱动程序并加载。

（3）分配一个 Connection 对象。

（4）分配一个 Statement 对象。

（5）用该 Statement 对象进行查询等操作。

（6）从返回的 ResultSet 对象中获取相应的数据。

（7）关闭 Connection。

表 8-9 对 JDBC 的有关概念做了解释。

表 8-9　JDBC 有关概念的解释

名　称	解　释
DriverManager	处理驱动的调入并且对产生新的数据库连接提供支持
DataSource	在 JDBC 2.0 API 中被推荐使用代替 DriverManager 实现和数据库的连接
Connection	代表对特定数据库的连接
Statement	代表一个特定的容器，容纳并执行一条 SQL 语句
ResultSet	控制执行查询语句得到的结果集

8.2.3　使用 JDBC-ODBC 技术访问数据库

JDBC 和数据库建立连接的一种方式是首先建立一个 JDBC-ODBC 桥接器，这样就使得 JDBC 有能力访问几乎所有的数据库。这种访问一般包括以下 5 个步骤：

（1）设置数据源。

（2）建立 ODBC-JDBC 桥接器。

（3）连接到数据库。

（4）向数据库发送 SQL 语句。

（5）处理查询结果。

以下详细介绍这 5 个步骤。

步骤 1：设置数据源。为了同数据库建立连接，首先配置一个 ODBC 数据源。基本步骤为：执行“开始”菜单→“设置”→“控制面板”→“管理工具”→ODBC，附件给出了设置数据源的详细步骤。

步骤 2：建立 ODBC-JDBC 桥接器。

```
String sDBDriver ="sun.jdbc.odbc.JdbcOdbcDriver";
Class.forName(sDBDriver);
```

Class 是包 java.sql 中的一个类；forName 是一个静态的方法。

建立桥接器时可能出现异常，异常处理如下：

```
try {
    Class.forName(sDBDriver);
}
catch (java.lang.ClassNotFoundException e ){
System.err.println("forName err=:" + e.getMessage( ) );
}
```

步骤 3：连接到数据库。用包 java.sql 中的 Connection 类声明一个对象，再使用

DriverManager 的静态方法 getConnection 创建这个对象连接。getConnection 方法包含 3 个参数，参数 1(sConnStr)指向数据源，参数 2 为数据源的登录名（如 user1），参数 3 为登录密码（如 123）。

```
String sConnStr ="jdbc:odbc:mydatasource";   // mydatasource 为数据源名称
conn = DriverManager.getConnection (sConnStr,"user1","123");
```

连接数据库时可能出现异常，异常处理方式为：

```
try {Connection conn = DriverManager.getConnection (sConnStr,"user1","123");}
catch (SQLException e) {}
```

步骤 4：向数据库发送 SQL 语句。用 statement 声明一个语句对象，通过连接数据库的对象 conn 调用 createStatement( )方法创建这个 SQL 语句对象：

```
try { Statement Stmt = conn.createStatement( ); }
catch (SQLException e) {}
```

步骤 5：处理查询结果。有了 SQL 对象后，就可以对数据库进行查询和修改，并将查询结果放到一个 ResultSet 类声明的对象中。

Statement 接口提供了 3 种指向 SQL 语句的方法：execute、executeUpdate 和 executeQuery。

- 方法 execute：用于执行返回多个结果集、多个更新计数或两者组合的语句。
- 方法 executeUpdate：用于指向 INSERT、UPDATE 或 DELETE 语句以及 SQL DDL 语句，例如 CREATE TABLE 和 DROP TABLE。INSERT、UPDATE 或 DELETE 语句的效果是修改表中一行或多行中的一列或多列。executeUpdate 返回值是一个整数，表示受影响的行数(即更新计数)。对于 CREATE TABLE 或 DROP TABLE 等不影响行的语句，executeUpdate 返回值为 0。例如：

```
stmt.executeUpdate("insert into table1 set VALUES('吴', '男', '001', 10)");
stmt.executeUpdate("update table1 set  总分=100 where 姓名 Like '张%'");
stmt.executeUpdate("delete from table1 where 姓名 Like '张%'");
```

- 方法 executeQuery：用于产生单个结果集的语句，例如 select 语句。

```
ResultSet RS = Stmt.executeQuery("SELECT * FROM table1");
```

ResultSet 维护指向其当前数据行的游标。每调用一次 next 方法，游标向下移动一行。最初游标位于第一行之前，因此第一次调用 next 时将游标置于第一行，使之成为当前行。如果 next( )的返回值为 false，则说明已到记录集的尾部。在 ResultSet 对象或其父辈 Statement 对象关闭之前，游标一直保持有效。

在 SQL 中，结果表的游标是有名字的，通过 getCursorName 获得游标名。

利用 ResultSet 类 get×××方法可获取当前行中某列的值。在每一行内，可按任何次序获取列值。但为了保证可移植性，应该从左到右获取列值，并且一次性地读取列值。

列名或列号可用于标识要从中获取数据的列。例如，如果 ResultSet 对象 RS 的第 2 列名为 name，并将值存储为字符串，则下列代码可获取存储在该列的值：

```
String s=RS. getString("name")
```

或：

```
String s=RS. getString(2)
```

列是从左到右编号，起始值为 1。

方法 get×××输入的列名不区分大小写。

在有些情况下，SQL 查询返回的结果集中可能有多个列具有相同的名字。如果以列名作为方法 get×××的参数，则返回第一个匹配的列名的值。因此，多个列具有相同的名字时，需要使用列索引来确保检索了正确的列值。此时，建议使用列号。如果列是已知的，但不知其索引，则可以用方法 findColumn 得到其列号。

ResultSet 类常见的 get×××方法详见表 8-10。

表 8-10　ResultSet 类常见的 get×××方法

方　法	作　用
getByte(索引号或字段名称)	获取字节
getShort(索引号或字段名称)	获取短整型数值
getInt(索引号或字段名称)	获取整型数值
getLong(索引号或字段名称)	获取长整型数值
getFloate(索引号或字段名称)	获取浮点型数值
getDouble(索引号或字段名称)	获取双精度型数值
getBigDecimal(索引号或字段名称)	获取位数比较多的整数
getBoolean(索引号或字段名称)	获取布尔值
getString(索引号或字段名称)	获取字符串
getDate(索引号或字段名称)	获取日期类型数值
getTime(索引号或字段名称)	获取时间型数值
getTimestamp(索引号或字段名称)	获取时间戳
getAsciiStream(索引号或字段名称)	获取 ASCII 字符流
getUnicodeStream(索引号或字段名称)	获取 UNICODE 字符流
getBinaryStream(索引号或字段名称)	获取二进制流
getObject(索引号或字段名称)	获取对象流

利用 ResultSet 类的 getMetaData( )方法可以获得结果集中的一些结构信息（主要提供用来描述列的数量、列的名称、列的数据类型，利用 ResulSetMetaData 类中的方法）。

```
ResultsetMetaData rsmd=rs.getMetaData( ):
```

ResultSetMetaData 类中的常用方法如下：

- int getColumnCount( )：返回此 ResultSet 对象中的列数。
- String getColumnName(int column)：获取指定列的名称。
- String getColumnTypeName(int column)：获取指定列的数据库特定的类型名称。
- int getPrecision(int column)：获取指定列的指定列宽。
- int getScale(int column)：获取指定列的小数点右边的位数。
- String getTableName(int column)：获取指定列对应的表名称。

8.2.4　基本 SQL 语句

SQL 是由命令、子句和运算符所构成的，这些元素结合起来组成用于创建、更新和操作数据库的语句。

1. SQL 命令

SQL 命令分为两类：数据定义 DDL 命令（见表 8-11）和数据操纵 DML 命令（见表 8-12）。

表 8-11　数据定义 DDL 命令

命　　令	说　　明
CREATE	创建新的表、字段和索引
DROP	删除数据库中的表和索引
ALTER	通过添加字段或改变字段定义来修改表

表 8-12　数据操纵 DML 命令

命　　令	说　　明
SELECT	从数据库中查找满足特定条件的记录
INSERT	在数据库中插入新的记录
UPDATE	更改特定的记录和字段
DELETE	从数据库中删除记录

2. SQL 子句

SQL 子句用于定义要选择或操作的数据，详见表 8-13。

表 8-13　SQL 子 句

子　　句	说　　明
FROM	指定要操作的表
WHERE	指定选择记录时满足的条件
GROUP BY	将选择的记录分组
HAVING	指定分组的条件
ORDER BY	按特定的顺序排序记录

3. SQL 运算符

SQL 运算符包括逻辑运算符和比较运算符，其中逻辑运算符包括 AND、OR、NOT，比较运算符包括<、<=、>、>=、=、< >、BETWEEN、LIKE 和 IN。举例说明如下。

（1）SELECT 语句。

```
SELECT * FROM table1
SELECT fld1,fld2 FROM table1
SELECT table1.fld1, table2.fld2 FROM table1, table2
SELECT fld1,fld2 FROM table1 WHERE fld1 LIKE '刘%'
SELECT fld1,fld2 FROM table1 WHERE fld1 BETWEEN '1-1-1999' AND '6-30-1999'
SELECT table1.fld1, table2.fld2 FROM table1, table2 WHERE table1.fld3=table2.fld3 GROUP BY table1.fld1
SELECT table1.fld1, table2.fld2 FROM table1, table2 WHERE table1.fld3=table2.fld3 GROUP BY table1.fld1 HAVING table1.fld1* table2.fld2>=100
```

注释:SELECT 语句的 HAVING 用于确定带 GROUP BY 子句的查询中具体显示哪些记录，即用 GROUP BY 子句完成分组后，可以用 HAVING 子句来显示满足指定条件的分组。

（2）SELECT…INTO 语句。

SELECT…INTO 语句用来从查询结果中建立新表。

```
SELECT fld1,fld2 FROM table1  INTO #table4
```

（3）DELETE 语句。

```
DELETE FROM table1 WHERE fld1 LIKE '刘%'
```

（4）INSERT INTO 语句。

```
INSERT INTO table1(fld1,fld2,fld3) VALUES('aaaa', '1997-12-1',12)
```

（5）UPDATE 语句。

```
UPDATE table1 set fld1='2222'
```

8.2.5　数据库操作应用实验

【实验 8-9】

```
//程序名称：JBE8201.java
//功能：演示利用 JDBC 技术操作数据库文件的应用
import java.sql.*;
import java.io.*;
public class JBE8201{
public static void main(String args[ ]){
    wuDB a=new wuDB( );
    String tableName="table1";
    String dbName="javaAccess";
    String sqlStr=null;
    a.openDB(dbName);
    a.insertRecord(tableName,"'李一','男','2007001',90");
    a.insertRecord(tableName,"'邓','男','2007001',90");
    a.deleteRecord(tableName,"姓名 LIKE '吴%' ");
    a.deleteRecord(tableName,"姓名 LIKE '郭%' ");
    a.deleteRecord(tableName,"姓名 LIKE '大%' ");
    a.showDBStructure(tableName);
    a.showFldName(tableName);
    a.showDB(tableName,"*",null);
    a.closeDB( );
}
}
class wuDB{
String tt=null;
int count=0;
String sDBDriver ="sun.jdbc.odbc.JdbcOdbcDriver";
String sConnStr="jdbc:odbc:";
Connection conn = null;
Statement stmt=null;
```

```
ResultSet RS = null;
ResultSetMetaData rsmd = null;
public  void openDB(String dbName){
    //dbName: ODBC 数据源名称(系统 DSN)
    //功能: 建立 jdbc-odbc 连接
    sConnStr=sConnStr.concat(dbName);
    try {
        Class.forName(sDBDriver);
    }
    catch (java.lang.ClassNotFoundException e )
    {
        System.err.println("forName err=" + e.getMessage( ) );
    }

    try {
        conn = DriverManager.getConnection (sConnStr,"","");
        stmt = conn.createStatement( );
    }
    catch (SQLException e)
    {
        System.err.println("getConnection err=" + e.getMessage( ) );
    }
}
public  void insertRecord(String tabName,String str1){
    //tabName 为表名称, str1 为插入内容
    //功能: 将 str1 插入表 tabName
    String s=new String("INSERT INTO ");
    s=s.concat(tabName+" VALUES("+str1+")");
    try {
        stmt.executeUpdate(s);
    }
    catch (SQLException ex)
    {
        System.err.println( "insert error: " + ex.getMessage( ));
    }
}
public  void updateRecord(String tabName,String str1,String str2){
    //tabName 为表名称, str1 为待修改字段及内容, str2 为修改条件
    //功能: 按照 str1 修改表 tabName 中满足条件 str2 的记录
    String s=new String("Update "+tabName+" set ");
    s=s.concat(str1+" where "+str2);
    try {
        stmt.executeUpdate(s);
    }
```

```
    catch (SQLException ex)
    {
        System.err.println( "update error: " + ex.getMessage( ));
    }
}
public  void deleteRecord(String tabName,String str1){
    //tabName 为表名称，str1 为删除条件
    //功能：删除表 tabName 中满足条件 str1 的记录
    String s=new String("Delete from "+tabName+" where ");
    s=s.concat(str1);
    try {
        stmt.executeUpdate(s);
    }
    catch (SQLException ex)
    {
        System.err.println( "delete error: " + ex.getMessage( ));
    }
}
public void showDB(String tabName,String fldList,String str1 ){
    //tabName 为表名称，fldList 为待显示字段列表，str1 为显示条件
    //功能：显示表 tabName 中满足条件 str1 的字段列表对应的内容
    String s="SELECT "+fldList+" FROM "+tabName;
    if (str1!=null)
    {
        s=s.concat(" where "+str1);
    }
    //s=s.concat(tabName);
    try{
        RS= stmt.executeQuery(s);
        rsmd=RS.getMetaData( );
        while(RS.next( )){
            for(int j=1;j<=rsmd.getColumnCount( ); j++){
                System.out.print(RS.getObject(j)+"\t");
            }
            System.out.println( );
        }
    }
    catch (SQLException e)
    {
        System.err.println("show err=" + e.getMessage( ) );
    }
}
public void showFldName(String tabName){
    String s="select * from  ";
```

```
        s=s.concat(tabName);
        try{
            RS=stmt.executeQuery(s);
            rsmd=RS.getMetaData( );
            //跟踪显示各个列的名称
            for(int i=1; i<=rsmd.getColumnCount( ); i++)
            {
                System.out.print(rsmd.getColumnName(i)+"\t");
            }
            System.out.println( );
        }
        catch (SQLException e)
        {
            System.err.println("showFldName=" + e.getMessage( ) );
        }
    }
        public void showDBStructure(String tabName){
        String s="select * from  ";
        s=s.concat(tabName);
        try{
            RS=stmt.executeQuery(s);
            rsmd=RS.getMetaData( );
            //跟踪显示各个列的名称
            System.out.println("字段名称\t 字段类型\t 字段长度\t 小数位数");
            for(int i=1; i<=rsmd.getColumnCount( ); i++)
            {
                System.out.print(rsmd.getColumnName(i)+"\t");
                System.out.print(rsmd.getColumnTypeName(i)+"\t");
                System.out.print(rsmd.getPrecision(i)+"\t");
                System.out.print(rsmd.getScale(i)+"\t");
                System.out.println( );
            }
            //System.out.println( );
        }
        catch (SQLException e)
        {
            System.err.println("showFldName=" + e.getMessage( ) );
        }
    }

    public void closeDB( ){
        try{
            RS.close( ); stmt.close( ); conn.close( );
        }
```

```
    catch (SQLException e)
    {
        System.err.println("close err=" + e.getMessage( ) );
    }
}
}
```

说明：

（1）在本实验中，各种方法的作用说明如下。

- public void openDB(String dbName): 建立 jdbc-odbc 连接，连接到 ODBC 数据源名称（系统 DSN）为 dbName 的数据源。
- public void insertRecord(String tabName,String str1): 将 str1 插入表 tabName。
- public void updateRecord(String tabName,String str1,String str2): 按照 str1 修改表 tabName 中满足条件 str2 的记录。
- public void deleteRecord(String tabName,String str1): 删除表 tabName 中满足条件 str1 的记录。
- public void showDB(String tabName,String fldList,String str1): 显示表 tabName 中满足条件 str1 的字段列表对应的内容。
- public void showFldName(String tabName): 显示表 tabName 的字段列表。
- public void showDBStructure(String tabName): 显示表 tabName 结构信息，包括字段名称、字段类型、字段大小和小数位。
- public void closeDB( ): 关闭 RS、stmt 和 conn 等对象。

（2）操作常用文件的补充说明如下。

- 对 Access 文件操作时：dbName 值为连接到某特定 Access 数据库（如 wuAccess.mdb）的 ODBC 数据源名称（系统 DSN），tableName 值为待操作处理的 Access 数据库中一个表的名称（如 table1）。
- 对 FoxPro 文件操作时：dbName 值为连接到某特定 FoxPro 数据库（如 wuFox.dbc）的 ODBC 数据源名称（系统 DSN），tableName 值为待操作处理的 FoxPro 数据库中一个表的名称（如 table1.dbf）。
- 对 txt 文件操作时：dbName 值为连接到某特定 txt 文件（如 wuTxt.txt）的 ODBC 数据源名称（系统 DSN），tableName 值为待操作处理的文本文件名称（如 wuTxt.txt）。txt 文件中第一行被系统隐含作为字段名称行，不是记录，字段与字段之间以逗号“,”分隔。对 txt 文件，不支持修改和删除操作。
- 对 Excel 文件操作时：dbName 值为连接到某特定工作簿（如 wusheet1.xls）的 ODBC 数据源名称（系统 DSN），tableName 值为待操作处理的工作簿中一个表的名称（如 sheet1）。系统将工作表中第一行当作字段名行，第二行开始为记录行。对 Excel 文件，不支持插入、修改和删除操作。

特别提示：sheet1 在 SQL 语句字符串中应写成[sheet1$]，如下所示。

```
Stmt.executeUpdate("insert into [sheet1$] VALUES('五', '男', '101',1)");
Stmt.executeQuery("select * from  [sheet1$]");
Stmt.executeUpdate("delete from  [sheet1$]  where 姓名 LIKE '大%'");
```

8.3 建立数据源的操作

数据源（Data Source Name，DSN）是一个名称字符串，标示了应用程序的操作对象可以是数据库的标识符，也可以是电子表格、Word 文档的标识符。该标识符描述了提供数据对象的基本属性，包括数据库路径、文件名称、用户标识 ID、本地数据库、网络数据库等信息。

DSN 分用户、系统和文件三种类型。用户 DSN 和系统 DSN 将信息存储在 Windows 注册表中，用户 DSN 只对用户可见，而且只能用于当前机器中；系统 DSN 允许所有用户登录到特定服务器上去访问数据库，具有权限的用户都可以访问系统 DSN；文件 DSN 将信息存储在后缀名为.dsn 的文本中。如果将此信息放在网络的共享目录中，就可以被网络中的任何一台工作站访问到。在 Web 应用程序中访问数据库时，通常都是建立系统 DSN。以下说明如何在 Windows 2000/XP 中创建一个与 SQL Server 2000 连接的系统 DSN。

（1）单击“开始”按钮，选择“设置”菜单选项中的“控制面板”菜单子项，此时弹出“控制面板”窗口，如图 8-9 所示。

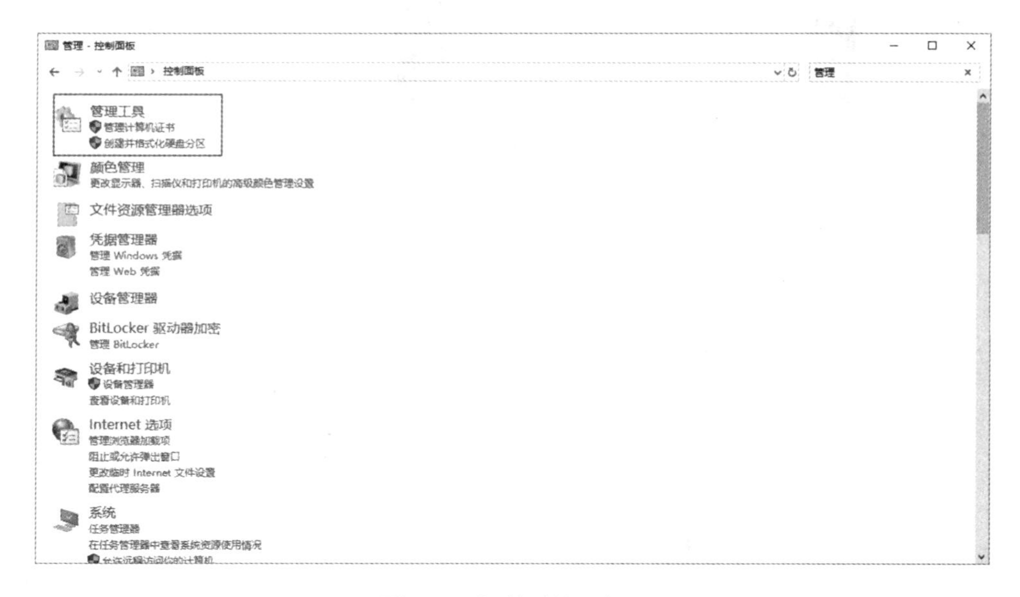

图 8-9 “控制面板”窗口

注意：

- 操作系统版本不一样，可以看到的窗口内容存在差异，这里的主要目的是找到“控制面板”。
- 找到“控制面板”的一个简便方式就是通过 Windows10 提供的搜索功能，输入关键字“控制面板”来搜索出“控制面板”。类似地，也可按照此方式查找“管理工具”，如图 8-10 所示。

（2）双击“控制面板”窗口中的“管理工具”图标，出现“管理工具”窗口，如图 8-11 所示。

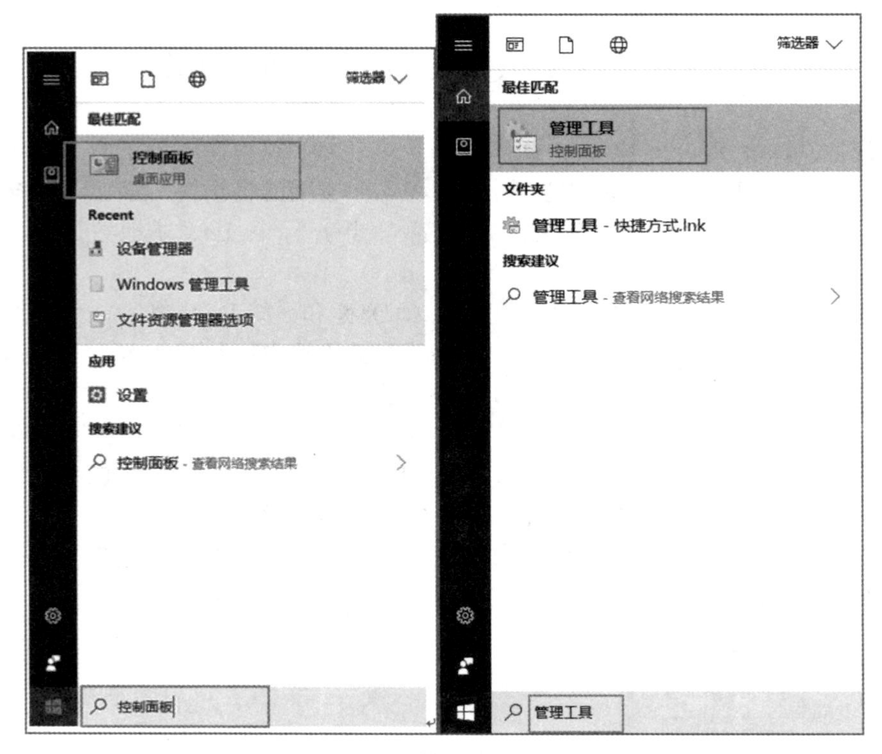

图 8-10　“管理工具”窗口

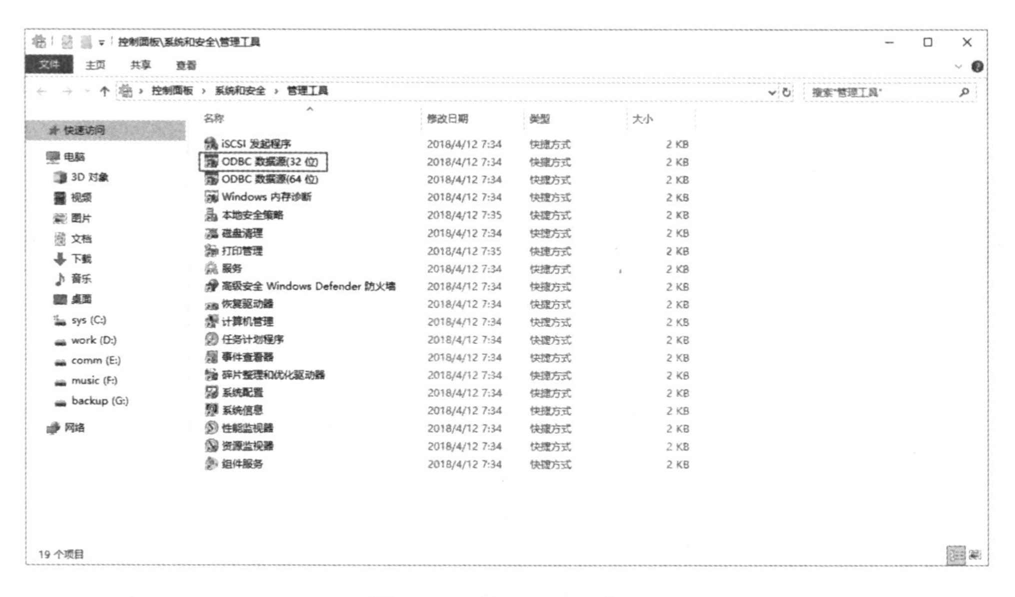

图 8-11　“管理工具”窗口

（3）双击“管理工具”窗口中单击“ODBC 数据源(32 位)”选项，出现“ODBC 数据源管理程序”对话框，如图 8-12 所示。

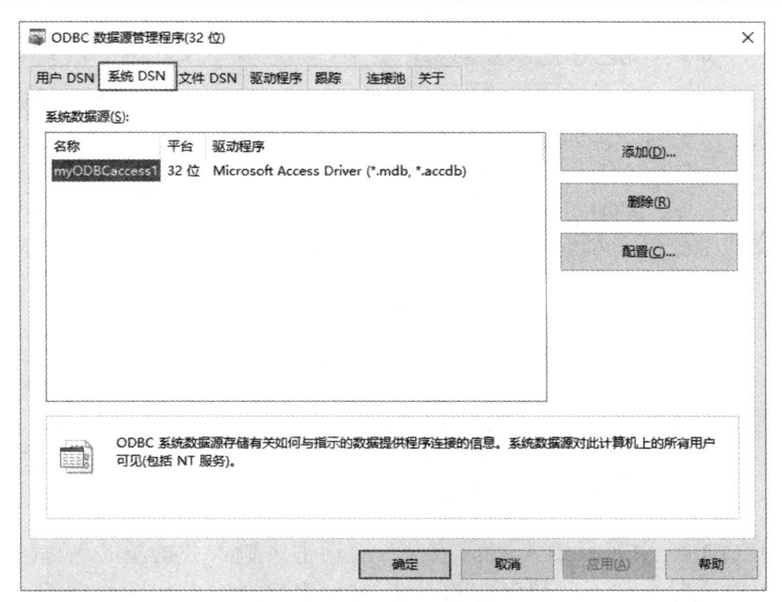

图 8-12 “ODBC 数据源管理程序”对话框

（4）在“ODBC 数据源管理程序(32 位)”对话框中选择“系统 DSN”选项卡，然后单击“添加”按钮(注：也可以修改某个系统 DSN 来产生一个新的系统 DSN)，此时出现“创建新数据源”对话框，如图 8-13 所示。

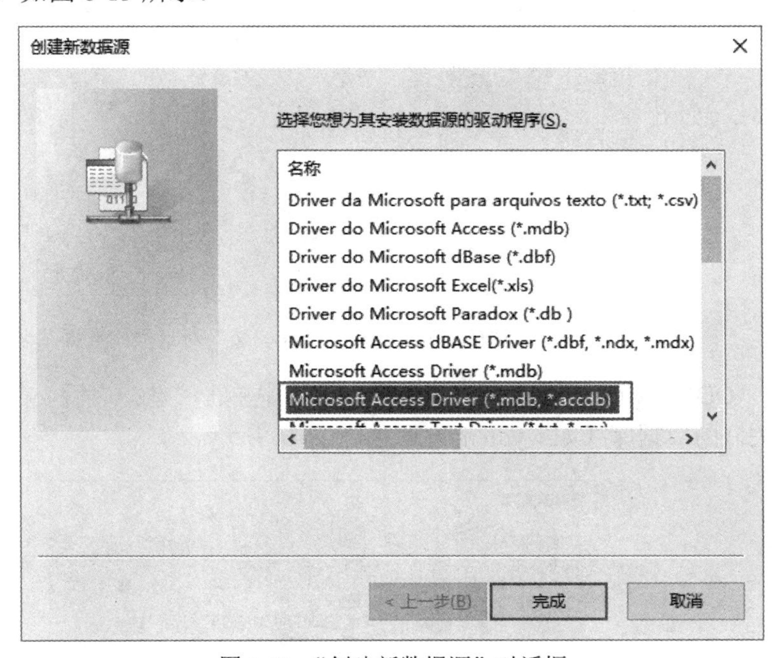

图 8-13 “创建新数据源”对话框

（5）在“创建新数据源”对话框中选择 Driver={Microsoft Access Driver (*.mdb,*.accdb) 选项，然后单击“完成”按钮，此时出现“ODBC Microsoft Access 安装”对话框，如图 8-14 所示。

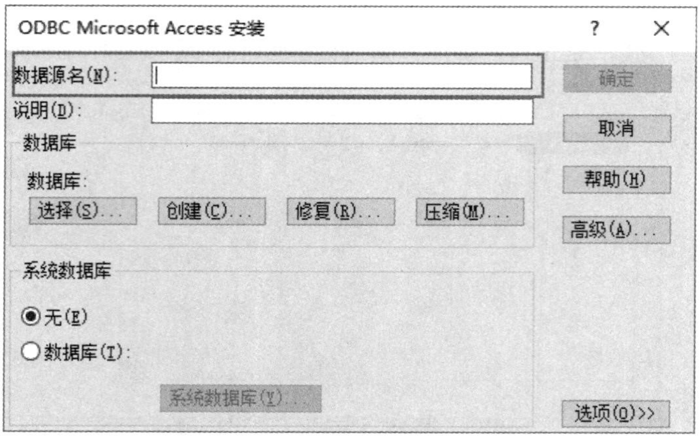

图 8-14 “ODBC Microsoft Access 安装”对话框

（6）在“ODBC Microsoft Access 安装”对话框中输入数据源的名称(如 myODBCaccess)，该名称由用户自己确定，不要和现有的系统 DSN 名字冲突，如图 8-15 所示。

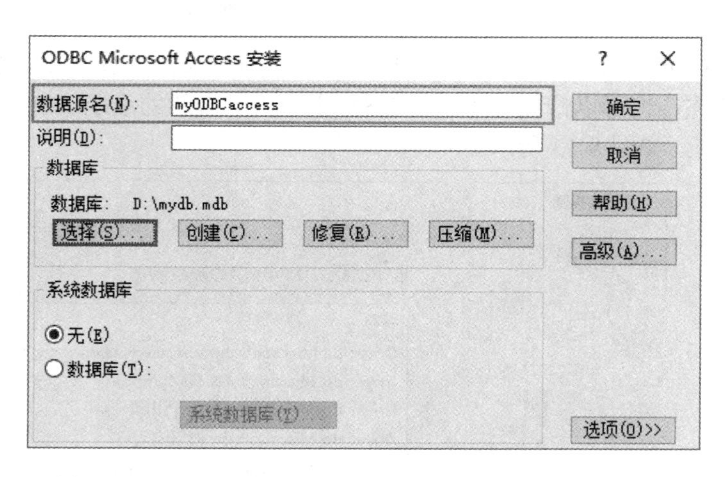

图 8-15 “ODBC Microsoft Access 安装”对话框：数据源名

（7）在“ODBC Microsoft Access 安装”对话框中单击“选择”后，在“选择数据库”对话框来选择关联的数据库（如 wydb.mdb），如图 8-16 所示。

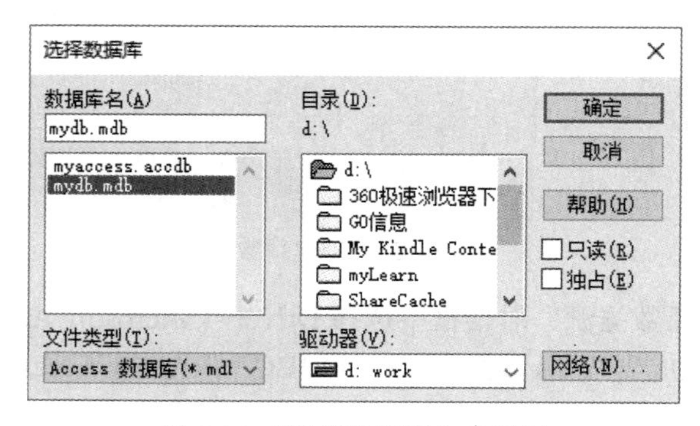

图 8-16 “选择数据库”对话框

（8）在“选择数据库”对话框单击“确定”，在“ODBC 数据源管理程序”对话框单击“应用”按钮，便可建立一个名为 myODBCaccess 的系统 DSN。

8.4 本章小结

本章主要介绍了输入\输出流的基本含义、标准输入\输出流、File 类、FileInputStream 和 FileOutputStream 类、DataInputStream 和 DataOutputStream 类、RandomAccessFile 类、Reader 类和 Writer 类，以及如何连接数据库并对数据库进行操作。

8.5 思考和练习题

1. 编写一个程序实现以下功能：从键盘输入一行文字写入到一个文件中。

2. 编写一个程序实现以下功能：读取文本文件中的内容并输出到显示屏。

3. 编写一个程序实现以下功能：将 1~100 内的奇数写入二进制文件，然后从该二进制文件中逐一读取奇数并以每行 10 个数的方式输出到显示屏。

4. 编写一个程序实现以下功能：① 往 Access 数据库表 table 中增加一条记录；② 修改 table 表中满足一定条件的记录；③ 删除 table 表中满足一定条件的记录；④ 在显示屏上显示 table 表中的所有记录。table 表的结构如表 8-14 所示。

表 8-14　table 表结构

字段名称	类型
姓名	字符
性别	字符
学号	字符
总分	数字

第 9 章　Applet 程序及应用

Applet 是一种嵌入 HTML 文档中的 Java 程序。与 Application 程序不同的是，Applet 是在浏览器中运行的。Web 浏览器提供了运行 Applet 所需要的许多功能，同时 Applet 是在运行时通过网络从服务器端下载的，因而便于软件的发布和及时更新。

- 理解 Applet 程序生命周期。
- 了解 Applet 的工作原理。
- 掌握创建 Applet 的方法。
- 掌握 Applet 类的主要方法。
- 掌握 Applet 支持多媒体的技术和方法。

9.1　Applet 程序基础

9.1.1　Applet 程序概述

Applet 在 Java 的发展过程中具有重要的作用。最初，Java 呈现给用户的就是 Applet，Applet 运行于浏览器上，可以生成生动的页面，进行友好的人机交互，处理图像、声音、动画等多媒体数据。

Applet 是嵌入到 HTML 文档中的 Java 程序。Applet 程序与 Application 程序的区别主要在于其执行方式的不同。Application 程序是从 main( )方法开始运行的；Applet 是在浏览器中运行的，必须创建一个 HTML 文件告诉浏览器载入何种 Applet 以及如何运行。

与 Application 程序相比，Applet 程序具有明显的优点：Web 浏览器提供了运行 Applet 所需要的许多功能；Applet 是在运行时通过网络从服务器端下载的，因而便于软件的发布和及时更新。但 Applet 程序也有其局限性，表现为：不能在客户机上读写当地文件；也不能连接除它所在的服务器以外的其他机器。

Applet 程序至少要用到两个包：java.awt 和 java.applet（或 javax.swing）。Applet 必须继承类 Applet 或 JApplet。继承 Applet 或 JApplet 的类是程序主类，前面加 public。每个 Applet 程序必须有一个 HTML 文件。在 HTML 文档中嵌入 Applet 至少需要 3 个参数：CODE、HEIGHT 和 WIDTH。此外，HTML 文件可以向它所嵌入的 Applet 传递参数，从而使这个 Applet 的运行更加灵活。这个任务通过 HTML 文件的另一个专门标记<PARAM>来完成。每个<PARAM>标记只能传递一个字符串类型的参数。

与 Applet 程序相对应的 HTML 文件的常用格式如下：

```
<APPLET
  CODEBASE=路径名
  CODE="文件名.class "
  WIDTH=宽度   HEIGHT=高度 >
  <PARAM  NAME=参数名   VALUE=参数值 >
</APPLET>
```

以下对常用参数进行简单说明：

- CODE 标志：指定 Applet 的类名。
- WIDTH 和 HEIGHT 标志：指定 Applet 窗口的像素尺寸。
- CODEBASE 标志：指定 Applet 的 URL 地址，可以是绝对地址，如 www.sun.com；也可以是相对于当前 HTML 所在目录的相对地址，如/AppletPath/Name。如果 HTML 文件不指定 CODEBASE 标志，浏览器将使用和 HTML 文件相同的 URL。
- ALT 标志：虽然 Java 在 WWW 上很受欢迎，但并非所有浏览器都对其提供支持。如果某浏览器无法运行 Applet 程序，那么它在遇到 Applet 语句时将显示 ALT 标志指定的文本信息。
- ALIGN 标志：ALIGN 标志可用来控制 Applet 窗口在 HTML 文档窗口的显示位置。与 HTML＜LMG＞语句一样，ALIGN 标志指定的值可以是 TOP、MIDDLE 或 BOTTOM。
- VSPACE 与 HSPACE 标志：指定浏览器显示在 Applet 窗口周围的水平和竖直空白条的尺寸，单位为像素。
- NAME 标志：把指定的名字赋予 Applet 的当前实例。当浏览器同时运行两个或多个 Applet 时，各 Applet 可通过名字相互引用或交换信息。如果忽略 NAME 标志，Applet 的名字将对应于其类名。
- PARAM 标志：可用来在 HTML 文件里指定参数，格式如下所示：

```
PARAM  NAME="name"  VALUE="吴用"
```

Applet 程序可调用 getParameter 方法获取 HTML 文件里设置的参数值。

【实验 9-1】

```
//程序名称：JBE9101.java
//功能：演示如何获取 HTML 文件传递的参数
import java.awt.*;
import java.applet.*;
public class JBE9101 extends Applet{
 String  str="";
 public void paint(Graphics g) {
     str=getParameter("bookname");
     g.drawString(str,80,30);
     str=getParameter("author");
     g.drawString(str,80,50);
     str=getParameter("publisher");
     g.drawString(str,80,70);
     str=getParameter("date");
     g.drawString(str,80,90);
```

```
        str=getParameter("ISBN");
        g.drawString(str,80,110);
    }
}
```

对应的 HTML 文件 JBE9101.html 的内容如下：

```
<applet
  CODE ="JBE9101.class"
  WIDTH=220 HEIGHT=120  ALIGN=middle>
  <PARAM NAME=bookname VALUE="Java基础与实践">
  <PARAM NAME=author VALUE="大发君">
  <PARAM NAME=publisher VALUE="中国水利水电出版社">
  <PARAM NAME=date VALUE="2019-12-31">
  <PARAM NAME=ISBN VALUE="978-7-302-32326-0">
</applet>
```

执行 appletviewer JBE9101.jave 后，显示结果如图 9-1 所示。

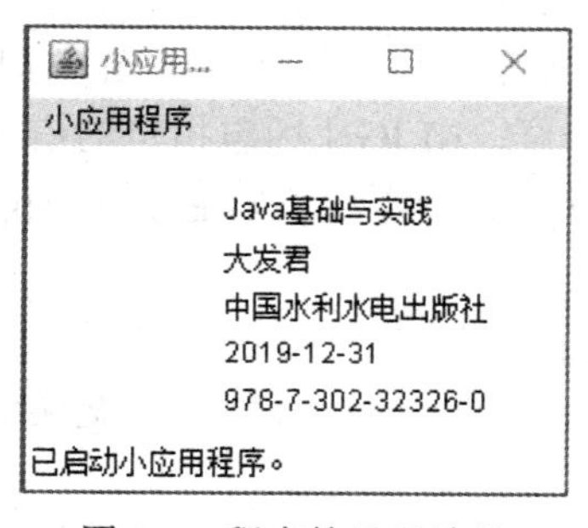

图 9-1　程序的显示结果

说明：作为在<PARAM>中指定的参数名，和在 getParameter()的参数名必须完全匹配，如图 9-2 所示。

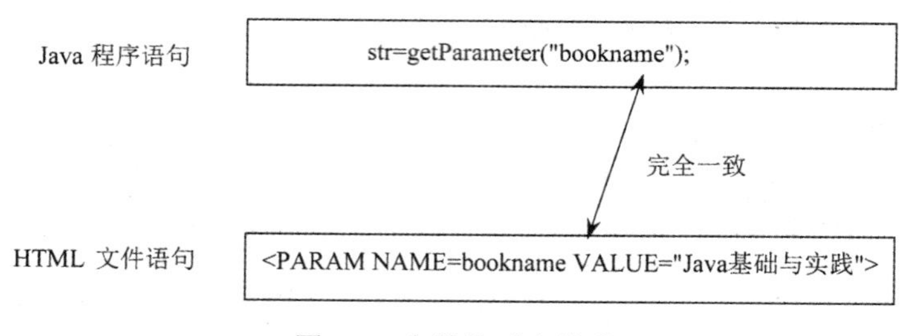

图 9-2　参数的对应关系

9.1.2　Applet 类

1. Applet 类的继承关系

Applet 类是所有 Applet 应用的基类，所有的 Java 小应用程序都必须继承该类。Applet 类的继承关系如下：

java.lang.Object
　└java.awt.Component
　　└java.awt.Container
　　　└java.awt.Panel
　　　　└java.applet.Applet

2. Applet 类的构造方法和主要方法

表 9-1 给出了 Applet 类的构造方法和主要方法。

表 9-1　Applet 类的构造方法和主要方法

构造方法	功　能
Applet( )	构造一个新 Applet
主要方法	**功　能**
public void destroy( )	浏览器或 appletviewer 调用，通知此 Applet 它正在被回收，它应该被销毁分配给它的任何资源
public AccessibleContext public getAccessibleContext( )	获取与此 Applet 关联的 AccessibleContext
public AppletContext getAppletContext( )	确定此 Applet 的上下文，上下文允许 Applet 查询和影响它所运行的环境
public String getAppletInfo( )	返回有关此 Applet 的信息
public AudioClip getAudioClip(URL url)	返回 URL 参数指定的 AudioClip 对象
public AudioClip getAudioClip(URL url, String name)	返回 URL 和 name 参数指定的 AudioClip 对象
public URL getCodeBase( )	获得基 URL
public URL getDocumentBase( )	获取嵌入此 Applet 的文档的 URL
public Image getImage(URL url)	返回能被绘制到屏幕上的 Image 对象
public Image getImage(URL url, String name)	返回能被绘制到屏幕上的 Image 对象
public Locale getLocale( )	获取 Applet 的语言环境
public String getParameter(String name)	返回 HTML 标记中指定参数的值
public String[ ][ ] getParameterInfo( )	返回此 Applet 理解的关于参数的信息
public void init( )	由浏览器或 Appletviewer 调用，通知此 Applet 它已经被加载到系统中
public boolean isActive( )	确定 Applet 是否处于活动状态
public static AudioClip newAudioClip(URL url)	从给定 URL 处获取音频剪辑
public void play(URL url)	播放指定绝对 URL 处的音频剪辑
public void play(URL url, String name)	播放音频剪辑，给定了 URL 及与之相对的说明符
public void resize(Dimension d)	请求调整此 Applet 的大小
public void resize(int width, int height)	请求调整此 Applet 的大小
public void setStub(AppletStub stub)	设置此 Applet 的 stub
public void showStatus(String msg)	请求将参数字符串显示在“状态窗口”中

9.1.3　Applet 程序的生命周期

Applet 程序的生命周期是指一个 Applet 程序从被下载起，到被系统回收所经历的过程，如图 9-3 所示。以下对 Applet 中的主要方法进行简单说明：

● init( )方法：其任务是初始化工作，即创建所需要的对象、设置初始状态、装载图像、设置参数等。这个方法在装载时被调用，在小程序的生命周期中，仅被调用一次，格式如下：

```
public viod init( )
{…}
```

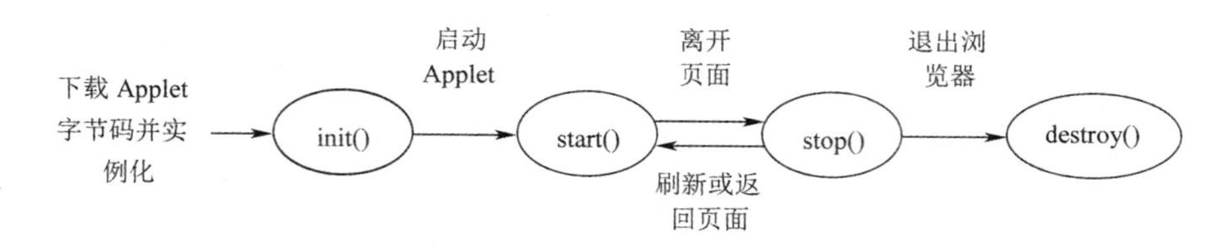

图 9-3　Applet 程序的生命周期

● start( )方法：在 init( )方法执行后，就自动调用 start( )方法。一般在 start 方法中实现线程的启动工作，可多次调用执行。如从 Applet 所在的 Web 页面转到其他页面，然后又返回时，将再次调用此方法。格式如下：

```
public viod start( )
 {…}
```

● stop( )方法：当浏览器离开 Applet 所在的页面转到其他页面时调用此方法。如果 Applet 中没有定义此方法，离开所在的页面时，Applet 将继续使用系统的资源。此方法可被调用多次。格式如下：

```
public viod stop( )
 {…}
```

● destroy( )方法：浏览器结束浏览时执行此方法，用来结束 Applet 的生命，该方法释放分配给 Applet 的资源。格式如下：

```
public viod destroy( )
 {…}
```

9.1.4　Applet 的显示

Applet 类利用 paint( )、update( )和 repaint( )3 种方法来实现图形的显示。在 Applet 中，Applet 的显示更新是由一个专门的 AWT 线程控制的，该线程主要负责两种处理：第一种是在 Applet 的初次显示，或运行过程中浏览器窗口大小发生变化而引起 Applet 的显示发生变化时，该线程将调用 paint( )进行 Applet 绘制；第二种是 Applet 代码需要更新显示内容，从程序中调用 repaint( )方法，则 AWT 线程在接受该方法的调用后，将调用 Applet 的 update( )方法，而 update( )方法再调用 paint( )方法实现显示的更新，如图 9-4 所示。

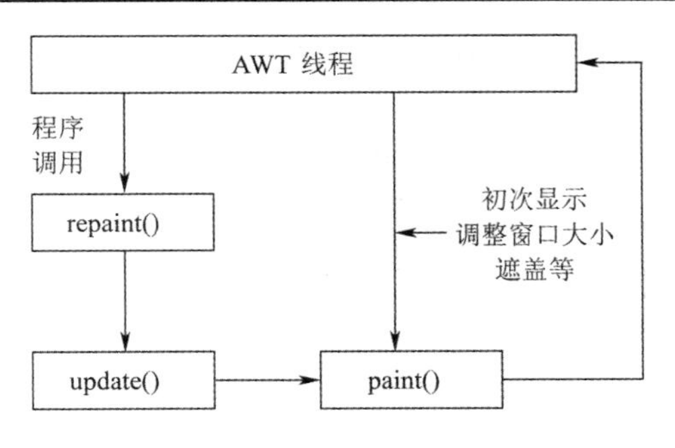

图 9-4　Applet 的显示

● paint(Graphics g)方法：用来在 Applet 界面中显示文字、图形和其他界面元素。它有一个固定的参数——Graphics 类的对象 g，可以多次调用，格式如下：
```
public void paint(Graphics g)
{…}
```
● public void update(Graphics g)方法：先用背景色填充 Web 页面，以达到清除画面的目的，然后自动调用 paint( )方法重新输出，格式如下：
```
public void update (Graphics g)
{…}
```
● repaint( )方法：程序先清除 paint 方法以前所画的内容，然后再调用 paint( )方法。本质上通过调用 update( )方法实现，格式如下：
```
public void repaint ( )
{…}
```
综上所述，一个 Java Applet 的一般格式为：
```
public class myclassname extends java.applet.Applet
{
    public void init ( )
    {…}
    public void start( )
    {…}
    public void stop( )
    {…}
    public void destroy( )
    {…}
    public void paint(Graphics g)
    {…}
…
}
```
特别提示：每个 Applet 必须至少实现 init( )、start( )和 paint( )3 种方法之一。

【实验 9-2】
```
//程序名称：JBE9102.java
//功能：演示 Applet 的状态变化
import java.applet.*;
import java.awt.*;
```

```
public class JBE9102  extends Applet{
 int initnum=0,startnum=0,stopnum=0,destroynum=0,paintnum=0;
 public void init( ) { initnum=initnum+1;}
 public void start( ) { startnum++;}
 public void stop( ) { stopnum++;}
public void destroy( ) { destroynum++;}
 public void paint(Graphics g){
    paintnum++;
        g.drawString("initnum ="+initnum,20,30);
        g.drawString("startnum ="+startnum,20,50);
        g.drawString("stopnum ="+stopnum,20,70);
    g.drawString("deatroynum ="+destroynum,20,90);
    g.drawString("paintnum ="+paintnum,20,110);
 }
}
```

9.1.5 Applet 程序和 Application 程序结合使用

如前所述，Applet 程序必须嵌入到浏览器中才可运行，而 Application 程序则可独立运行，且从 main( )方法开始执行。那么能不能设计一个既是 Applet 程序又是 Application 程序的 Java 程序呢？答案是肯定的。实现的基本思路是从 Applet 类派生子类，并让该类包含 main( )方法。

例如以下就是一个既是 Applet 程序也是 Application 程序的 Java 程序。

【实验 9-3】

```
//程序名称：JBE9103.java
//功能：演示一个既是 Applet 程序也是 Application 程序的 Java 程序
import java.awt.*;
import java.applet.*;
public class JBE9103 extends Applet{
String  str="";
  public void paint(Graphics g) {
    g.drawString("This is an Applet!",100,100);
  }
  public static void main(String [ ] args){
    System.out.println("This is an Application!");
  }
}
```

首先，对程序 JBE9103.java 进行编译：

```
javac JBE9103.java
```

其次，运行程序。运行的方式有以下两种：

方式 1：命令行执行。

```
java  JBE9103
```

运行结果为：

```
This is an Application!
```

显然，方式 1 下此 Java 程序是按 Application 程序运行的规则来执行的，即首先从 main( )

方法开始执行，因此运行结果就是输出“This is an Application!”。

方式 2：浏览器执行。

HTML 文件 JBE9103.html 的内容如下：

```
<applet
    CODE ="JBE9103.class"
    WIDTH=500 HEIGHT=500>
</applet>
```

在浏览器中打开 JBE9103.html 后运行结果为：

```
This is an Applet!
```

显然，方式 2 下此 Java 程序是按 Applet 程序运行的规则来执行的，即执行 paint( )方法，因此运行结果就是输出“This is an Applet!”。

从上述执行情况可以看出，在不同方式下，执行不同的方法，得到不同的结果，两种执行方式之间没有任何联系。在实际应用中，用户可能常希望以这两种方法执行的程序具有相似的功能、相似的界面。

实现的基本思路是：首先创建一个小程序，这个小程序包含一个 main( )方法，这个 main( )方法把 JFrame 实例化，而且还创建这个小程序的一个实例。在调用小程序的 init( )方法后，窗体用该小程序的内容面板来替代该窗体的内容面板。这个窗体接着设置其边界和标题，并把它的可见性设置为 true。这样，小程序和应用程序的组合实际上是共享一个内容面板。当 JBE9104.java 被编译后，它既可作为小程序运行，也可作为应用程序运行。

【实验 9-4】

```
//程序名称：JBE9104.java
//功能：演示一个既是 Applet 程序也是 Application 程序的 Java 程序
//Application and applet 联合使用
import javax.swing.*;
import java.awt.*;
import java.awt.event.*;
import javax.swing.tree.*;
import javax.swing.event.*;
import javax.swing.border.*;
import javax.swing.table.*;
public class JBE9104 extends JApplet {
public void init( ){
    Container cp = getContentPane( );
    JLabel jlabel=new JLabel(" This is both Applet and Application!");
    cp.add(jlabel);
}
public static void main(String args[ ]){
    final JFrame jframe = new JFrame( );
    JApplet applet = new JBE9104( );
    applet.init( );
    jframe.setContentPane(applet.getContentPane( ));
    jframe.setSize(250,150);              //窗口大小
```

```
    jframe.setLocation(300,300);        //窗口位置
    jframe.setResizable(false);         //设置窗口大小不可改变
    jframe.setTitle("Applet and Application!");
    jframe.setVisible(true);
    jframe.setDefaultCloseOperation(WindowConstants.DISPOSE_ON_CLOSE);
    jframe.addWindowListener(new WindowAdapter( ){
        public void windowClosed(WindowEvent e)
        {
            jframe.dispose( );
            System.exit(0); //退出程序
        }
    }
```

编译后，按 Application 程序运行方式：

```
java JBE9104
```

得到的结果如图 9-5 所示。按 Applet 程序运行方式：

```
appletviewer JBE9104.html
```

得到的结果如图 9-6 所示。

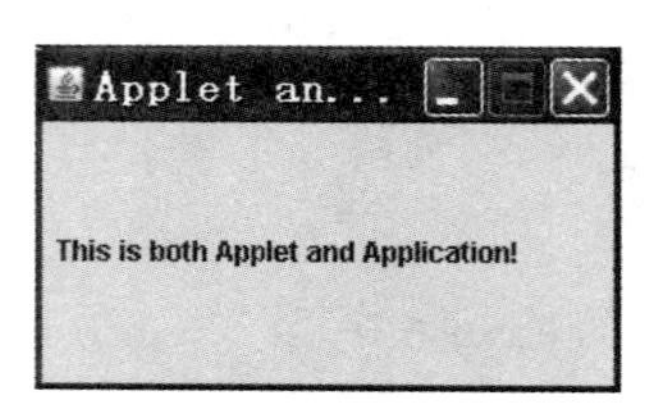

图 9-5　程序的运行结果（一）

图 9-6　程序的运行结果（二）

JBE9104.html 内容如下：

```
<applet
  CODE ="JBE9104.class"
  WIDTH=250 HEIGHT=150>
</applet>
```

9.2　Applet 程序典型应用

9.2.1　图形绘制

1. Graphics 类介绍

Graphics 类是所有图形上下文的抽象基类，允许应用程序在组件（已经在各种设备上实现）以及闭屏图像上进行绘制。Graphics2D 类扩展 Graphics 类，以提供对几何形状、坐标转换、颜色管理和文本布局更为复杂的控制。它是用于在 Java(tm) 平台上呈现二维形状、文本和图像的基础类。本节只介绍如何基于 Graphics 类绘制各类图形。

2. Graphics 类的构造方法及常见方法

表 9-2 给出了 Graphics 类的构造方法及常见方法。

表 9-2　Graphics 类的构造方法及常见方法

构 造 方 法	功　　能
protected Graphics()	构造一个新的 Graphics 对象
常 见 方 法	**功　　能**
abstract void clearRect(int x, int y, int width, int height)	通过使用当前绘图表面的背景色进行填充来清除指定的矩形
abstract void copyArea(int x, int y, int width, int height, int dx, int dy)	将组件的区域复制到由 dx 和 dy 指定的距离处
abstract　Graphics create()	创建一个新的 Graphics 对象，它是此 Graphics 对象的副本
Graphics create(int x, int y, int width, int height)	基于此 Graphics 对象创建一个新的 Graphics 对象，但是使用新的转换和剪贴区域
abstract void dispose()	释放此图形的上下文以及它使用的所有系统资源
void draw3DRect(int x, int y, int width, int height, oolean raised)	绘制指定矩形的 3-D 高亮显示边框
abstract void drawArc(int x, int y, int width, int height, int startAngle, int arcAngle)	绘制一个覆盖指定矩形的圆弧或椭圆弧边框
void drawBytes(byte[ ] data, int offset, int length, int x, int y)	使用此图形上下文的当前字体和颜色绘制由指定 byte 数组给定的文本
void drawChars(char[ ] data, int offset, int length, int x, int y)	使用此图形上下文的当前字体和颜色绘制由指定字符数组给定的文本
abstract　boolean drawImage(Image img, int x, int y, Color bgcolor, ImageObserver observer)	绘制指定图像中当前可用的图像
abstract　boolean drawImage(Image img, int x, int y, ImageObserver observer)	绘制指定图像中当前可用的图像
abstract void drawLine(int x1, int y1, int x2, int y2)	在此图形上下文的坐标系中，使用当前颜色在点(x1,y1)和(x2,y2)之间画一条线
abstract void drawOval(int x, int y, int width, int height)	绘制椭圆的边框
abstract void drawPolyline(int[ ] xPoints, int[ ] yPoints, int nPoints)	绘制由 x 和 y 坐标数组定义的一系列连接线
void drawRect(int x, int y, int width, int height)	绘制指定矩形的边框
abstract void drawRoundRect(int x, int y, int width, int height, int arcWidth, int arcHeight)	用此图形上下文的当前颜色绘制圆角矩形的边框
abstract void drawString(String str, int x, int y)	使用此图形上下文的当前字体和颜色绘制由指定 string 给定的文本
void fill3DRect(int x, int y, int width, int height, boolean raised)	绘制一个用当前颜色填充的 3-D 高亮显示矩形

续表

常见方法	功　能
abstract void fillArc(int x, int y, int width, int height, int startAngle, int arcAngle)	填充覆盖指定矩形的圆弧或椭圆弧
abstract void fillOval(int x, int y, int width, int height)	使用当前颜色填充外接指定矩形框的椭圆
abstract void fillPolygon(int[ ] xPoints, int[ ] yPoints, int nPoints)	填充由 x 和 y 坐标数组定义的闭合多边形
abstract void fillRect(int x, int y, int width, int height)	填充指定的矩形
abstract void fillRoundRect(int x, int y, int width, int height, int arcWidth, int arcHeight)	用当前颜色填充指定的圆角矩形
abstract Color getColor( )	获取此图形上下文的当前颜色
abstract Font getFont( )	获取当前字体
abstract void setColor(Color c)	将此图形上下文的当前颜色设置为指定颜色
abstract void setFont(Font font)	将此图形上下文的字体设置为指定字体
abstract void setPaintMode( )	设置将此图形上下文的绘图模式，以便通过此图形上下文中的当前颜色来覆盖目标
String toString( )	返回表示此 Graphics 对象值的 String 对象
abstract void translate(int x, int y)	将图形上下文的原点平移到当前坐标系中的点(x,y)

3. 应用举例

【实验 9-5】绘制围棋棋盘，并各绘制对弈双方的一个围棋子。

利用 Graphics 类的 drawLine 方法可以绘制直线，也可以绘制任何图形。drawLine 方法格式为：

```
public abstract void drawLine(int x1, int y1, int x2, int y2)
```

其中参数：

<x1,y1>表示第 1 个点的坐标。

<x2,y2>表示第 2 个点的坐标。

利用 Graphics 类的 fillOval 方法可以填充椭圆或圆。drawOval 方法格式为：

```
public abstract void drawOval(int x, int y, int width, int height)
```

其中参数：

<x,y>表示要绘制的椭圆的左上角的坐标。

Width 表示要绘制的椭圆的宽度。

Height 表示要绘制的椭圆的高度。

注意：Java 语言中绘图的坐标系与我们学习数学时接触的坐标系有些差异，图 9-7 给出了 Java 语言中绘图的坐标系。

```
//程序名称：JBE9201.java
//功能：绘制围棋棋盘+一个围棋
import java.awt.Color;
import java.awt.Font;
import java.awt.Graphics;
import java.applet.*;
```

```
public class JBE9201 extends Applet{
int N =10;
int W=20,H=20,x0=30,y0=30;
public void paint (Graphics g) {
    g.drawString("(0,0)",15,15);
    g.drawString("y 轴",15,y0+N*H);
    g.drawString("x 轴",x0+N*W,15);
    for (int i=1;i<=N ;i++ )
        g.drawLine(x0,y0+(i-1)*H,x0+(N-1)*W,y0+(i-1)*H);
    for (int j=1;j<=N ;j++ )
        g.drawLine(x0+(j-1)*W,y0,x0+(j-1)*W,y0+(N-1)*H);
    g.setColor (Color.blue);
    g. fillOval(x0+(int)(3.5*W),y0+(int)(3.5*H),1*W,1*H);
    g.setColor (Color.black);
    g.fillOval(x0+(int)(3.5*W),y0+(int)(3.5*H),1*W,1*H);
}
}
```

运行结果如图 9-8 所示。

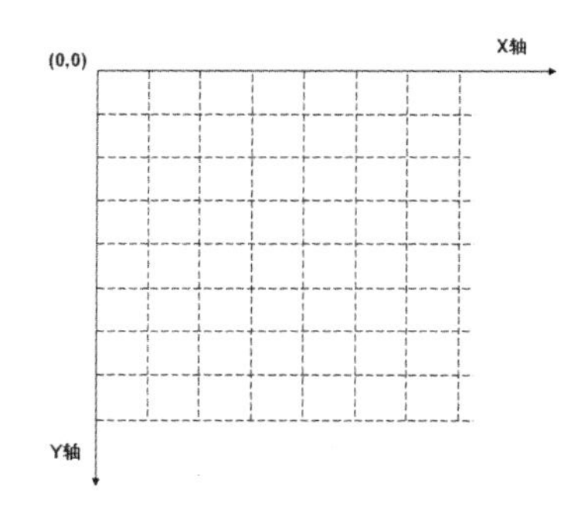

图 9-7　Java 语言中绘图的坐标系

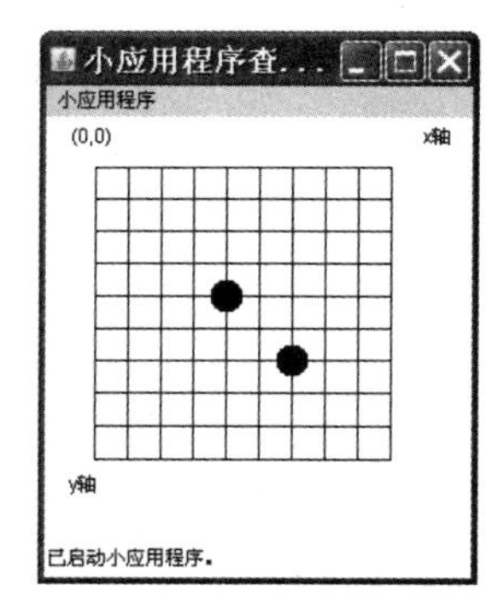

图 9-8　绘制的围棋

9.2.2　获取图像

在 Java 中，图像由一个 java.awt.Image 类的对象来表示。java.applet、java.awt、java.awt.image 包中，包含了支持图像的类和方法。目前，Java 所支持的图像格式有 GIF、JPEG 和 PNG。Java 程序中获取图像的基本过程如下：

（1）调用 Applet 类的 getImage( )方法返回能被绘制到屏幕上的 Image 对象。getImage( )方法的格式如下：

- Image getImage(URL url)
- Image getImage(URL url,String name)

其中，URL 代表一个统一资源定位符，它指向互联网资源的指针，name 为图像名称。

（2）调用 Graphics 类的 drawImage ( )方法在屏幕上绘制 Image 对象。drawImage( )方法的格式如下：

- boolean drawImage(Image img,int x,int y,ImageObserver observer)

- boolean drawImage(Image img,int x,int y,int width,int height,ImageObserver observer)

其中，observer 参数是一个 ImageObserver 接口，它用来跟踪图像文件装载是否已经完成的情况，通常都将该参数设置为 this，即传递本对象的引用去实现这个接口。width 和 height 表示图像显示的宽度和高度。若实际图像的高度和宽度与这两个参数值不一样，Java 系统会自动对它进行缩放，以适合选定的矩形区域。

（3）调用 Image 类的两个方法就可以分别得到原图的宽度和高度，它们的调用格式如下：

- int getWidth(ImageObserver observer)
- int getHeight(ImageObserver observer)

同 drawImage( )方法一样，通常用 this 作为 observer 的参数值，以下举例说明。

【实验 9-6】调用文件 water.jpg 对应的图像。

```
//程序名称：JBE9204.java
//功能：调用 water.jpg 图像
import java.awt.*;
import java.awt.event.*;
import java.applet.Applet;
import java.awt.Color;
import java.awt.Font;
public class Exam090204 extends Applet{
  Image img;                                //声明 Image 类型的变量 img
public void init( ){
     img=getImage(getCodeBase( ),"water.jpg");
}
  public void paint(Graphics g){
    int h,w;
    w=img.getWidth(this);
    h=img.getHeight(this);
    g.setColor (Color.blue);
     g.drawImage(img,10,10,w,h,this);
}
}
```

9.2.3　音频处理

利用 Java 提供的 applet 类的 play( )和 AudioClip 类可以实现声音的加载和播放 WAV、AIF、MIDI、AU 和 RFM 格式的文件。applet 的 play( )方法有两种使用格式：

- play(URL soundDirectory, String soundFile);
- play(URL soundURL);

例如：

```
play(getDocumentBase( ), "Blip.wav");
```

语句将播放存放在与 HTML 文件相同目录的 Blip.wav，一旦 play( )方法装载了该声音文件，就立即播放。如果找不到指定 URL 下的声音文件，play( )方法不返回出错信息，只是听不到想听的声音而已。

由于 applet 类的 play( )方法只能将声音播放一遍，若想循环播放声音，就需要用到功能更强大的 AudioClip 类，它能更有效地管理声音的播放操作。

为了装入一段声音（音频剪辑 Audio clip），可使用来自 java.applet.applet 类的 getAudioClip( )方法。该方法有两种使用形式：

- public AudioClip getAudioClip(URL url)返回 URL 参数指定的 AudioClip 对象。不管音频剪辑存在与否，此方法总是立即返回。当此 applet 试图播放音频剪辑时，数据将被加载。参数 url 给出音频剪辑位置的绝对 URL。
- public AudioClip getAudioClip(URL url,String name)返回 URL 和 name 参数指定的 AudioClip 对象。不管音频剪辑存在与否，此方法总是立即返回。当此 applet 试图播放音频剪辑时，数据将被加载。参数 url 给定音频剪辑基本位置的绝对 URL，name 相对于 url 参数的音频剪辑位置。

例如：

```
AudioClip sound;
sound = getAudioClip(getDocumentBase( ), " Blip.wav ");
```

与 HTML 文件相同目录的 Blip.wav 创建一个 AudioClip 对象，一旦创建就可以反复播放而无需重装音频文件。AudioClip 类的主要方法如下：

- void play( )：开始播放此音频剪辑。每次调用此方法时，剪辑都从头开始重新播放。
- void loop( )：以循环方式开始播放此音频剪辑。
- void stop( )：停止播放此音频剪辑。

以下举例说明。

【实验 9-7】播放音乐演示。

```
//程序名称：JBE9205.java
//功能：播放音乐演示
import java.awt.*;
import java.awt.event.*;
import java.applet.*;
import java.awt.Graphics;
public class JBE9205 extends Applet{
   AudioClip mysound;            //声明
   public void init( ){
       mysound=getAudioClip(getDocumentBase( ),"Blip.wav");
   }
    public void paint(Graphics g){
       g.drawString("音频播放演示",10,10);
       play(getDocumentBase( ),"spacemusic.au");
   }
   public void start( ){
       mysound.loop( );
   }
   public void stop( ){
       mysound.stop( );
 }
}
```

9.2.4　动画处理

Java 语言中的动画制作步骤如下：

（1）在屏幕上显示动画的第 1 帧（也就是第 1 幅画面）。

（2）每隔很短的时间再显示另外一帧，如此往复。如图 9-9 所示。

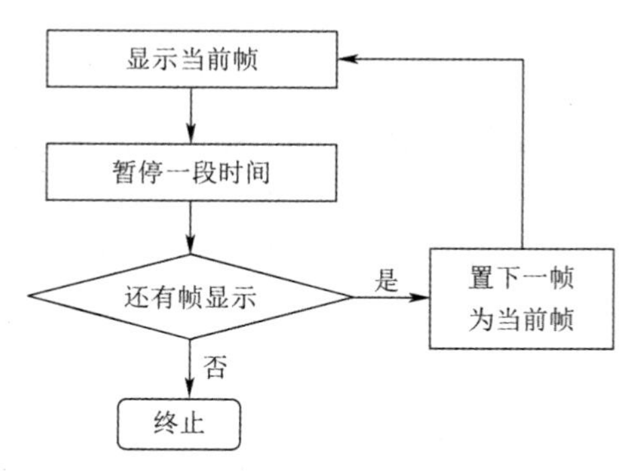

图 9-9　动画显示的基本原理

具体的实现过程是系统调用 repaint( )方法来完成重画任务，而 repaint( )方法又去直接调用 update( )方法。update( )方法的目的是先清除整个 applet 区域里的内容，然后再调用 paint( )方法，从而完成一次重画工作。以下举例说明。

【实验 9-8】字符○围绕正弦曲线转动，显示从左到右转动，然后从右向左转动。

```
//程序名称：JBE9206.java
//功能：字符○围绕正弦曲线转动
import java.awt.Color;
import java.awt.Font;
import java.awt.Graphics;
import java.applet.*;
import java.awt.event.*;
import javax.swing.*;
import java.awt.*;
public class JBE9206 extends Applet implements Runnable{
 final int  ARC = 360;
 private int nn = 0;
 private int R=150,x0=160,y0=160;
 Font wordFont=new Font("TimesRoman" , Font.BOLD , 20);
 private Thread th;
 private boolean flag;
 private int direction=1;
 int delay = 0;
 public void init( ){
       delay = Integer.parseInt(getParameter("delay"));
       addMouseListener(new MouseAdapter( ){
           public void mousePressed(MouseEvent ev){
                if(th==null)
```

```
                    start( );
                else
                    start( );
            }
        });
    }
    public void start( ){
        flag=true;
        th=new Thread(this);
        th.start( );
        showStatus("click to stop");
    }
    public void stop( ){
        flag=false;
        th=null;
        showStatus("click to restart");
    }
    public void paint(Graphics g){
        drawsin(g);
        drawch(g);
    }
    public void drawch(Graphics g){
        int x=0,y=0;
        x=x0+nn;
        y=y0+(int)(R*Math.sin(nn*2*Math.PI/ARC));
        g.setFont (wordFont);
        g.setColor (Color.red);
        g.drawString ("o", x,y);
    }
    public void drawsin(Graphics g){
        int x1,x2,y1,y2;
        g.setColor (Color.blue);
        for (int i=1;i<=ARC ;i++ ){
            x1=x0+i-1;
            y1=y0+(int)(R*Math.sin((i-1)*2*Math.PI/ARC));
            x2=x0+i;
            y2=y0+(int)(R*Math.sin(i*2*Math.PI/ARC));
            g.drawLine(x1,y1,x2,y2);
        }
    }
    public void run( ){
        long startTime=System.currentTimeMillis( );
        while (flag){
            repaint( );
            if (direction==1){
```

```
                    if ( nn<ARC )
                          nn++;
                    else
                    {direction=direction*-1;}
              }
              else {
                    if ( nn>0 )
                          nn--;
                    else
                    {direction=direction*-1;}

              }
              try{Thread.sleep(delay);}
              catch(InterruptedException e){}
    }
  }
}
```

对应的 JBE9206.html 文件的内容为：

```
<applet
      CODE ="JBE9206.class"
      WIDTH=600 HEIGHT=400  ALIGN=middle>
      <PARAM NAME=delay VALUE=200>
</applet>
```

执行 appletviewer JBE9206.html 后的结果如图 9-10 所示。

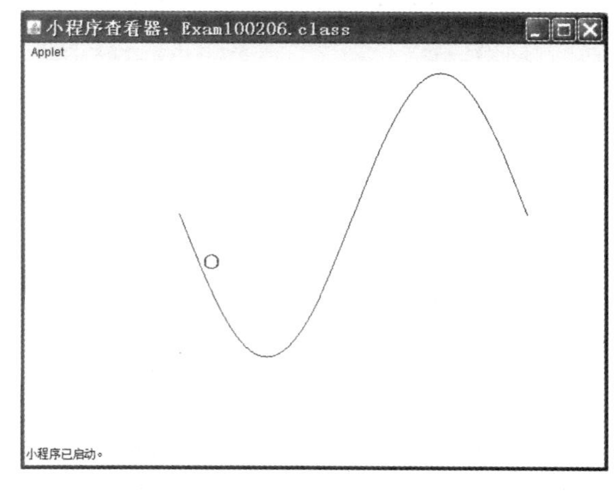

图 9-10　字符○围绕正弦曲线转动的效果

说明：

- 利用 Graphics 类的 drawLine 方法可以绘制两点之间的直线，如果将函数表示的图形离散为一个个的点，那么只要连接两点之间的间隔足够小，两点之间的图形就近似为直线。
- 本实例采用 Graphics 类的 drawLine 方法绘制正弦曲线。

9.2.5　综合上机实验

本实验可实现以下功能：

（1）把显示区分为 4 个区域，在某个区的某一位置显示一个图形并播放音乐。

（2）利用鼠标拖动图形，当图形拖到不同区域时，播放不同的音乐，并使用不同颜色的歌曲名。如图 9-11 所示。

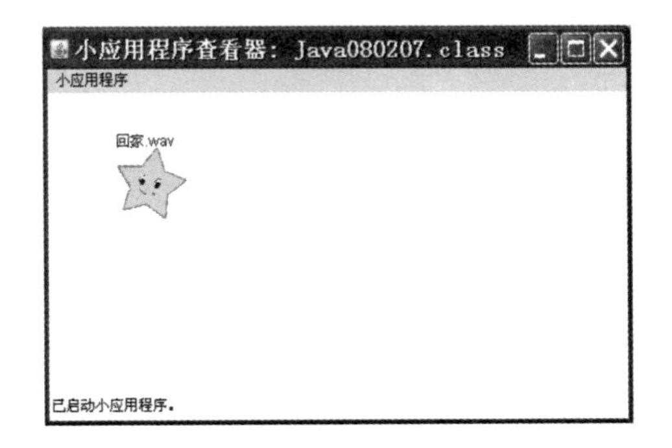

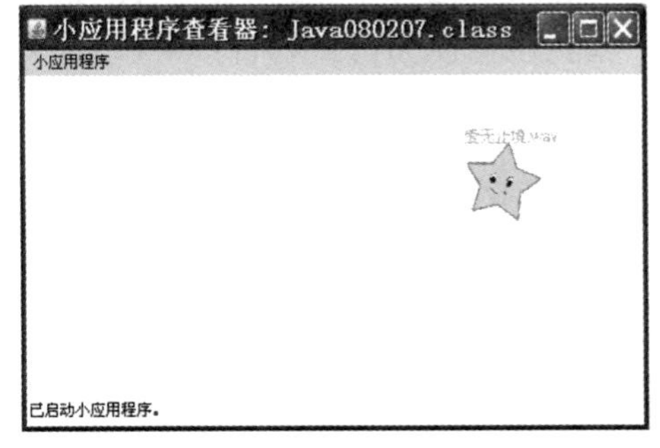

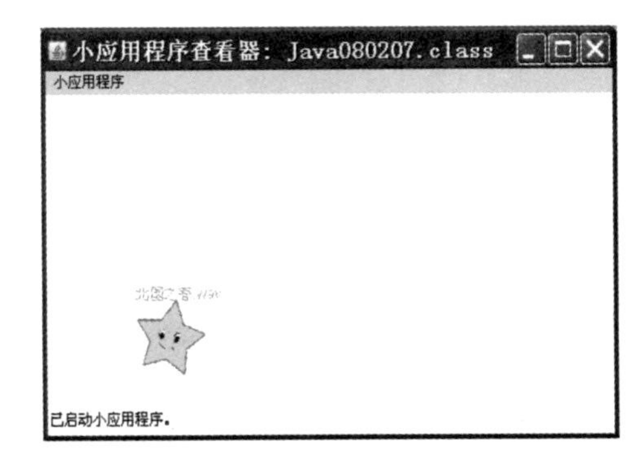

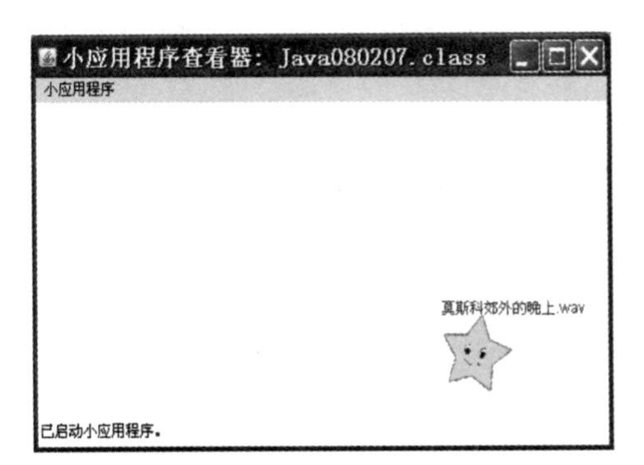

图 9-11　图形拖动后的显示效果

```
//程序名称：JBE9207.java
//功能：演示图形拖动
//图形拖动到某个区时播放对应的音乐，同时显示歌曲名
import java.awt.*;
import java.awt.event.*;
import java.applet.*;
import java.util.*;
public class JBE9207 extends Applet implements MouseMotionListener,
MouseListener
{
Image img;      //声明 Image 类型的变量 img
String songnames[]={"回家.wav","北国之春.wav","爱无止境.wav","莫斯科郊外的晚
上.wav"};
Color colors[]={Color.blue,Color.cyan,Color.orange,Color.red};
AudioClip audioClip[]=new AudioClip[songnames.length];
```

```
    int x=30,y=30,color0;
    String text="";
    public void init()
    {
        img=getImage(getCodeBase(),"星星_01.gif");
        // 创建一个 AudioClip 对象
        for(int i=0;i<songnames.length;i++)
        audioClip[i]=getAudioClip(getCodeBase( ),songnames[i]);
        audioClip[0].play();
        color0=0;
        text=songnames[0];
        // 加载影像
        addMouseListener(this);
        addMouseMotionListener(this);
    }
    public void mouseDragged(MouseEvent e)
    {
        int x1=e.getX(),y1=e.getY();
        int n1,n;
        n=areaindex(x,y);
        n1=areaindex(x1,y1);
        //System.out.println("<x,y>=<"+x+","+y+">");
        //System.out.println("<x1,y1>=<"+x1+","+y1+">");
        if(n!=n1)
        {
            audioClip[n-1].stop();
            audioClip[n1-1].play();
            text=songnames[n1-1];
            color0=n1-1;
        }
        x=x1;y=y1;
        Graphics g=getGraphics();
        update(g);

    }
    public void paint(Graphics g)
    {
        g.drawImage(img,x,y,60,60,this);
        g.setColor(colors[color0]);
        g.drawString(text,x,y);
    }
    int areaindex(int x,int y)
    {
        int xw,yh,ret;
        xw=this.getWidth()/2;
```

```
        yh=this.getHeight()/2;
        if(x<=xw)
        {
            ret=(y<=yh?1:2);
        }
        else
        {
            ret=(y<=yh?3:4);
        }
        return ret;
    }
    public void mousePressed(MouseEvent e){};
    public void mouseMoved(MouseEvent e){};
    public void mouseReleased(MouseEvent e){};
    public void mouseEntered(MouseEvent e){};
    public void mouseExited(MouseEvent e){};
    public void mouseClicked(MouseEvent e){};
    }
```

9.3 本 章 小 结

本章主要介绍了 Applet 程序的含义、Applet 程序的生命周期、Applet 程序与 Application 程序的结合使用，并举例说明了 Applet 程序在图形绘制、图像获取、音频处理、动画处理等方面的典型应用。

9.4 思 考 和 练 习 题

1. 简述 Applet 程序的生命周期的含义，Applet 的一个生命周期中各方法之间是如何切换的。
2. 编写一个体现 Applet 程序和 Application 程序结合使用的程序。
3. 编写 Applet 在图形绘制、图像获取、音频处理、动画处理等方面应用的程序。

第10章 图形用户界面设计

AWT 是抽象窗口组件工具包，是 Java 语言中最早用于编写图形界面应用程序的工具包。Swing 是为了解决 AWT 存在的问题而新开发的包。Swing 是在 AWT 的基础上构建的一套新的图形界面系统，它提供了 AWT 所能够提供的所有功能，并且用纯粹的 Java 代码对 AWT 的功能进行了大幅度的扩充。利用 AWT 组件和 Swing 组件进行程序设计一般包括：引入包、选择“外观和感觉”、设置顶层容器、设置布局管理、向容器中添加组件和对组件进行事件处理等几个阶段。

- 理解 AWT 和 Swing 组件的异同。
- 理解并掌握常见容器的含义及应用。
- 理解并掌握常见布局的含义及应用。
- 理解事件处理的委托事件模型。
- 理解并掌握键盘和鼠标等事件处理。
- 理解并掌握常见组件的使用及事件处理。

10.1 Java AWT 和 Swing 基础

10.1.1 Java 的 AWT 和 Swing 概述

抽象窗口组件工具包（Abstract Window ToolKit，AWT）是 Java 语言中最早用于编写图形用户界面（Graphics User Interface，GUI）应用程序的工具包。该工具包提供了一套与本地图形界面进行交互的接口。通过 GUI 可以画线、矩形、圆形等基本图形，并且能创建按钮、标签、列表框等与用户进行交互的组件，使用户方便地建立自己的图形用户界面。AWT 主要包括组件、容器、布局管理器、事件处理模型、图形图像工具和数据传送类等。图 10-1 显示了 AWT 包中主要类的层次关系。

AWT 中的图形函数与操作系统所提供的图形函数一一对应。因此，当利用 AWT 创建图形界面时，实际上是在利用操作系统所提供的图形库。不同操作系统的图形库所提供的功能有所不同，在一个平台上存在的功能在另外一个平台上则可能不存在。为了实现 Java 语言所宣称的“一次编译，到处运行”的概念，AWT 不得不通过牺牲功能来实现其平台无关性。也就是说，AWT 所提供的图形功能是各种通用型操作系统所提供的图形功能的交集。AWT 组件集遵循最大公约数原则，即 AWT 只拥有所有平台上都存在的组件的公有集合。由于 AWT 是依靠本地方法来实现其功能的，因此我们通常把 AWT 组件称为重量级组件。

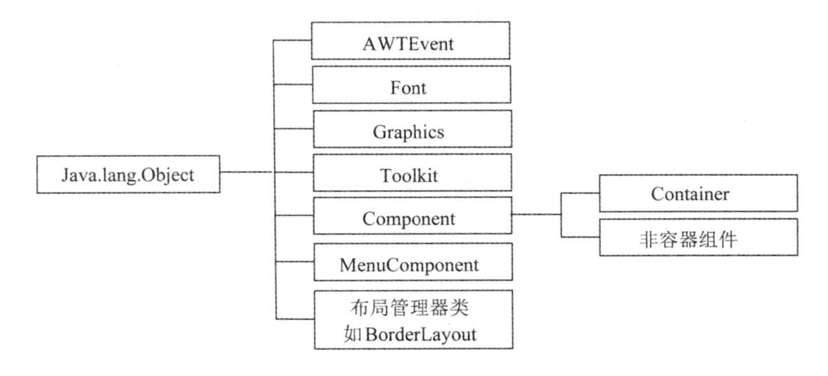

图10-1　AWT包主要类的层次关系

Swing是为了解决AWT存在的问题而新开发的包，它是在AWT的基础上构建的一套新的图形界面系统，它提供了AWT所能够提供的所有功能，并且用纯粹的Java代码对AWT的功能进行了大幅度的扩充。例如，并不是所有的操作系统都提供对树状组件的支持，Swing利用AWT中所提供的基本作图方法对树状组件进行模拟。由于Swing组件是用100%的Java代码来实现的，因此在一个平台上设计的树状组件可以在其他平台上使用。由于在Swing中没有使用本地方法来实现图形功能，所以通常把Swing组件称为轻量级组件。

总之，AWT是基于本地方法的C/C++程序，其运行速度比较快；Swing是基于AWT的Java程序，其运行速度比较慢。对于一个嵌入式应用来说，目标平台的硬件资源往往非常有限，而应用程序的运行速度又是项目中至关重要的因素。在这种情况下，简单而高效的AWT当然成了嵌入式Java的第一选择，即对于小程序建议采用AWT组件。而在普通的基于PC或者是工作站的标准Java应用中，硬件资源对应用程序所造成的限制往往不是项目中的关键因素。所以对于应用程序提倡使用Swing，也就是通过牺牲速度来实现应用程序的功能。

10.1.2　Java的AWT组件和Swing组件

1. 基本概念

组件（Component）是构成GUI的基本元素，如按钮、标签、画布和复选框等。组件又可以分为容器组件和非容器组件。

容器（Container）组件简称容器，是一个可以包含组件和其他容器的组件，例如，Java中的JPanel组件就属于容器型组件，可以在JPanel中放置按钮、文本框等非容器组件，甚至还可以在JPanel中再放置若干个JPanel组件。Java中的容器组件有很多，除JPanel外，还有JTabbedPane、JScrollPane等。

非容器组件（原子组件）则是不可以包含组件和其他容器的组件，如JButton、JLabel和JTextField等。通过使用add（Component comp）方法可以向某个容器组件中添加组件。如：

```
JPanel panel = new JPanel( );
JButton button = new JButton( );
panel.add(button);  //添加组件button到容器panel
```

也可以通过使用remove(Component comp) 方法从某个容器组件中删除组件。如：

```
panel.remove(button);  //cong容器panel中删除组件button
```

顶层容器是一个能够提供图形绘制的容器。顶层容器是进行图形编程的基础，一切图形化的东西，都必然包括在顶层容器中。在 Swing 中有如下 3 种可以使用的顶层容器：

- JFrame：用来设计类似于 Windows 系统中的窗口形式的应用程序。
- JDialog：和 JFrame 类似，只不过 JDialog 用来设计对话框。
- JApplet：用来设计可以嵌入在网页中的 Java 小程序。

提示：每一个窗口应用程序中有且只能有一个顶层容器组件，换句话说，顶层容器不能包括在其他组件中。

利用 Swing 中 JFrame 顶层容器制作窗口类程序的基本结构如下：

```
import Javax.swing.*;
public class KyodaiUI extends JFrame {
...
}
```

中间容器属于容器型组件，可包含组件和其他容器的组件，但自身又必须包含在其他容器（如顶层容器）中，常见的中间容器有 JPanel、JScrollPane、JSplitPane、JToolBar。

特殊容器指在 GUI 上起特殊作用的中间层，如 JInternalFrame、JLayeredPane 和 JRootPane。

不可编辑信息的显示组件：向用户显示不可编辑信息的组件，例如 JLabel、JProgressBar 和 ToolTip。

可编辑信息的显示组件：向用户显示能被编辑的格式化信息的组件，如 JColorChooser、JFileChoose、JFileChooser、JTable 和 JTextArea。

2. 组件的继承关系

AWT 组件包含在 java.awt 包里，如 Button、Checkbox、Scrollbar 等都是 Component 类的子类。AWT 主要组件的层次结构如图 10-2 所示。

Swing 中大多数组件的名称都是在原来 AWT 组件名称前加上 J，例如 JButton、JCheckBox、JScrollBar 等，都是 JComponent 类的子类。图 10-3 显示了 Swing 组件的继承关系，在 Swing 中不但用轻量级的组件替代了 AWT 中的重量级组件，而且 Swing 的替代组件中都包含有一些其他的特性。例如，Swing 的按钮和标签可显示图标和文本，而 AWT 的按钮和标签只能显示文本。

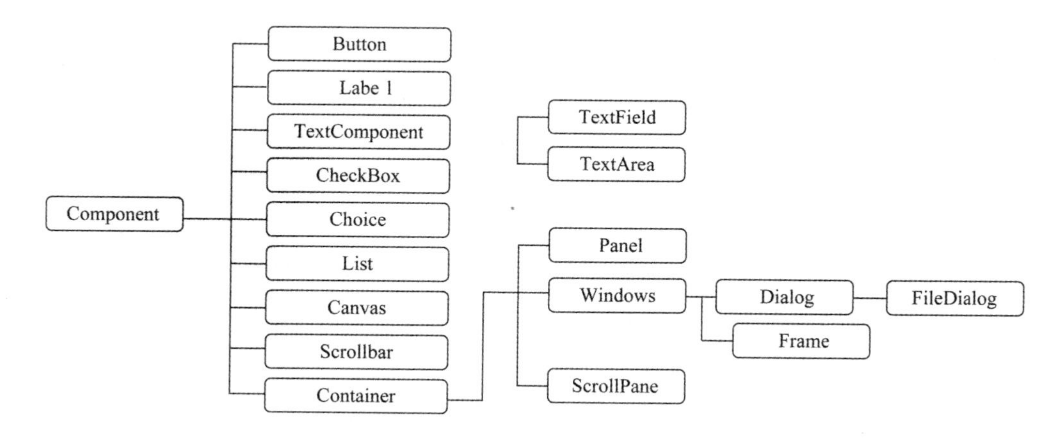

图 10-2　AWT 主要组件的层次结构

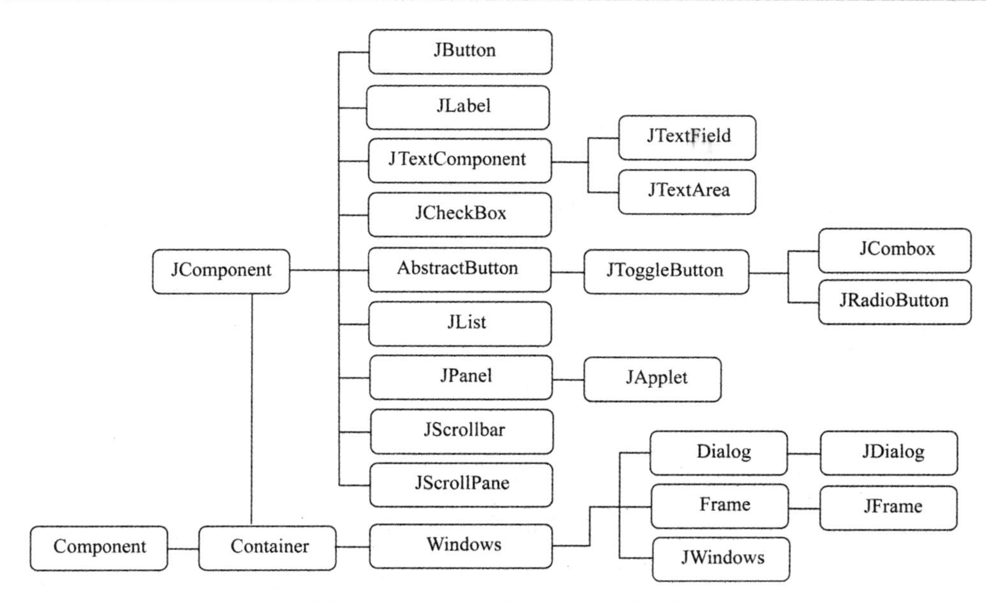

图 10-3　Swing 主要组件的层次结构

10.1.3　利用 AWT 组件和 Swing 组件进行程序设计的基本步骤

利用 AWT 组件和 Swing 组件进行程序设计的基本步骤如下。

（1）引入相应的包。经常使用的包如下：

```
import javax.swing.*;
import java.awt.*;
import java.awt.event.*;
import javax.swing.tree.*;
import javax.swing.event.*;
import javax.swing.border.*;
import javax.swing.table.*;
```

（2）选择“外观和感觉”。在产生任何可视组件以前需设置好它们的外观和感觉。设置某种外观和感觉，需要使用 UIManager 类所提供的 setLookAndFeel( )静态方法。通常只会有两种选择：

- Java 提供的跨平台的外观和感觉。可以利用 UIManager 类提供的 getCrossPlatform-LookAndFeelClassName( )静态方法获得类名。
- 程序所处系统的外观和感觉。可以利用 UIManager 类提供的 getSystemLookAndFeel( )静态方法获得目前操作平台的 Look and Feel 类名称字符串。

（3）设置顶层容器。Application 程序一般选择 JFrame（或 Frame）作为顶层容器（主窗口），Applet 程序一般选择 JApplet（或 Applet）作为顶层容器（主窗口）。

（4）设置布局管理。布局管理就是创建这种类型的一个对象，并采用此对象来安排其他容器和基本组件。常用的 4 种布局管理器是 FlowLayout、BorderLayout、CardLayout 和 GridLayout。

（5）向容器中添加组件。利用方法 add( )向有关容器添加组件，容器可以嵌套。

（6）对组件进行事件处理。设置监视器监视事件方法，并进行相应的处理。

10.2 常 用 容 器

本节介绍 AWT 和 Swing 中的常用容器：框架、面板、滚动窗口、菜单和对话框。Swing 中的这些容器继承了 AWT 相关容器的属性和方法，并增加了新特性，下面主要介绍 Swing 中这些容器的使用。

10.2.1 框架

框架是一种顶层容器，是用来设计类似于 Windows 系统中的窗口形式的应用程序。AWT 中的 Frame 类和 Swing 中的 JFrame 类用于建立框架。JFrame 类是 Frame 的子类。

与 AWT 组件不同，Swing 组件不能直接添加到顶层容器中，它必须添加到一个与 Swing 顶层容器相关联的内容面板（Content Pane）上。内容面板是顶层容器包含的一个普通容器，它是一个轻量级组件。基本规则如下：

- 把 Swing 组件放入一个顶层 Swing 容器的内容面板上。
- 避免使用非 Swing 的重量级组件。

对 JFrame 添加组件有两种方式：

（1）用 getContentPane( )方法获得 JFrame 的内容面板，再往内容面板中添加组件：frame.getContent- Pane( ).add(childComponent)。

（2）建立 Jpanel 或 JDesktopPane 之类的一个中间容器，把组件添加到容器中，用 setContentPane( )方法把该容器置为 JFrame 的内容面板。

```
Jpanel contentPane=new Jpanel( );
…//把其他组件添加到 Jpanel 中;
frame.setContentPane(contentPane);
//把 contentPane 对象设置成为 frame 的内容面板
```

Frame 类的构造方法及主要方法详见表 10-1。

表 10-1　Frame 类的构造方法及主要方法

构 造 方 法	功　　能
Frame( )	创建没有标题的窗口
Frame(String title)	创建以 title 为标题的窗口
主 要 方 法	**功　　能**
Int getState( )	获得 Frame 窗口的状态（Frame.Normal 表示一般状态，Frame.iconified 表示最小化状态）
void setState(int state)	设置 Frame 窗口的状态（Frame.Normal 表示一般状态，Frame.iconified 表示最小化状态）
String getTitle( )	获得 Frame 窗口的标题
Void setTitle(String title)	设置 Frame 窗口的标题
boolean isResizable( )	测试 Frame 窗口是否可以改变大小
void setResizable(boolean r)	设置 Frame 窗口是否可以改变大小

续表

主 要 方 法	功　　能
Image getIconImage( )	返回窗口的最小化图标
void setIconImage(Image img)	设置窗口的最小化图标为 img

JFrame 类的构造方法及主要方法详见表 10-2。

表 10-2　JFrame 类的构造方法及主要方法

构 造 方 法	功　　能
JFrame( )	创建没有标题的窗口
JFrame(String title)	创建以 title 为标题的窗口
主 要 方 法	功　　能
Container getContentPane( )	获得窗口的 ContentPane 组件
int getDefaultCloseOperation( )	用户关闭窗口时的默认处理方法
int setDefaultCloseOperation( )	设置用户关闭窗口时发生的操作
void update(Graphics g)	引用 paint( )方法重绘窗口
void remove(Component component)	将窗口中指定的组件删除
JMenuBar getMenuBar( )	获得窗口中的菜单栏组件
void setLayout(LayoutManager manager)	设置窗口的布局

框架创建以后是不可见的，必须调用 Window 类的 show( )方法或 Component 类的 setVisible( )方法显示该框架。使用 JFrame 容器进行图形界面程序开发的基本步骤如下：

步骤 1：创建的 JFrame 窗口是不可见的，要使它可见，需要使用 show( )方法或 setVisible (Boolean b)方法，其中 setVisible 中的参数 b=true。

步骤 2：使用 setSize 方法设置窗口大小。

步骤 3：向 JFrame 中添加组件时，必须先取得 ContentPane，然后再使用 add( )方法把组件加入到 ContentPane 中，这与 AWT 包中的 Frame 直接使用 add( )方法添加组件不同。

【实验 10-1】

```
//程序名称：JBEa201.java
//功能：演示 JFrame 的应用
import java.awt.*;
import javax.swing.*;
import java.awt.event.*;
class myJFrame{
public void createJFrame( ){
    JFrame jframe=new JFrame("一个框架应用");
    Container panel=jframe.getContentPane( );
    panel.setLayout(new FlowLayout( ));
    panel.add(new JButton(" 欢迎使用 JFrame! "));
    jframe.setSize(300,150);
    jframe.setVisible(true);
    jframe.addWindowListener(new WindowAdapter( ){
```

```
            public void windowClosing( WindowEvent e )
            {System.exit(0);}
        });
    }
}
public class JBEa201{
public static void main(String args[ ]){
    myJFrame  obj=new myJFrame( );
    obj.createJFrame( );
}
}
```

或：

```
//程序名称：JBEa20101.java
//功能：演示 JFrame 的应用
import java.awt.*;
import javax.swing.*;
import java.awt.event.*;
class myJFrame{
public void createJFrame( ){
    JFrame jframe=new JFrame("一个框架应用");
    JPanel jpanel=new JPanel();
    jframe.setContentPane(jpanel);
    jpanel.setLayout(new FlowLayout( ));
    jpanel.add(new JButton(" 欢迎使用 JFrame! "));
    jframe.setSize(300,100);
    jframe.setVisible(true);
    jframe.addWindowListener(new WindowAdapter(){
            public void windowClosing( WindowEvent e )
            {System.exit(0);}
        });
    }
}
public class JBEa20101{
public static void main(String args[ ]){
    myJFrame  obj=new myJFrame();
    obj.createJFrame( );
}
}
```

编译后的运行结果如图 10-4 所示。

一个框架应用

欢迎使用JFrame!

图 10-4　程序运行结果

说明：

- 程序 JBEa201.java 采用 getContentPane()方法获得 jframe 的内容面板，再往内容面板中添加组件。
- 程序 JBEa20101.java 通过 setContentPane( )方法把 jpanel 设置为 jframe 的内容面板，再往内容面板中添加组件。

10.2.2　面板

Java 中的 JPanel 组件属于容器型组件，可以在 JPanel 中放置按钮、文本框等非容器组件，甚至还可以在 JPanel 中再放置若干个 JPanel 组件。Swing 采用 JPanel 定义面板，面板必须包含在另一个容器（如 JFrame）中。JPanel 类的主要方法及功能详见表 10-3。

表 10-3　JPanel 类的主要方法及功能

主 要 方 法	功　　能
JPanel( )	创建一个 JPanel，默认布局是 FlowLayout
JPanel(LayoutManager layout)	创建一个指定布局的 JPanel
void add(Component comp)	添加组件 comp
void add(Component comp, int index)	把组件 comp 添加到特定位置 index 上
int getComponentCount( )	获得 panel 中所有组件的数量
Component getComponent(int index)	获得指定序号 index 对应的组件
Component getComponentAt(int x, int y)	获得指定位置<x,y>对应的组件
void remove(Component comp)	移除组件 comp
void removeAll( )	移除所有组件
void setLayout(LayoutManager layout)	设置布局为 layout
LayoutManager getLayout( )	得到当前布局
void setBorder(Border border)	设置边框为 border

【实验 10-2】

```
//程序名称：JBEa202.java
//功能：演示 JPanel 的应用
import java.awt.*;
import javax.swing.*;
import java.awt.event.*;
class myJpanel{
private void fillJPanel(Container c){
    Button button1,button2,button3;
    button1=new Button("确定");
    button2=new Button("取消");
    button3=new Button("保存");
    c.add(button1);c.add(button2);c.add(button3);
  }
public void createJPanel( ){
    JFrame jframe=new JFrame("一个面板应用");
    Container contentPane=jframe.getContentPane( );
    contentPane.setLayout(new FlowLayout( ));
    JPanel jpanel1=new JPanel( );
    fillJPanel(jpanel1);
    jpanel1.setBackground(Color.BLUE);
```

```
        jpanel1.setForeground(Color.RED);
        JPanel jpanel2=new JPanel( );
        fillJPanel(jpanel2);
        jpanel2.setBackground(Color.WHITE);
        jpanel2.setForeground(Color.BLACK);
        contentPane.add(jpanel1);
        contentPane.add(jpanel2);
        contentPane.add(new JButton("我不在那些面板里!!"));
        jframe.setSize(400,250);
        jframe.setvisible(true );
        jframe.addWindowListener(new WindowAdapter( ){
              public void windowClosing( WindowEvent e )
              {System.exit(0);}
        });
      }
   }

   public class JBEa202 {
   public static void main(String args[ ]){
        myJpanel  obj=new myJpanel( );
        obj.createJPanel( );
   }
   }
```

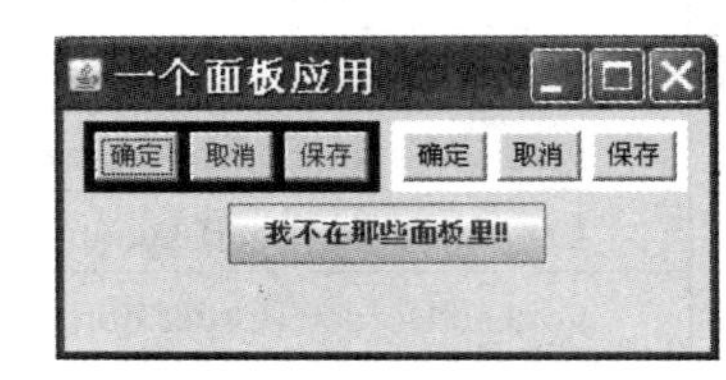

图 10-5　程序运行结果

编译后的运行结果如图 10-5 所示。

说明：Jframe 包含 2 个面板（jpanel1 和 jpanel2）和 1 个按钮，其中面板 jpanel1 又包含 3 个按钮，面板 jpanel2 也包含 3 个按钮。

10.2.3　滚动窗口

使用 Word 或 Notepad 编辑文本，会看到当输入的文本内容大于显示的窗口时，在窗口的右面和下面就会出现滚动条，借助滚动条可以看到整个编辑文本的内容。JScrollPane 类常用来建立滚动窗口，它是 Container（容器）的子类。

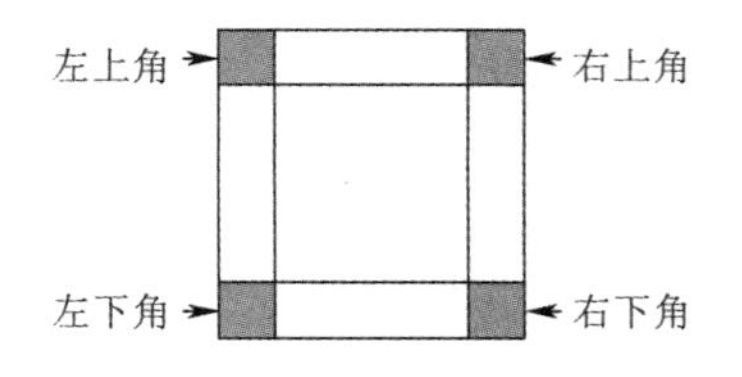

图 10-6　JScrollPane 容器

JScrollPane 窗口由 9 部分组成，包括 1 个中心显示地带、4 个角和 4 条边，如图 10-6 所示。JScrollPane 与 JPanel 不同的是面板中可以添加多个组件，滚动窗口中只能添加一个组件。因此，经常的做法是将组件添加到面板中，然后再把面板添加到滚动窗口中。JScrollPane 类经常和 JList、JLabel、JTextArea 等类配合使用。

JScrollPane 的创建方法如下：

- 创建时指定内部控件，如 JScrollPane jsp = new JScrollPane(img)。
- 创建后指出内部控件，如 scrollPane.setViewportView(panel1)。

JScrollPane 类的主要方法详见表 10-4。

表 10-4　JScrollPane 类的主要方法

主 要 方 法	功　　能
JScrollPane( )	建立一个空的 JScrollPane 对象
JScrollPane(Component comp)	建立一个显示组件 comp 的 JScrollPane 对象，当组件内容大于显示区域时，自动产生滚动条
void setViewportView(Component)	设置 JScrollPane 中心地带要显示的组件
void setVerticalScrollBarPolicy(int a)	设置垂直滚动条策略常数为 a
int getVerticalScrollBarPolicy( )	读取垂直滚动条策略常数
void setHorizontalScrollBarPolicy(int a)	设置水平滚动条策略常数为 a
int getHorizontalScrollBarPolicy( )	读取水平滚动条策略常数
void setViewportBorder(Border)	设置中心显示地带的边框
Border getViewportBorder( )	读取中心显示地带的边框
void setWheelScrollingEnabled(Boolean)	设置是否随着鼠标滚轮滚动出现或隐藏滚动条，默认状态下为真
Boolean isWheelScrollingEnabled( )	是否进行滚动以响应鼠标滚轮
void setColumnHeaderView(Component comp)	设置显示在上面的边上的组件为 comp
void setRowHeaderView(Component comp)	设置显示在左面的边上的组件为 comp
void setCorner(String s,Component comp)	设置要显示在指定角上的组件为 comp，s 为显示的字符串
Component getCorner(String s)	获得指定角上的组件

滚动条策略常数 a 可以取以下静态常数：

- static int horizontal_scrollbar_always：水平滚动条策略常数，总是显示。
- static int horizontal_scrollbar_as_needed：水平滚动条策略常数，当显示内容水平区域大于显示区域时才出现。
- static int horizontal_scrollbar_never：水平滚动条策略常数，总是不显示。
- static int vertical_scrollbar_always：垂直滚动条策略常数，总是显示。
- static int vertical_scrollbar_as_needed：垂直滚动条策略常数，当显示内容垂直区域大于显示区域时才出现。
- static int VERTICAL_SCROLLBAR_NEVER：垂直滚动条策略常数，总是不显示。

【实验 10-3】

```
//程序名称：JBEa203.java
//功能：演示 JScrollPane 的应用
import java.awt.*;
import javax.swing.*;
import java.awt.event.*;
class myJScrollPanel{
public  void createJScrollPane( ){
    JFrame jframe=new JFrame("按钮+面板+滚动窗口");
    Container contentPane=jframe.getContentPane( );
    contentPane.setLayout(new FlowLayout( ));
```

```
        JPanel jpanel=new JPanel( );
        JScrollPane jscrollpane=new JScrollPane( );
        JButton jbutton1=new JButton("确定");
        JButton jbutton2=new JButton("取消");
        JButton jbutton3=new JButton("保存");
        jpanel.add(jbutton1);
        jpanel.add(jbutton2);
        jpanel.add(jbutton3);
        jscrollpane.setViewportView (jpanel);
        contentPane.add(jscrollpane);
        jframe.setSize(800,650);
        jframe.setVisible(true);
        jframe.addWindowListener(new WindowAdapter( ){
              public void windowClosing( WindowEvent e )
              {System.exit(0);}
        });

    }
}
public class JBEa203 {
public static void main(String args[ ]){
    myJScrollPanel obj=new myJScrollPanel( );
    obj. createJScrollPanel( );
}
}
```

编译后的程序运行结果如图 10-7 所示。

图 10-7　程序运行结果

10.2.4　菜单设计

在 Java 中，一般菜单格式由菜单栏（JMenuBar）类、菜单（JMenu）类和菜单项（JMenuItem）类对象组成，如图 10-8 所示。

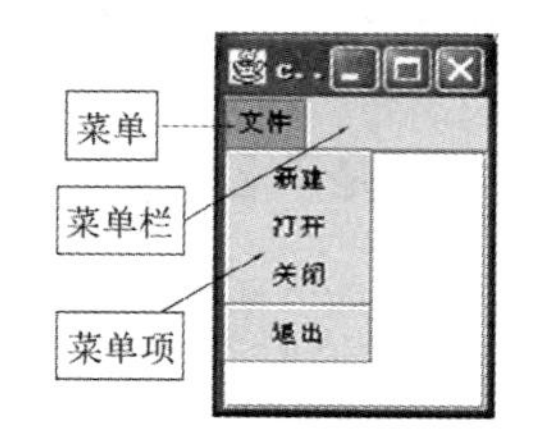

图 10-8　菜单的组成

1. 菜单栏

菜单栏用来管理菜单，不参与交互操作。菜单栏由 JMenuBar 类派生，菜单栏至少有一个菜单组件才会在图形界面上显现出来。

2. 菜单

菜单是用来存放菜单项和整合菜单项的组件，菜单由 JMenu 派生。菜单可以是单一层次菜单，也可以是多层次的结构。

3. 菜单项

菜单项是菜单系统中最基本的组件，它由 JMenuItem 类派生。从继承关系来看，菜单项继承了 AbstractButton 类，因此 JMenuItem 具有许多 AbstractButton 类的特性，所以 JMenuItem 支持按钮功能，选择了菜单项就如同单击某个按钮一样会触发 ActionEvent 事件。这样可以通过 ActionListener 对不同的菜单项编写相应的程序代码。有关 JMenuBar 类的主要方法详见表 10-5。

表 10-5 JMenuBar 类的主要方法

主要方法	功能
JMenuBar ( )	创建菜单栏
JMenu( )	创建菜单
JMenu(String str)	创建具有指定文字的菜单
JMenu(String str,bolean b)	创建具有指定文字的菜单，通过布尔值确定它是否有下拉式菜单
JMenuItem(JMenuItem menuitem)	将菜单项添加到菜单的末尾
Void addSeparator( )	在菜单末尾添加一条分隔线
JMenuItem( )	创建一个菜单项
JMenuItem(String str)	创建具有指定文字的菜单项
JMenuItem(Icon icon)	创建具有指定图形的菜单项
JMenuItem(String str,Icon icon)	创建具有指定文字和图形的菜单项
JMenuItem(String str,int nmeminic)	创建一个指定标签和键盘设置快捷键的菜单项

制作菜单的一般步骤如下：

（1）创建一个 JMenuBar 对象并将其加入到 JFrame 中。

（2）创建 JMenu 对象。

（3）创建 JMenuItem 对象并将其添加到 JMenu 对象中。

（4）将 JMenu 对象添加到 JMenuBar 中。

【实验 10-4】

```
//程序名称：JBEa204.java
//功能：演示菜单的应用
import javax.swing.*;
import java.awt.event.*;
import java.awt.*;
class myMenu extends JFrame {
  private JLabel display;
  public void createMenu( ){
    JMenuBar bar = new JMenuBar( );
    setJMenuBar(bar);
   JMenu filemenu = new JMenu("文件");
    JMenuItem filenew=new JMenuItem("新建");
   JMenuItem fileopen=new JMenuItem("打开...");
    JMenuItem filesave=new JMenuItem("保存");
    JMenuItem exit=new JMenuItem("退出");
   exit.addActionListener(new ActionListener( ){
       public void actionPerformed(ActionEvent e)
         {System.exit( 0 ); }
    });
    filemenu.add(filenew);
    filemenu.add(fileopen);
    filemenu.add(filesave);
```

```
        filemenu.addSeparator( );
        filemenu.add(exit);
        bar.add(filemenu);
       JMenu formatMenu = new JMenu("格式");
       JMenuItem colorMenu=new JMenuItem( "颜色" );
       formatMenu.add(colorMenu);
       JMenuItem fontMenu=new JMenuItem( "字体" );
       formatMenu.add(fontMenu );
       bar.add(formatMenu);
       setSize( 300, 200 );
       setTitle("菜单演示程序");
       setVisible(true);
       addWindowListener(new WindowAdapter( ){
              public void windowClosing( WindowEvent e )
              {System.exit(0);}
       });
     }
   }
public class JBEa204{
  public static void main(String args[ ]){
     myMenu obj = new myMenu( );
  obj.createMenu( );
    }
}
```

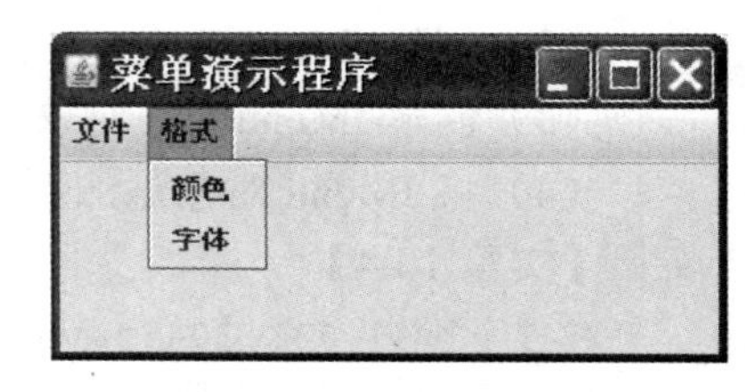

图 10-9　程序运行结果

编译后的程序运行结果如图 10-9 所示。

10.2.5　对话框

对话框是向用户显示信息并获取程序运行所需数据的窗口，可以起到与用户交互的作用。与一般窗口不同的是，对话框依赖其他窗口，当它所依赖的窗口消失或最小化时，对话框也将消失；窗口还原时，对话框又会自动恢复。

Swing 使用 JOptionPane 类提供许多现成的对话框，如消息对话框、确认对话框、输入对话框等。如果 JOptionPane 提供的对话框不能满足需要，可以使用 JDialog 类自行设计对话框。

1. JOptionPane 对话框

JOptionPane 对话框有以下 4 种类型：

- showMessageDialog：向用户显示一些消息并得到“确定”和“撤销”响应。
- showConfirmDialog：问一个要求确认的问题并得到 yes/no/cancel 响应。
- showInputDialog：通过文本框、列表或其他手段输入，并得到“确定”和“撤销”响应。
- showOptionDialog：可选择的对话框。

JOptionPane 对话框的信息类型有以下 5 种类型：

- PLAIN_MESSAGE：不包括任何图标。
- WARNING_MESSAGE：包括一个警告图标。

- QUESTION_MESSAGE：包括一个问题图标。
- INFORMATIN_MESSAGE：包括一个信息图标。
- ERROR_MESSAGE：包括一个出错图标。

JOptionPane 对话框的返回结果有以下 5 种类型。

- YES_OPTION：用户按了“是(Y)”按钮。
- NO_OPTION：用户按了“否(N)”按钮。
- CANCEL_OPTION：用户按了“撤销”按钮。
- OK_OPTION：用户按了“确定”按钮。
- CLOSED_OPTION：用户没按任何按钮，关闭对话框窗口。

2. 模式和非模式对话框

对话框分为模式对话框和非模式对话框。

所谓模式对话框是指当该对话框处于激活状态时，只能对该对话框进行操作，而不能对它所依赖的窗口进行操作，因此模式对话框不能中断对话过程，直至对话框结束，才让程序响应对话框以外的事件。常见的模式对话框有：口令对话框、删除文件对话框、选择参数对话框、错误提示对话框等，这些对话框都是要求用户输入数据或获得确认按键后才能关闭的对话框。

所谓非模式对话框是指当该对话框处于激活状态时，仍能对它所依赖的窗口进行操作，非模式对话框不会阻碍当前线程的执行。常见的非模式对话框有：查找/替换对话框、插入符号对话框就是非模式对话框。

【实验 10-5】

```
//程序名称：JBEa205.java
//功能：演示 JOptionPane 对话框的应用
import java.awt.*;
import java.awt.event.*;
import javax.swing.*;
class myDialog extends JFrame {
   private JButton jbt;
   private JLabel jlabel;
   public myDialog(){
     setTitle("JOptionPane 对话框的应用" );
     Container cp=getContentPane();
     cp.setLayout(new GridLayout(2,2,10,10));
     jbt=new JButton("显示 YES_NO_CANCEL 型对话框");
     cp.add(jbt);
     jbt.addActionListener(new handle());
     jlabel=new JLabel("");
     cp.add(jlabel);
     setSize(300,250);
     setVisible(true);
  addWindowListener(new WindowAdapter(){
           public void windowClosing( WindowEvent e )
           {System.exit(0);}
     });
```

```
    }
 public class handle implements ActionListener{
     public void actionPerformed(ActionEvent e){
         String title=" YES_NO_CANCEL 型对话框";
         String content="请选择 (yes/no)?";
         int dialogtype=JOptionPane.YES_NO_CANCEL_OPTION;
         int choice=3;
         if(e.getSource()==jbt)

 choice=JOptionPane.showConfirmDialog(null,content,title,dialogtype);
         switch(choice)
         {
             case JOptionPane.YES_OPTION:
                 jlabel.setText("您选择的是'YES'");
                 break;
             case JOptionPane.NO_OPTION:
                 jlabel.setText("您选择的是'No'");
                 break;
             case JOptionPane.CANCEL_OPTION:
                 jlabel.setText("您选择的是'CANCEL'");
                 break;
         }
     }
 }
 }
 public class JBEa205{
 public static void main(String args[]){
     myDialog obj=new myDialog();
 }
 }
```

编译后的运行结果如图 10-10 所示。

图 10-10　程序运行结果

3. JDialog 类

如果 JOptionPane 提供的对话框无法满足应用的需求，就需要使用 JDialog 来自行设计对话框。通过 JDialog 类可以创建模式对话框和非模式对话框。JDialog 对象也是一种容器，因此也可以给 JDialog 对话框指派布局管理器，对话框的默认布局为 BoarderLayout 布局。但组件不能直接加到对话框中，对话框也包含一个内容面板，应当把组件加到JDialog对象的内容面板中。由于对话框依赖窗口，因此要建立对话框，必须先要创建一个窗口。JDialog类的方法详见表10-6。

表10-6 JDialog类的方法

JDialog类的构造方法	功能说明
JDialog ( )	创建一个非模式对话框
JDialog (Dialog owner)	创建一个非模式对话框，作为Dialog组件的对话框
JDialog (Dialog owner,boolean modal)	创建一个模式或非模式对话框，作为Dialog组件的对话框
JDialog (Dialog owner,String str)	创建一个具有指定标题str的非模式对话框
JDialog (Dialog owner,String str, boolean modal)	创建一个模式或非模式具有指定标题str的对话框
JDialog (Frame owner)	使用Frame组件创建一个非模式对话框
JDialog (Frame owner,boolean modal)	使用Frame组件创建一个模式对话框
JDialog (Frame owner,String str)	使用Frame组件创建一个具有指定标题的非模式对话框
JDialog (Frame owner,String str,boolean modal)	使用Frame组件创建一个具有指定标题的模式对话框

10.3 布局管理器

布局管理就是创建某类型的一个对象，并采用此对象来安排其他容器和基本组件。常用的4种布局管理器为FlowLayout、BorderLayout、CardLayout和GridLayout。

各容器默认的布局管理器：FlowLayout默认为Applet、Panel和JPanel的布局；BorderLayout默认为JApplet和JFrame的布局。

10.3.1 FlowLayout布局

java.FlowLayout类是java.lang.Object类的直接子类。FlowLayout的布局策略是将遵循这种布局策略的容器中的组件按照加入的先后顺序从左向右排列，当一行排满之后就转到下一行继续从左至右排列，每一行中的组件都居中排列。FlowLayout是Applet默认使用的布局编辑策略。FlowLayout类有3个构造方法，分别如下：

- FlowLayout()：用于创建一个版面设定为居中对齐、各组件的水平及垂直间隔为5个像素点的FlowLayout。
- FlowLayout（int align）：用于创建一个FlowLayout类的对象，版面按给出的align值对齐，各组件的水平及垂直间隔为5个像素。align的值可以是FlowLayout.LEFT（左对齐）、FlowLayout.RIGHT（右对齐）及FlowLayout.CENTER（居中对齐）。
- FlowLayout（int align, int hgap, int vgap）：用于创建一个既指定对齐方式，又指定组件间隔的FlowLayout类的对象。参数align的作用及取值同上；参数hgap指定组件间的水平间隔；参数vgap指定各组件间的垂直间隔。间隔单位为像素点。

对于一个原本不使用FlowLayout布局编辑器的容器，若需要将其布局策略改为FlowLayout，可以使用setLayout(new FlowLayout( ))方法，该方法是所有容器的父类Container的方法，用于为容器设定布局编辑器。

【实验 10-6】

```
//程序名称：JBEa301.java
//功能：演示 FlowLayout 布局效果
import java.awt.*;
import javax.swing.*;
import java.awt.event.*;
class myFlowLayout{
public myFlowLayout( ){
    JFrame jframe=new JFrame("一个滚动列表的例子");
    Container cp=jframe.getContentPane( );
    cp.setLayout(new FlowLayout( ));
    JButton jbt1=new JButton("足球");
    JButton jbt2=new JButton("篮球");
    JButton jbt3=new JButton("排球");
    JButton jbt4=new JButton("羽毛球");
    JButton jbt5=new JButton("乒乓球");
    cp.add(jbt1);
    cp.add(jbt2);
    cp.add(jbt3);
    cp.add(jbt4);
    cp.add(jbt5);
    jframe.setSize(250,200);
    jframe.setVisible(true);
    jframe.addWindowListener(new WindowAdapter( ){
          public void windowClosing( WindowEvent e )
          {System.exit(0);}
    });
  }
}
public class JBEa301{
  public static void main(String args[ ]){
    myFlowLayout obj = new myFlowLayout( );
  }
}
```

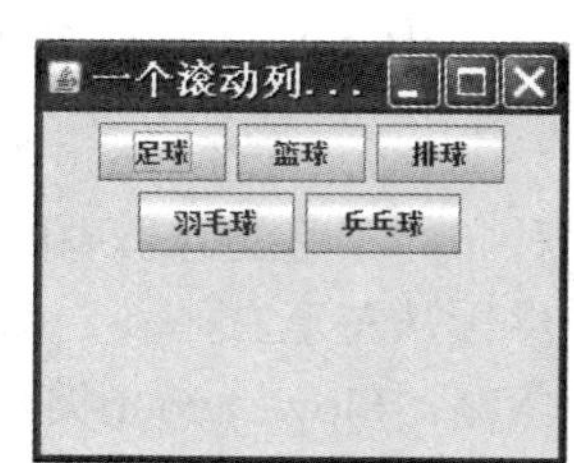

图 10-11　程序运行结果

编译后的程序运行结果如图 10-11 所示。

10.3.2　BorderLayout 布局

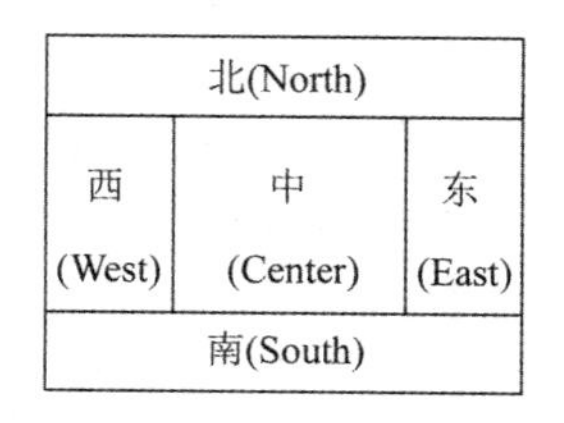

图 10-12　BorderLayout 布局示意图

java.BorderLayout 类是 java.lang.Object 类的直接子类。BorderLayout 布局策略是把容器内的空间划分为东、西、南、北和中 5 个区域（图 10-12）。这 5 个区域分别用字符串常量 East、West、South、North 及 Center 表示。

向这个容器内每加入一个组件都应该指明把它放在容器的哪个区域中。分布在北部和南部区域的组件将横向扩展至占据整个容器的长度；分布在东部和西部的组件将伸展至占据容器剩余部分的全部宽度；最后剩余的部分将分配给位于中央的组件。如果某个区域没有分配组件，则其他组件可以占据它的空间。BorderLayout 是 JApplet 的默认布局策略。BorderLayout 的构造方法如下：

- public BorderLayout( )：创建一个各组件间的水平、垂直间隔为 0 的 BorderLayout 类的对象。
- public BorderLayout(int hgap, int vgap)：创建一个各组件间的水平间隔为 hgap、垂直间隔为 vgap 的 BorderLayout 类的对象。

【实验 10-7】

```
//程序名称：JBEa302.java
//功能：演示 BorderLayout 布局效果
import java.awt.*;
import javax.swing.*;
import java.awt.event.*;
public class JBEa302 implements ActionListener
{
JFrame jframe=new JFrame("一个 BorderLayout 布局的例子");
JButton  bt1=new JButton("北部"),
    bt2=new JButton("西部"),
    bt3=new JButton("东部"),
    bt4=new JButton("南部");
JLabel lbl=new JLabel("中部");
Container cp=jframe.getContentPane( );
public static void main(String args[ ]){
    myBorderLayoutExample obj=new myBorderLayoutExample( );
    obj.buildcard( );
}
public void buildcard( ){
    cp.setLayout(new BorderLayout(10,10));
    cp.add("North",bt1);          //将 bt1 放置于北区
    bt1.addActionListener(this);
    cp.add("West",bt2);           //将 bt2 放置于西区
    bt2.addActionListener(this);
    cp.add("East",bt3);           //将 bt3 放置于东区
    bt3.addActionListener(this);
    cp.add("South",bt4);          //将 bt4 放置于南区
    bt4.addActionListener(this);
    cp.add("Center",lbl);         //将 bt5 放置于中区
    jframe.setSize(300,300);
    jframe.setVisible(true);
    }
public void actionPerformed(ActionEvent e){
    if (e.getSource( )==bt1)  lbl.setText("按钮 1");
    else if (e.getSource( )==bt2) lbl.setText("按钮 2");
```

```
        else if (e.getSource( )==bt3)  lb1.setText("按钮 3");
             else  lb1.setText("按钮 4");
    }
    }
```

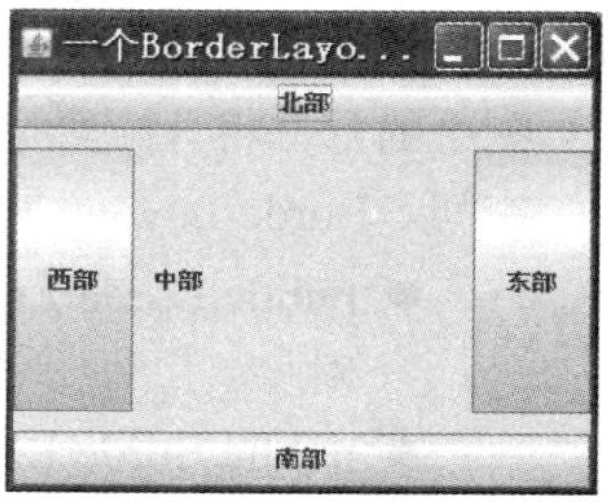

编译后的程序运行结果如图 10-13 所示。对应的 Applet 程序如下：

图 10-13　程序运行结果

```
import java.awt.*;
import javax.swing.*;
import java.awt.event.*;
public class JBEa30201 extends JApplet implements ActionListener
{
JButton  bt1=new JButton("北部"),
    bt2=new JButton("西部"),
    bt3=new JButton("东部"),
    bt4=new JButton("南部");
JLabel lb1=new JLabel("中部");
Container cp=getContentPane( );
public void init( ){
    cp.setLayout(new BorderLayout(10,10));
    cp.add("North",bt1);          //将 bt1 放置于北区
    bt1.addActionListener(this);
    cp.add("West",bt2);           //将 bt2 放置于西区
    bt2.addActionListener(this);
    cp.add("East",bt3);           //将 bt3 放置于东区
    bt3.addActionListener(this);
    cp.add("South",bt4);          //将 bt4 放置于南区

    bt4.addActionListener(this);
    cp.add("Center",lb1);         //将 bt5 放置于中区
   }
public void actionPerformed(ActionEvent e){
    if (e.getSource( )==bt1)  lb1.setText("按钮 1");
    else if (e.getSource( )==bt2) lb1.setText("按钮 2");
         else if (e.getSource( )==bt3)  lb1.setText("按钮 3");
            else  lb1.setText("按钮 4");
}
}
```

10.3.3　GridLayout 布局

如果界面上需要放置的组件较多，且这些组件的大小又基本一致，例如计算器、遥控器的面板，使用 GridLayout 布局策略是最佳的选择。GridLayout 的布局策略是把容器的空间划分为若干行、若干列的网格区域，而每个组件按添加的顺序从左向右、从上向下地占据这些网格。

GridLayout 类的 3 个构造方法如下：

- GridLayout( )：按默认（1 行 1 列）方式创建一个 GridLayout 布局。

- GridLayout(int rows,int cols)：创建一个具有 rows 行、cols 列的 GridLayout 布局。
- GridLayout(int rows,int cols,int hgap,int vgap)：按指定的行数 rows、列数 cols、水平间隔 hgap 和垂直间隔 vgap 创建一个 GridLayout 布局。

10.3.4　CardLayout 布局

CardLayout 的版面布局方式是将每个组件看成一张卡片，如同扑克牌一样将组件堆叠起来，而显示在屏幕上的只能是最上面的一个组件，这个被显示的组件将占据所有的容器空间。

CardLayout 类的构造方法如下：

- public CardLayout( )：使用默认（间隔为 0）方式创建一个 CardLayout( )类对象。
- public CardLayout（int hgap, int vgap)：使用 hgap 指定的水平间隔和 vgap 指定的垂直间隔创建一个 CardLayout( )类对象。

CardLayout 类的常用方法如下：

- public void first（Container parent)：显示第一张卡片。
- public void last（Container parent)：显示最后一张卡片。
- public void next（Container parent)：循环显示下一张卡片。
- public void previous（Container parent)：循环显示前一张卡片。

【实验 10-8】

```
//程序名称：JBEa303.java
//功能：演示 CardLayout 布局效果
import java.awt.*;
import javax.swing.*;
import java.awt.event.*;
class myCardLayout{
public myCardLayout( ){
    JFrame jframe=new JFrame("一个 CardLayout 布局的例子");
    Container cp=jframe.getContentPane( );
    CardLayout card=new CardLayout(20,20);
    cp.setLayout(card);
    JButton jbt1=new JButton("足球");
    JButton jbt2=new JButton("篮球");
    JButton jbt3=new JButton("排球");
    JButton jbt4=new JButton("羽毛球");
    JButton jbt5=new JButton("乒乓球");
    cp.add("a",jbt1);
    cp.add("b",jbt2);
    cp.add("c",jbt3);
    cp.add("d",jbt4);
    cp.add("e",jbt5);
    card.next(cp);
    jframe.setSize(150,200);
    jframe.setVisible(true);
    jframe.addWindowListener(new WindowAdapter( ){
```

```
            public void windowClosing( WindowEvent e )
            {System.exit(0);}
        });
      }
   }
   public class JBEa303{
     public static void main(String args[ ]){
        myCardLayout obj = new myCardLayout( );
      }
   }
```

注意：在程序中调用容器的 add( )方法可将组件加入到容器中，例如语句 add("a",bt1)中的字符串 a 是为组件分配的字符串名字，分配的目的是为了让布局编辑器根据这个名字调用显示这个组件。

编译后的程序运行结果如图 10-14 所示。

图 10-14　程序运行结果

10.3.5　null 布局

容器的布局也可以为 null 类型，即空布局，如 p.setLayout(null)。在这种布局下，利用 add(c)方法向容器添加组件，组件 c 调用 setBounds(int a,int b,int width,int height)方法设置该组件在容器中的位置和本身的大小。其中，a、b 是组件 c 的左上角在容器中的位置坐标；width、height 是组件 c 的宽和高。利用 getSize( ).width 和 getSize( ).height 可以得到组件的宽度和高度。

【实验 10-9】

```
//程序名称：JBEa304.java
//功能：演示 null 布局效果
import java.awt.*;
import javax.swing.*;
import java.awt.event.*;
class myNullLayout extends JFrame{
JLabel 学号,姓名,性别;
JTextField stdno,name,sex;
int x=0,y=0,w,h;
Container cp=getContentPane( );
public myNullLayout( ) {
    setLayout(null);
    学号=new JLabel("学号: ",JLabel.CENTER);
    姓名=new JLabel("姓名: ",JLabel.CENTER);
    性别=new JLabel("性别: ",JLabel.CENTER);
    stdno=new JTextField( );
    name=new JTextField( );
    sex=new JTextField( );
    x=80;y=60;
    w=100;h=30;
    cp.add(学号); cp.add(姓名);cp.add(性别);
    cp.add(stdno);cp.add(name);cp.add(sex);
```

```
    学号.setBounds(0,y,w,h); stdno.setBounds(x,y,w,h);
    姓名.setBounds(0,2*y,w,h);name.setBounds(x,2*y,w,h);
    性别.setBounds(0,3*y,w,h);sex.setBounds(x,3*y,w,h);
    setSize(350,300);
    setTitle("一个 null 布局的例子");
    setVisible(true);
    addWindowListener(new WindowAdapter( ){
          public void windowClosing( WindowEvent e )
          {System.exit(0);}
    });
}
}
public class JBEa304{
public static void main(String args[ ]){
    myNullLayout obj=new myNullLayout( );
}
}
```

编译后的程序运行结果如图 10-15 所示。

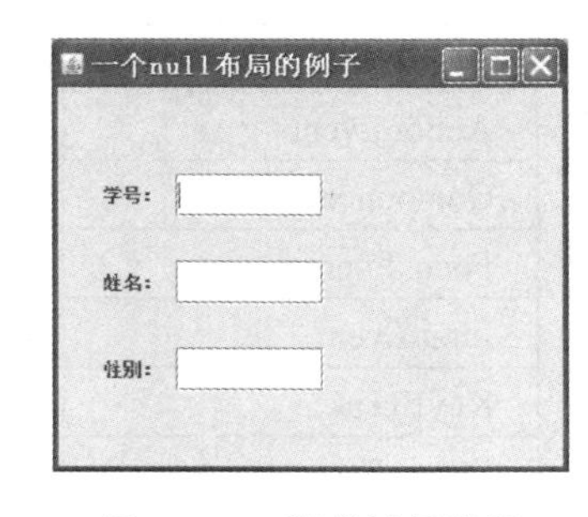

图 10-15　程序运行结果

10.4　事　件　处　理

10.4.1　委托事件模型

设计和实现图形用户界面的工作主要有以下两个：

（1）创建组成界面的各种成分和元素，指定它们的属性和位置关系，根据具体需要排列它们，从而构成完整的图形用户界面的物理外观。

（2）定义图形用户界面的事件和各界面元素对不同事件的响应，从而实现图形用户界面与用户的交互功能。

图形用户界面之所以能为广大用户喜爱，原因之一就在于图形用户界面的事件驱动机制，它可以根据产生的事件来决定执行相应的程序段。

Java 采用委托事件模型来处理事件。委托事件模型的特点是将事件的处理委托给独立的对象，而不是组件本身，从而将使用者界面与程序逻辑分开。整个“委托事件模型”由产生事件的对象（事件源）、事件对象及监听器对象之间的关系所组成，如图 10-16 所示。

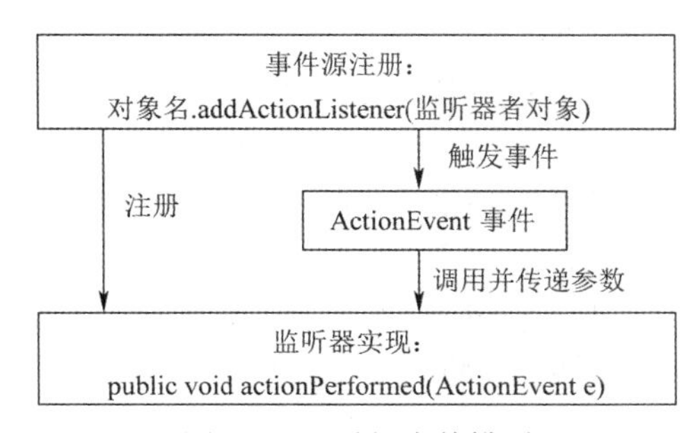

图 10-16　委托事件模型

- 事件（event）：代表了某对象可执行的操作及其状态的变化。例如：在图形用户界面中，用户可以通过移动鼠标对特定图形界面元素进行单击、双击等操作来实现输入/输出操作。
- 事件源：指一个事件的产生者。
- 事件监听器：就是接收事件对象并对其进行处理的对象。

常见事件的种类及说明详见表 10-7。

表 10-7　常见事件的种类及说明

名　称	说　明
ActionEvent	处理按钮、列表双击、单击菜单项目
ComponentEvent	处理组件被隐藏、移动、尺寸调整或者变为不可见的事件
FocusEvent	处理组件获得或者失去焦点事件
InputEvent	处理复选框和列表项单击、控件的选择和可选菜单项选择的事件
KeyEvent	处理键盘的输入
MouseEvent	处理鼠标拖动、移动、单击、按下、释放或者进入、退出组件的事件
TextEvent	处理文本区域或者文本区域的值的改动
WindowEvent	处理窗口激活、失去活动窗口、最小化、打开、关闭或者退出的事件

常见事件监听器的种类及说明详见表 10-8。

表 10-8　常见事件监听器的种类及说明

名　称	说　明
ActionListener	处理动作事件，例如单击按钮
ComponetListener	处理组件被隐藏、移动、尺寸移动或显示的事件
ContainerListener	处理在容器中加入组件或删除组件的事件
FocusListener	处理组件获得或失去焦点的事件
KeyListener	监听键盘事件
MouseListener	监听鼠标的单击、进入组件、退出组件或者按下鼠标的事件
MouseMotionListener	监听鼠标拖动或者移动的事件
TextListener	监听文本值改变的事件
WindowListener	处理窗口激活、失去活动窗口、最小化、不最小化、打开、关闭或者退出的事件

每一个事件类都有一个“唯一”的事件处理方法接口，如处理鼠标事件 MouseEvent 类的对应接口为 MouseListener 接口，处理按钮 ActionEvent 事件类的对应接口为 ActionListener 接口。

监听器向事件源注册，使监听器能够监听到并处理事件源产生的事件，如 ActionEvent 事件，实现其接口 ActionListener。

注册监听器采用 add×××Listener( )方法实现，例如：A. add×××Listener(B)；表示当 A 发生×××事件时，对象 B 能得到通知，并将调用相应的方法处理该事件。如 button 事件，注册监听器为 handler，则：

```
button. addActionListener(handler);
```

```
class handler  implements ActionListener{
public void actionPerformed(ActionEvent e)
        { … }
}
```

常见事件监听器接口及处理方法详见表 10-9。

表 10-9　常见事件监听器接口及处理方法

事　件　类	监听器接口	监听器接口所提供的事件处理方法
ActionEvent	ActionListener	actionPerformed(ActionEvent e)
AdjustmentEvent	AdjustmentListener	adjustmentValueChange(AdjustmentEvent e)
ItemEvent	ItemListener	itemStateChange(ItemEvent e)
KeyEvent	KeyListener	keyType(KeyEvent e) keyPressed(KeyEvent e) keyReleased(KeyEvent e)
MouseEvent	MouseListener	mouseClicked(MouseEvent e) mouseEntered(MouseEvent e) mouseExited(MouseEvent e) mousePressed(MouseEvent e) mouseReleased(MouseEvent e) mouseDragged(MouseEvent e) mouseMoved(MouseEvent e)
TextEvent	TextListener	textValueChange(TextEvent e)
WindowEvent	WindowListener	windowActivated(WindowEvent e) windowClosed(WindowEvent e) windowClosing(WindowEvent e) windowDeactivated(WindowEvent e) windowDeiconifieded(WindowEvent e) windowIconfied(WindowEvent e) windowOpened(WindowEvent e)

AWT 常用组件可以使用的监听器详见表 10-10。

表 10-10　AWT 常用组件可以使用的监听器

组　　件	监　听　器
Button	ActionListener、ComponentListener、FocusListener、KeyListener、MouseListener、MouseMotionListener
Canvas	ComponentListener、FocusListener、KeyListener、MouseListener、MouseMotionlistener
Checkbox	ComponentListener、FocusListener、ItemListener、KeyListener、MouseListener、MouseMotionListener
CheckboxMenuItem	ItemListener

续表

组　件	监　听　器
Choice	ComponentListener、FocusListener、ItemListener、KeyListener、MouseListener、MouseMotionListener
Component	ComponentListener、FocusListener、KeyListener、MouseListener、MouseMotionListener
Container	ComponentListener、ContainerListener、FocusListener、KeyListener、MouseListener、MouseMotionListener
Dialog	ComponentListener、ContainerListener、FocusListener、KeyListener、MouseListener、MouseMotionListener、WindowListener
Frame	ComponentListener、ContainerListener、FocusListener、KeyListener、MouseListener、MouseMotionListener、WindowListener
Label	ComponentListener、FocusListener、KeyListener、MouseListener、MouseMotionListener
List	ActionListener、ComponentListener、FocusListener、ItemListener、KeyListener、MouseListener、MouseMotionListener
MenuItem	ActionListener
Panel	ComponentListener、ContainerListener、FocusListener、KeyListener、MouseListener、MouseMotionListener
ScrollBar	AdjustmentListener、ComponentListener、FocusListener、KeyListener、MouseListener、MouseMotionListener
ScrollPane	ComponentListener、ContainerListener、FocusListener、KeyListener、MouseListener、MouseMotionListener
TextArea	ComponentListener、FocusListener、、KeyListener、MouseListener、MouseMotionListener、TextListener
TextField	ActionListener、ComponentListener、FocusListener、、KeyListener、MouseListener、MouseMotionListener、TextListener
Window	ComponentListener、ContainerListener、FocusListener、KeyListener、MouseListener、MouseMotionListener、WindowListener

Java 处理各组件事件的一般步骤如下：

（1）新建一个组件（如 JButton）。

（2）将该组件添加到相应的面板（如 JPanel）。

（3）注册监听器以监听事件源产生的事件（如通过 ActionListener 来响应用户单击按钮）。

（4）定义处理事件的方法（如在 ActionListener 中的 actionPerformed 中定义相应的方法）。

以下将针对不同组件来详细说明。

10.4.2　键盘事件

在 Java 中，当用户使用键盘进行操作时，会产生 KeyEvent 事件。监听器要完成对事件的响应，就要实现 KeyListener 接口或继承 KeyAdapter 类，实现对类中方法的定义。在 KeyListener 这个接口中有如下 3 个事件：

- KeyPressed：表示键盘按键被按下。
- KeyReleased：表示键盘按键被释放。

- KeyTyped：表示键盘按键被敲击。

实现接口中的 KeyPressed(KeyEvent e)、KeyReleased(KeyEvent e)和 KeyTyped(KeyEvent e)方法，完成对上述 3 个事件的处理。

【实验 10-10】

```
//程序名称：JBEa401.java
//功能：演示 KeyEvent 键盘事件
import java.awt.*;
import javax.swing.*;
import java.awt.event.*;
class myKeyEvent extends JFrame implements KeyListener{
   private String line1="", line2 = "";
   private JTextArea textArea;
   public myKeyEvent( ) {
      super("显示键盘事件演示程序");
      textArea=new JTextArea(10,15);
      textArea.setText("按任意键继续...");
      textArea.setEnabled(false);
     textArea.setFont(new Font("TimesRoman",Font.BOLD+Font.ITALIC,18));
     getContentPane( ).add(textArea);
      addKeyListener(this);
      setSize(300,100);
      setVisible(true);
   }
    public void keyPressed(KeyEvent e){
     line1="键盘按下："+e.getKeyText(e.getKeyCode( ));
     setString(e);
    }
    public void keyReleased(KeyEvent e){
     line1="按键释放： "+e.getKeyText(e.getKeyCode( ));
     setString(e);
    }
    public void keyTyped(KeyEvent e){
     line2="按键输入： "+e.getKeyChar( );
     setString(e);
   }
private void setString(KeyEvent e){
       textArea.setText(line1+"\n"+line2);
   }
}
public class JBEa401{
public static void main(String args[ ]){
    myKeyEvent app = new myKeyEvent( );
    app.addWindowListener(new WindowAdapter( ) {
```

```
            public void windowClosing(WindowEvent e){
                System.exit(0);
            }
        }
    }
}
```

编译后的程序运行结果如图 10-17 所示。

图 10-17　程序运行结果

10.4.3　鼠标事件

在 Java 中，当用户使用鼠标进行操作时，则会产生鼠标事件 MouseEvent。对 MouseEvent 事件的响应是实现 MouseListener 接口或 MouseMotionListener 接口，或者是继承 MouseApdapter 类，来实现 MouseApdapter 提供的方法。与 Mouse 有关的事件可以分为两类：一类是 MouseListener 接口，共提供了 5 种方法，主要针对鼠标的按键和位置进行检测；另一类是 MouseMotionListener 接口，共提供了两种方法，主要针对鼠标的坐标和按键进行检测。

Mouse 事件以及接口的方法详见表 10-11。

表 10-11　Mouse 事件以及接口的方法

MouseListener 类	功 能 说 明
moveClicked(MouseEvent e)	表示鼠标单击事件
moveEntered(MouseEvent e)	表示鼠标进入事件
moveExited(MouseEvent e)	表示鼠标离开事件
movePressed(MouseEvent e)	表示鼠标按下事件
moveReleased(MouseEvent e)	表示鼠标释放事件
moveDragged(MouseEvent e)	表示鼠标拖动事件
moveMoved(MouseEvent e)	表示鼠标移动事件
MouseEvent 类	**功 能 说 明**
int getX( )	获得鼠标事件 X 坐标
int getY( )	获得鼠标事件 Y 坐标
point getClickCount( )	获得鼠标的点击次数

【实验 10-11】

```
//程序名称：JBEa402.java
//功能：演示 MouseEvent 鼠标事件
import java.awt.*;
import java.awt.event.*;
import javax.swing.*;
class myMouseEvent extends JFrame{
  private JTextField text;
  public myMouseEvent( ){
```

```
super("鼠标事件测试例子");
Container cp=getContentPane( );
cp.setLayout(new BorderLayout(5,5));
JLabel label=new JLabel("移动拖动鼠标");
Font g = new Font("Courier", Font.BOLD, 22);
label.setFont(g);
cp.add(label,BorderLayout.NORTH);
text=new JTextField(20);
cp.add(text,BorderLayout.SOUTH);
cp.addMouseMotionListener(new MouseMotionHandler( ));
cp.addMouseListener(new MouseEventHandler( ));
setSize(300,150);
setVisible(true);
  }
  public class MouseMotionHandler extends MouseMotionAdapter {
    public void mouseDragged(MouseEvent e){
     String s="鼠标拖动：X="+e.getX( )+"Y="+e.getY( );
     text.setText(s);
    }
  }
  public class MouseEventHandler extends MouseAdapter {
   public void mouseEntered(MouseEvent e){
      String s="鼠标进入!";
      text.setText(s);
     }
public void mouseExited(MouseEvent e){
      String s="鼠标离开!";
      text.setText(s);
     }
   }
}
public class JBEa402{
public static void main(String args[ ]) {
     myMouseEvent app=new myMouseEvent( );
     app.addWindowListener( new WindowAdapter( ){
     public void windowClosing(WindowEvent e){
            System.exit( 0 );
      }
    }
  }
 }
```

编译后的程序运行结果如图10-18所示。

图10-18　程序运行结果

10.5　常用组件

在窗口中可以添加各种组件，通过容器的 add( )方法可以将各种组件添加到容器中。本节介绍各种常见的组件。常用非容器组件如下：

- 选择类：包括单选按钮、复选按钮和下拉列表。
- 文字处理类：包括文本框和文本区域。
- 命令类：包括按钮和菜单等。

图形用户界面中的常用组件如图 10-19 所示，使用控制组件的步骤如下：

（1）创建某控制组件类的对象，指定其大小等属性。

（2）使用某种布局策略，将该控制组件对象加入到某个容器中的指定位置。

（3）将该组件对象注册给所能产生的事件对应的事件监听程序，重载事件处理方法，实现利用该组件对象与用户交互的功能。

图 10-19　图形用户界面中的常用组件

10.5.1　按钮

按钮是一种点击时触发行为事件的组件。AWT 的 Button 类和 Swing 的 JButton 类是用来建立按钮的。

1. AWT 的 Button 类的构造方法及常用方法

- public Button( )：创建没有名字的按钮。
- public Button(String s)：创建名字为 s 的按钮。
- public void setLabel(String s)：设置按钮的名字为 s。
- public String getLabel( )：获取按钮的名字。

2. Swing 的 JButton 类的构造方法及常用方法

- public JButton( )：创建没有名字的按钮。
- public JButton(String s)：创建名字为 s 的按钮。
- public JButton(Icon icon)：创建具有图标 icon 的按钮。
- public JButton(String s, Icon icon)：创建名字为 s 且图标为 icon 的按钮。

JButton 类的常用方法如下：

- public void setText(String s)：设置按钮的名字为 s。
- public String getText( )：获取按钮的名字。
- public void setIcon(Icon icon)：设置按钮的图标为 icon。
- public String getIcon( )：获取按钮的图标。
- public void setMnemonic(char ch)：指定热键，同时按下 Alt 键和指定热键相当于按下该按钮。例如使用 jbt.setMnemonic('T')可将 T 设置为按钮 jbt 的热键。
- public void sethorizontalAlignment(int a)：指定按钮上标签的水平对齐方式，默认值为居中。a 值可取为 SwingConstants.LEFT、SwingConstants.CENTER、SwingConstants.RIGHT。

- public void 为 setverticalAlignment(int a)：指定按钮上标签的垂直对齐方式。默认值为居中。a 值可取 SwingConstants.TOP、SwingConstants.CENTER 和 SwingConstants. BOTTOM。
- public void sethorizontalTextPosition(int a)：指定文本相对于图标的水平位置，默认为 SwingConstants.RIGHT。a 值可取 SwingConstants.LEFT、SwingConstants. CENTER、SwingConstants.RIGHT。
- public void set verticalTextPosition：指定文字相对图标的垂直位置，默认值为 SwingConstants.CENTER。a 值可取 SwingConstants.TOP、SwingConstants.CENTER、SwingConstants.BOTTOM。

3. JButton 的属性

- text：按钮上的标签，见方法 setText( )。
- icon：按钮上的图标，见方法 setTextIcon( )。
- mnemonic：热键属性，见方法 setMnemonic( )。
- horizontalAlignment：按钮上标签的水平对齐方式属性，见方法 sethorizontal-Alignment( )。
- verticalAlignment：按钮上标签的垂直对齐方式属性，见方法 set verticalAlignment ( )。
- horizontalTextPosition：指定文本相对于图标的水平位置属性，见方法 setHorizontal-TextPosition( )。
- verticalTextPosition：指定文本相对于图标的垂直位置属性，见方法 setVerticalText-Position ( )。

4. 按钮事件处理

按钮可以产生多种事件，不过常需要响应 ActionEvent 事件。为使按钮能够响应 ActionEvent，必须实现 ActionListener 接口中的 actionPerformed 方法。下面的方法主要用于按钮事件处理：

- public void addActionListener(ActionListener obj)：将 obj 对象指定为按钮的监听器。
- public void removeActionListener(ActionListener obj)：将 obj 对象从监听器中去掉。
- protected void processActionEvent(ActionEvent e)：处理按钮产生的 ActionEvent 类型的事件。
- protected void processEvent(AWTEvent e)：处理按钮产生的所有类型的事件。

10.5.2　标签

标签是用来显示一个单行文本的组件。AWT 的 Label 类和 Swing 的 JLabel 类都是用于创建标签的。

1. Label 类的构造方法

- public Label( )：创建没有名字的标签。
- public Label(String s)：创建名字为 s 的标签。
- public Label(String s, int alignment)：创建名字为 s 且对齐方式为 alignment 的标签。对齐方式有左、右和居中，对应的静态常量为 Label.LEFT、Label.RIGHT、Label.CENTER。

2. Label 类常用的方法

- public String getText( )：获取标签名称。
- public void setText(String s)：设置标签名称为 s。
- public String getAlignment( )：获取对齐方式。

3. JLabel 类的构造方法

- public JLabel( )：创建没有名字的标签。
- public JLabel(String s)：创建名字为 s 的标签，s 在标签中靠左对齐。
- public JLabel(String s, int alignment)：创建名字为 s 且对齐方式为 alignment 的标签。对齐方式有左、右和居中，对应的静态常量为 JLabel.LEFT、JLabel.RIGHT、JLabel.CENTER。
- public JLabel(Icon icon)：创建具有图标 icon 的标签，icon 在标签中靠左对齐。
- public JLabel(String s, Icon icon, int alignment)：创建名字为 s、图标为 icon 且对齐方式为 alignment 的标签。

4. JLabel 类的常用方法

- public void setText(String s)：设置标签的名字为 s。
- public String getText( )：获取标签的名字。
- public void setIcon(Icon icon)：设置标签的图标为 icon。
- public String getIcon( )：获取标签的名字。

5. JLabel 类的属性

JLabel 继承了类 JComponent 的所有属性，并具有 JButton 类的许多属性，如 text、icon、horizontalAlignment 和 verticalAlignment 等，这些属性的设置见相关方法。

10.5.3　文本行

文本行是一个单行的文本域，可接受从键盘输入的信息。AWT 的 TextField 类和 Swing 的 JTextField 类是用于创建文本行的。

1. TextField 类的构造方法

- public TextField( )：创建长度为 1 个字符的文本行。
- public TextField(int x)：创建长度为 x 个字符的文本行。
- public TextField(String s)：创建初始字符串为 s 的文本行。
- public TextField(String s, int x)：创建初始字符串为 s 且长度为 x 个字符的文本行。

2. JTextField 类的构造方法

- public JTextField( )：创建长度为 1 个字符的文本行。
- public JTextField(int x)：创建长度为 x 个字符的文本行。
- public JTextField(String s)：创建初始字符串为 s 的文本行。
- public JTextField(String s, int x)：创建初始字符串为 s 且长度为 x 个字符的文本行。

JTextField 类的一个子类 JPasswordField，提供了掩盖输入文本的方法。

3. TextField 类和 JTextField 类的常用方法

- public void setEchoChar(char c)：设置用户输入的响应字符，防止外泄。
- public char getEchoChar( )：获取响应字符。

- public void setText(String s)：设置文本行的文本为 s。
- public String getText( )：获取文本行的文本。
- public setEditable(boolean editable)：使文本行变为可编辑的，默认为 true。
- public setColumns(int)：设置文本行的列数，文本行的长度可变。
- public void setIcon(Icon icon)：设置标签的图标为 icon。
- public String getIcont( )：获取标签的名字。

4. 文本行的属性

文本行除了具有 text、horizontalAlignment 等属性外，还有 editable 和 columns 等属性，具体的设置方法见相关的方法介绍部分。

5. 文本行事件处理

文本行可以产生多种事件，不过常需要响应 ActionEvent 事件，ActionEvent 事件的监视器设置方法是 addActionListener(ActionListener)，监视器处理事件使用的接口是 ActionListener，接口中的方法是 actionPerformed(ActionEvent e)。下面的方法主要用于文本行事件处理。

- public void addActionListener(ActionListener obj)：将 obj 对象指定为文本行的监听器。
- public void removeActionListener(ActionListener obj)：将 obj 对象从监听器中去掉。

10.5.4　文本域

AWT 的 TextArea 类和 Swing 的 JTextArea 类可生成一个多行的文本域，内容超出显示范围时，具有滚动显示的功能。

1. TextArea 类的构造方法

- public TextArea( )：创建空文本域。
- public TextArea(String s)：创建初始文本为 s 的文本域。
- public TextArea(int rows, int columns)：创建 rows 行、columns 列大小的文本域。
- public TextArea(String s, int rows, int columns)：创建 rows 行、columns 列大小且初始文本为 s 的文本域。
- public TextArea(String text, int rows, int columns, int scrollbars)：创建 rows 行、columns 列大小、初始文本为 s 且滚动方式为 scrollbars 的文本域。

滚动方式采用 4 个静态常量表示：scrollbars_none、scrollbars_vertical_only、scrollbars_horizontal_only、scrollbars_both。

2. TextArea 类的常用方法

- public void setText(String s)：设置文本域中的文本为 s，同时清除文本域中的原有文本。
- public String getText( )：获取文本域中的文本。
- public void append(String str)：将字符串 str 连接到上一文本的后面。
- public int getColumns( )：获取文本域的列数。
- public int getRows( )：获取文本域的行数。
- public int getScrollbarVisibility( )：返回滚动方式。
- public void insert(String str, int pos)：在指定位置 pos 插入文本 str。
- public void replaceRange(String str, int start, int end)：用文本 str 替换文本域中从 start 开始到 end 结束的文本。

- public void setColumns(int columns)：设置文本域的列数。
- public void setRows(int rows)：设置文本域的行数。
- public void addTextListener(ActionListener obj)：将 obj 对象指定为文本域的监听器。
- public void removeTextListener(ActionListener obj)：将 obj 对象从监听器中去掉。

JTextArea 与 TextArea 类似。JTextArea 和 JList 组件一样，必须放在 JScrollpane 中。

3. 文本域事件处理

文本域可以产生多种事件，不过常需要响应 TextEvent 事件。TextEvent 事件的监视器设置方法是 addTextListener(TextListener)，监视器处理事件使用的接口是 TextListener，接口中的方法是 textValueChange(TextEvent e)。

10.5.5　复选框

复选框是一种能够打开、关闭选项的组件，如同电灯开关一样。AWT 的 CheckBox 类和 Swing 的 JCheckBox 类是用于创建复选框的。

1. JCheckBox 的 7 种构造方法

JCheckBox 的 7 种构造方法如下：

- JCheckBox( )。
- JCheckBox(String text)。
- JCheckBox(String text, boolean selected)。
- JCheckBox(Icon icon)。
- JCheckBox(Icon icon, boolean selected)。
- JCheckBox(String text, Icon icon)。
- JCheckBox(String text, Icon icon, boolean selected)。

2. JCheckBox 的属性

JCheckBox 除了具有 JButton 的所有属性（如 text、icon、mnemonic、verticalAlignment、horizontalAlignment、horizontalTextPosition 和 verticalTextPosition）外，还有 selected 属性，该属性指明复选框是否被选中。

3. JCheckBox 的事件

JCheckBox 能够产生 ActionEvent 和 ItemEvent 事件。

ActionEvent 事件的监视器设置方法是 addActionListener(ActionListener)，监视器处理事件使用的接口是 ActionListener，接口中的方法是 actionPerformed(ActionEvent e)。

ItemEvent 事件的监视器设置方法是 addItemListener(ItemListener)，监视器处理事件使用的接口是 ItemListener，接口中的方法是 itemStateChanged(ItemEvent e)，通过实现该方法以判断是否选中了复选框，并对 ItemEvent 事件作出相应的响应。

```
public void itemStateChanged(ItemEvent e)
{
if(e.getSource( ) instanceof JCheckBox)
    if(jchk1.isSelected( ))
        //Process the selection for jchk1;
    if(jchk2.isSelected( ))
        //Process the selection for jchk2;
}
```

10.5.6　单选框

单选框是让用户从一组组件中选择唯一的一个选项。AWT 的 RadioButton 类和 Swing 的 JRadioButton 类用于创建复选框。

1. JRadioButton 的 7 种构造方法

- JRadioButton( )。
- JRadioButton(String text)。
- JRadioButton(String text, boolean selected)。
- JRadioButton(Icon icon)。
- JRadioButton(Icon icon, boolean selected)。
- JRadioButton(String text, Icon icon)。
- JRadioButton(String text, Icon icon, boolean selected)。

2. JRadioButton 的属性

JRadioButton 除具有 JButton 的所有属性如 text、icon、mnemonic、verticalAlignment、horizontalAlignment、horizontalTextPosition、verticalTextPosition 外，还具有 selected 属性，该属性指明单选框是否被选中。

3. 将单选框组合成组

单选框可以像按钮一样添加到容器中。要将单选框分组，需要创建 java.swing. ButtonGroup 的一个实例，并用 add 方法把单选框添加到该实例中，程序如下：

```
ButtonGroup btg = new ButtonGroup( );
btg.add(jrb1);
btg.add(jrb2);
```

上述代码创建了一个单选框组，这样就不能同时选择 jrb1 和 jrb2。

ButtonGroup 类的常用方法如下：

- public ButtonGroup( )：构造单选框组。
- public void add(AbstractButton b)：将一个单选框添加到 ButtonGroup 组件中。
- public int getButtonCount( )：获取单选框的个数。
- public void remove(AbstractButton b)：移去单选框 b。

4. 单选按钮的事件

JRadioButton 可以产生 ActionEvent 和 ItemEvent 事件。ActionEvent 事件的监视器设置方法是 addActionListener(ActionListener)，监视器处理事件使用的接口是 ActionListener，接口中的方法是 actionPerformed(ActionEvent e)。

ItemEvent 事件的监视器设置方法是 addItemListener(ItemListener)，监视器处理事件使用的接口是 ItemListener，接口中的方法是 itemStateChanged(ItemEvent e)，通过实现该方法以判断是否选中了单选按钮，并对 ItemEvent 事件作出相应的响应。

```
public void itemStateChanged(ItemEvent e)
{
  if(e.getSource( ) instanceof JRadioButton)
    if(jrb1.isSelected( ))
    //Process the selection for jrb1
```

```
if(jrb2.isSelected( ))
    //Process the selection for jrb2
}
```

10.5.7 选择框

选择框是一些项目的简单列表，用户能够从中进行选择。AWT 的 Choice 类和 Swing 的 JComboBox 类用于创建复选框。JComboBox 和 Choice 很类似，不同的是 JComboBox 可以被设置成可编辑的，即用户可以在选择框的显示区里输入文本，然后按 Enter 键，该文本就会被加入到下拉列表中。

1. JComboBox 的两种构造方法

- public JComboBox( )：默认构造方法。
- public JComboBox(Object[ ] stringItems)：带有字符串列表的构造方法，其中 stringItems 是一个字符串数祖。

2. JComboBox 的常用属性

- selectedIndex：int 值，表示选择框中选定项的序号。
- selectedItem：Object 类型，表示选定项。

3. JComboBox 的常用方法

- public void addItem(Object item)：在选择框中添加一个选项，它可以是任何对象。
- public void addItemListener(ItemListener)：向选择框注册监视器。
- public Object getItemAt(int index)：得到选择框中指定序号的选项。
- public int getItemCount( )：得到选择框中选项的个数。
- public int getSelectedIndex( )：得到选择框中被选择选项的索引号。
- public Object getSelectedItem(int index)：得到选择框中被选择选项的对象表示（通常为字符串表示）。
- public void removeItem(Object anObject)：删除指定的项。
- public void removeAllItems( )：删除列表中的所有项。
- public void removeIndex(int index)：消除索引值。
- public void setEditable(boolean b)：设置选择框的可编辑属性。
- public void setEnable(boolean b)：设置选择框是否可用。

4. 选择框事件处理

JComboBox 可以引发 ActionEvent 和 ItemEvent 事件以及其他事件。选中一个新的选项时，JComboBox 会产生两次 ItemEvent 事件，一次是取消前一个选项，另一次是选择当前选项。产生 ItemEvent 事件后 JComboBox 产生一个 ActionEvent 事件。要响应 ItemEvent 事件，需要使用处理方法 itemStateChanged(ItemEvent e)来处理选择。例如，从处理器 itemStateChanged (ItemEvent e)中获取数据：

```
public void itemStateChanged(ItemEvent e)
{
  // Make sure the source is a combo box
  if (e.getSource( ) instanceof JComboBox)
    String s = (String)e.getItem( );
}
```

10.5.8　列表

列表用于在多个列表项中选择，列表项从 0 开始编号。AWT 的 List 类和 Swing 的 JList 类用于列表。

1. List 类的构造方法

- public List( )：建立一个滚动列表，使用默认可见行。
- public List(int rows)：建立一个滚动列表，可见行为 rows。
- public List(int rows, boolean b)：建立一个滚动列表，可见行为 rows，b 设置是否允许多项选择。

2. List 类的常见方法

- public void add(String s)：向滚动列表的尾部增加一个选项 s。
- public void add(String s,int n)：在滚动列表的指定位置 n 增加一个选项 s。
- public int getSelectedIndex( )：返回当前选项的索引。
- public String getSelectedItem( )：返回当前选项的字符串代表。
- public void remove(int n)：删除滚动列表的指定位置 n 的选项。
- public void removeAll( )：删除滚动列表中的所有选项。
- public void addActionListener(ActionListener obj)：将 obj 对象指定为滚动列表的监听器。
- public void removeActionListener(ActionListener obj)：将 obj 对象从监听器中去掉。

3. JList 类的构造方法

- JList ( )：创建一个空的 JList 对象。
- JList (Vector vect)：使用向量表创建一个 JList 对象。
- JList (Object items)：使用数组创建 JList 对象。

4. JList 类的方法

- public void addListSelectionListener(ListSelectionListener e)：将事件监听器注册给 JList 对象。
- public int getSelectedIndex(int i)：获得从 JList 对象中选取的单个选项。
- public int getSelectedIndices(int[ ] I)：获得从 JList 对象中选取的多个选项。
- public void setVisibleRowCount(int num)：设置可见的列表选项。
- public int getVisibleRowCount( )：获得可见的列表选项值。
- public void setVisibleRowCount(int num)：设置列表可见行数。
- public void setFixedCellWidth(int width)：设置列表框的固定宽度（像素）。
- public void setFixedCellHeight(int height)：设置列表框的固定高度。
- public Boolean isSelectedIndex(int index)：设置 public 序数为 index 的项是否被选中。

注意：

- List 在默认方式下不支持多选，而 JList 支持多选。
- JList 必须放在 JScrollPane 中，否则不支持滚动。

```
Container cp=jFrame.getContentPane();
jlist.setListData(items);
```

```
jlist.setVisibleRowCount(5);
jlist.setAutoscrolls(true);
JScrollPane jScrollPane = new JScrollPane();
JPanel jPanel=new JPanel();
jScrollPane.setBounds(200, 30, 65, 110);
jPanel.setLayout(new FlowLayout());
jPanel.add(jlist);
jScrollPane.add(jPanel);
jScrollPane.setViewportView(jPanel);
cp.add(jScrollPane);
```

5. JList 的事件处理

JList 产生 ListSelectionEvent 事件通知监听器。设置监视器的方法为 addListSelection-Listener(ListSelectionListener e)，接口为 ListSelectionListener，接口中方法为 valueChanged (ListSelectionEvent e)。

```
public void valueChanged(ListSelectionEvent e){
String selectedItem = (String)jlist.getSelectedValue( );
}
```

10.6　综 合 上 机 实 验

10.6.1　常用控件的综合应用

设计一个图形界面，完成个人信息录入，生成个人简介。根据信息的特点，分别采用文本框、单选框、复选框、列表框、选择框来实现信息的输入，综合录入信息并在文本域中显示个人简介。

【实验 10-12】

```
//程序名称：JBEa601.java
//功能：演示各种常用控件的使用
import javax.swing.*;
import java.awt.*;
import java.awt.event.*;
import javax.swing.tree.*;
import javax.swing.event.*;
import javax.swing.border.*;
import javax.swing.table.*;
import javax.swing.JFileChooser;
import java.io.File;
import javax.swing.filechooser.FileFilter;
import java.io.*;
class myFrame extends JFrame implements ActionListener, ItemListener, ListSelectionListener{
JTextField jTextField1,jTextField2,jTextField3;
JTextField jTextField4,jTextField5,jTextField6;
ButtonGroup buttonGroup;
JRadioButton jRadioButton1,jRadioButton2;
```

```
JComboBox jComboBox1,jComboBox2;
JCheckBox jCheckBox1,jCheckBox2,jCheckBox3;
JButton jButton,jButton1,jButton2,jButton3;
JList jList;
JPanel jPanel;
JScrollPane jScrollPane;
JTextArea jTextArea;
JFileChooser jFileChooser;
String sex,birthplace,hobby,career,songname,workfile;
String[] songs = {"水中花","吻别","倩女幽魂","花瓣雨"};
public myFrame() {
      int h=20;
      JFrame.setDefaultLookAndFeelDecorated(true);
      //创建一个窗体
      JFrame jFrame = new JFrame("示例普通Swing控件");
      //设置窗体的位置和大小
      jFrame.setLocation(50, 50);
      jFrame.setSize(700, 600);
      //设置布局为null布局
      jFrame.setLayout(null);
      //设置窗体的关闭行为
      jFrame.setDefaultCloseOperation(JFrame.EXIT_ON_CLOSE);
      //获得窗体的内容面板ContentPane
      Container cp = jFrame.getContentPane();
      //创建一个文本标签并指定自身在容器中的相对位置和大小
      JLabel jLabel1= new JLabel("姓名:");
      jLabel1.setBounds(20, 20, 30, h);
      jTextField1 = new JTextField("吴用");
      jTextField1.setBounds(60, 20, 100, h);
      JLabel jLabel2 = new JLabel("籍贯:");
      jLabel2.setBounds(190, 20, 50, 20);
      String[] homeplaces = {"湖北","北京","四川","重庆"};
      jComboBox1 = new JComboBox(homeplaces);
      jComboBox1.setBounds(240, 20, 100, h);

      JLabel jLabel3 = new JLabel("出生年月:");
      jLabel3.setBounds(380, 20, 80, h);
      jTextField2 = new JTextField("20121212");
      jTextField2.setBounds(460, 20, 100, h);

      JLabel jLabel4 = new JLabel("性别:");
      jLabel4.setBounds(20, 50, 30, h);
      buttonGroup = new ButtonGroup();
      jRadioButton1 = new JRadioButton("男",true);
      jRadioButton1.setBounds(60, 50, 40, h);
      jRadioButton2 = new JRadioButton("女",false);
      jRadioButton2.setBounds(100, 50,40, h);
```

```
buttonGroup.add(jRadioButton1);
buttonGroup.add(jRadioButton2);

JLabel jLabel5 = new JLabel("职业:");
jLabel5.setBounds(190, 50, 50, h);
String[] works ={"教师","工人","公务员","其他"};
jComboBox2 = new JComboBox(works);
jComboBox2.setBounds(240, 50, 100, h);

JLabel jLabel6 = new JLabel("毕业院校:");
jLabel6.setBounds(380, 50, 60, h);
jTextField3 = new JTextField("中华大学");
jTextField3.setBounds(460, 50, 120, h);

JLabel jLabel7 = new JLabel("手机:");
jLabel7.setBounds(20, 80, 30, h);
jTextField4 = new JTextField("13900000000");
jTextField4.setBounds(60, 80, 100, h);

JLabel jLabel8 = new JLabel("地址:");
jLabel8.setBounds(190, 80, 30, h);
jTextField5 = new JTextField("北京大兴兴华北路25号");
jTextField5.setBounds(240, 80, 240, h);

JLabel jLabel9 = new JLabel("爱好:");
jLabel9.setBounds(20, 110, 30, h);
jCheckBox1 = new JCheckBox("篮球");
jCheckBox1.setBounds(60, 110, 60, h);
jCheckBox2 = new JCheckBox("足球",true);
jCheckBox2.setBounds(120, 110, 60, h);
jCheckBox3 = new JCheckBox("排球");
jCheckBox3.setBounds(180, 110, 60, h);

JLabel jLabel10 = new JLabel("格言:");
jLabel10.setBounds(380, 110, 30, h);
jTextField6 = new JTextField("上善若水");
jTextField6.setBounds(420, 110, 120, h);

jFileChooser = new JFileChooser("H:");
jFileChooser.setMultiSelectionEnabled(true);
jFileChooser.setDialogType(JFileChooser.OPEN_DIALOG);
jFileChooser.setFileFilter(new MyFilter("MP3"));
jFileChooser.setFileHidingEnabled(true);
jFileChooser.setBounds(10, 180, 360, 280);

JLabel jLabel11 = new JLabel("歌曲列表:");
jLabel11.setBounds(380, 180, 60, h);
```

```
jList = new JList(songs);
jPanel=new JPanel();
jScrollPane=new JScrollPane();
jList.setVisibleRowCount(5);
jList.setAutoscrolls(true);
jScrollPane.setBounds(380, 210, 120, 5*h);

jButton1 = new JButton("播放");
jButton1.setBounds(520, 200, 60, h);
jButton2 = new JButton("暂停");
jButton2.setBounds(520, 230, 60, h);
jButton3 = new JButton("停止");
jButton3.setBounds(520, 260, 60, h);

ImageIcon icon = new ImageIcon(Java11.class.getResource("matthew.gif"));
JLabel jLabel12 = new JLabel(icon);
jLabel12.setBounds(10, 450, icon.getIconWidth(), icon.getIconHeight());
jLabel12.setToolTipText("好美的画");
jButton = new JButton("生成个人简介");
jButton.setBounds(380, 360, 180, h);
jTextArea = new JTextArea(5,10);
jTextArea.setBorder(BorderFactory.createMatteBorder (2,2,2,2, Color.blue));
jTextArea.setLineWrap (true);//设置为禁止自动换行，初始值为false
jTextArea.setWrapStyleWord (true);
jTextArea.setBackground (Color.white);//文本区背景
jTextArea.setForeground (Color.blue);//字体颜色
jTextArea.setFont (new Font ("SansSerif", Font.PLAIN, 12));
jTextArea.setText("上善若水");
    jTextArea.setBounds(380, 390, 280, 7*h);

 //将上面产生的控件放置在容器中
cp.add(jLabel1);cp.add(jTextField1);
cp.add(jLabel2);cp.add(jComboBox1);
cp.add(jLabel3);cp.add(jTextField2);
cp.add(jLabel4);cp.add(jRadioButton1);  cp.add(jRadioButton2);
cp.add(jLabel5);cp.add(jComboBox2);
cp.add(jLabel6);cp.add(jTextField3);
cp.add(jLabel7);cp.add(jTextField4);
cp.add(jLabel8);cp.add(jTextField5);
cp.add(jLabel9);cp.add(jCheckBox1);
cp.add(jCheckBox2);cp.add(jCheckBox3);
cp.add(jLabel10);cp.add(jTextField6);
cp.add(jFileChooser);cp.add(jLabel11);
jPanel.add(jList);jScrollPane.add(jPanel);
jScrollPane.setViewportView(jPanel);cp.add(jScrollPane);
cp.add(jButton1);cp.add(jButton2);cp.add(jButton3);
cp.add(jLabel12);cp.add(jButton);cp.add(jTextArea);
```

```
        jButton1.addActionListener(this);
        jButton2.addActionListener(this);
        jButton3.addActionListener(this);
        jButton.addActionListener(this);
        jComboBox1.addActionListener(this);
        jComboBox2.addActionListener(this);
        jFileChooser.addActionListener(this);
        jCheckBox1.addItemListener(this);
        jCheckBox2.addItemListener(this);
        jCheckBox3.addItemListener(this);
        jRadioButton1.addItemListener(this);
        jRadioButton2.addItemListener(this);
        jList.addListSelectionListener(this);

        //设置窗体可见
        jFrame.setVisible(true);
        jFrame.addWindowListener(new WindowAdapter(){
              public void windowClosing( WindowEvent e )
              {System.exit(0);}
        });
    }
    public void actionPerformed(ActionEvent e){
        String str="";
        if (e.getSource()==jButton){
              str=jTextField1.getText()+", "+sex+", "+birthplace+", ";
              str=str+jTextField2.getText()+"出生, ";
              str=str+"职业为"+career+", "+"毕业于"+jTextField3.getText()+", ";
              str=str+"爱好为"+hobby+", "+"喜欢歌曲为"+songname+", ";
              str=str+"目前正在忙于处理文件"+workfile+"。\n";
              str=str+"手机: "+jTextField4.getText()+"。\n";
              str=str+"地址: "+jTextField5.getText()+"。\n";
              str=str+"人生格言: "+jTextField6.getText()+"。";
              jTextArea.setText(str);
        }
        if (e.getSource()==jButton1){
              JOptionPane.showMessageDialog(null,"正在播放.."+songname);
        }
        if (e.getSource()==jButton2){
              JOptionPane.showMessageDialog(null,"暂停播放.."+songname);
        }
        if (e.getSource()==jButton3){
              JOptionPane.showMessageDialog(null,"停止播放.."+songname);
        }

        if (e.getSource()==jComboBox1){
              birthplace=(String)jComboBox1.getSelectedItem();
        }
```

```
    if (e.getSource()==jComboBox2){
            career=(String)jComboBox2.getSelectedItem();
    }
    if (e.getActionCommand().equals(JFileChooser.APPROVE_SELECTION))
    {
            approveSelection();
    }
}
public void valueChanged(ListSelectionEvent e){
        if (e.getSource()==jList){
                songname=(String)jList.getSelectedValue();
    }
}
public void itemStateChanged(ItemEvent e){
    hobby="";
    if(jCheckBox1.isSelected()) hobby=hobby+"篮球";
    if(jCheckBox2.isSelected()) hobby=hobby+"足球";
    if(jCheckBox3.isSelected()) hobby=hobby+"排球";
    if(jRadioButton1.isSelected()) sex="男";
    if(jRadioButton2.isSelected()) sex="女";
}
public void approveSelection(){
    File f[]=jFileChooser.getSelectedFiles();
    String songlist[]=new String[f.length];
    for(int i=0;i<f.length;i++){
        songlist[i]=f[i].getName();
    }
    jList.setListData(songlist);
}
}
public class JBEa601{
public static void main(String[] args) {
    myFrame obj=new myFrame();
}
}
class MyFilter extends FileFilter
{
private String ext;
public MyFilter(String extString)
{
    this.ext = extString;
}
public boolean accept(File f) {
    if (f.isDirectory()) {
        return true;
    }
    String extension = getExtension(f);
```

```
        if (extension.toLowerCase().equals(this.ext.toLowerCase()))
        {
            return true;
        }
        return false;
    }
    public String getDescription() {
        return this.ext.toUpperCase();
    }
    private String getExtension(File f) {
        String name = f.getName();
        int index = name.lastIndexOf('.');
        if (index == -1)
        {
              return "";
        }
        else
        {
            return name.substring(index+1).toLowerCase();
        }
    }
    }
```

编译后的程序运行结果如图 10-20 所示。

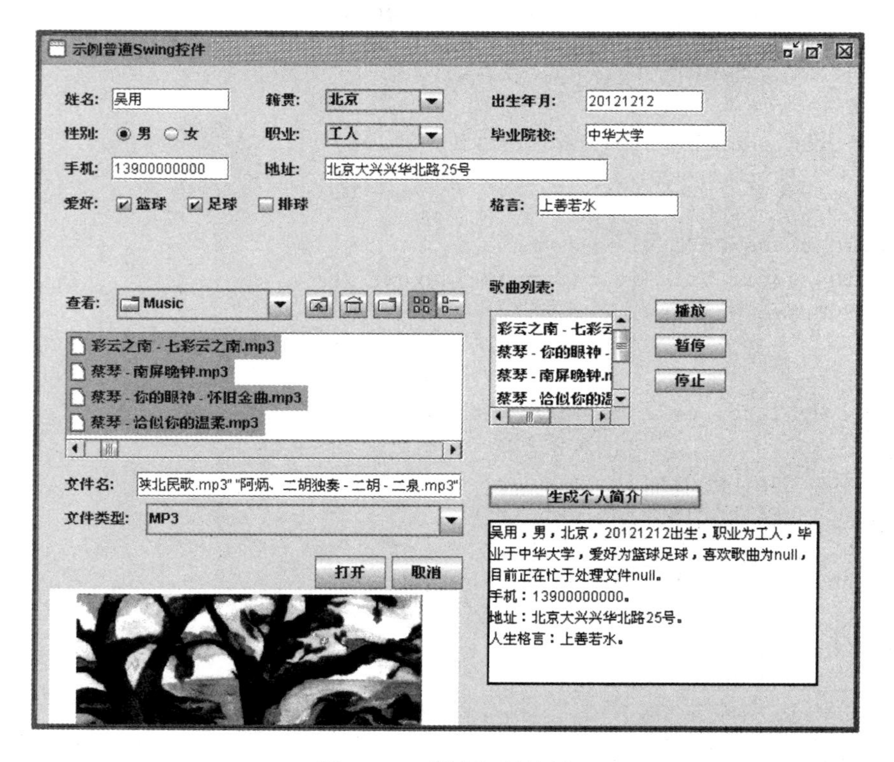

图 10-20　程序运行结果

说明：

- 文本框 jTextField1~ jTextField6 分别用于录入姓名、出生年月、毕业院校、手机、地址和格言。
- 选择框 jComBox1 和 jComBox2 分别用于录入籍贯和职业。
- 单选框 jRadioButton1 和 jRadioButton2 用于录入性别。
- 复选框 jCheckBox1、jCheckBox2、jCheckBox3 用于录入爱好。
- 文件选择控件 jFileChooser 用于选择文件，并显示在列表框 jList 中，然后从列表框 jList 选择要操作的文件。
- 文本域 jTextArea 用于显示个人简介信息。

10.6.2 控件与数据库的综合应用

这里编写一个用户信息管理系统的信息管理模块，首先设计一个图形用户界面，包含实现用户信息输入输出的必要性控件，以及如“插入”“删除”等按钮，通过这些按钮实现信息在数据库和窗口之间的流动。

【实验 10-13】

```
//程序名称：JBEa602.java
//功能：各种常用控件与数据库操作的综合应用
package telbook;
import javax.swing.*;
import java.awt.*;
import java.awt.event.*;
import javax.swing.event.*;
import javax.swing.border.*;
import java.io.*;
import java.sql.*;

class infoClass extends JFrame implements ActionListener,ItemListener{
JTextField jTcode=new JTextField();
JTextField jTname=new JTextField();
JTextField jTbirthday=new JTextField();
JTextField jTage=new JTextField();
JTextField jTmobile=new JTextField();
JTextField jTunit=new JTextField();
JTextField jTbranch=new JTextField();
JTextField jTaddress=new JTextField();

ButtonGroup buttonGroup;
JRadioButton jRadioButton1;
JRadioButton jRadioButton2;
JComboBox jCbirthplace,jCkeyfield;
```

```
JButton jBinsert=new JButton();
JButton jBdelete=new JButton();
JButton jBupdate=new JButton();
JButton jBquery=new JButton();
JButton jBsave=new JButton();
JButton jBcancel=new JButton();
JButton jBexit=new JButton();
JButton jBsearch=new JButton();


JButton jBfirst=new JButton();
JButton jBnext=new JButton();
JButton jBprevious=new JButton();
JButton jBlast=new JButton();

String name0=new String();
String sex0=new String();
String age0=new String();
String birthday0=new String();
String birthplace0=new String();
String mobile0=new String();
String code0=new String();
String unit0=new String();
String branch0=new String();
String address0=new String();

wuDB db=new wuDB( );
String tableName=null;
String dbName=null;
String sqlstr=null;
String exeType=new String();
boolean exists=false;
JFrame jFrame = new JFrame("信息管理");
public infoClass() {
    int h=20;
    tableName="telbook";
    dbName="wuAccessDatabase";
    db.openDB(dbName);
    //db.showDBStructure(tableName);
    //db.showFldName(tableName);
    //db.showDB(tableName,"*",null);
```

```
JFrame.setDefaultLookAndFeelDecorated(true);
//创建一个窗体
//JFrame jFrame = new JFrame("信息管理");
//设置窗体的位置和大小
jFrame.setLocation(50, 50);
jFrame.setSize(700,500);
//设置布局为null布局
jFrame.setLayout(null);
//设置窗体的关闭行为
jFrame.setDefaultCloseOperation(JFrame.EXIT_ON_CLOSE);
//获得窗体的内容面板ContentPane
Container cp = jFrame.getContentPane();
//创建一个文本标签并指定自身在容器中的相对位置和大小

JLabel jLabel1= new JLabel("姓名:");
jLabel1.setBounds(20, 20, 30, h);
jTname.setText("吴用");
jTname.setBounds(60, 20, 100, h);
JLabel jLabel2 = new JLabel("籍贯:");
jLabel2.setBounds(190, 20, 50, 20);
String[] homeplaces = {"湖北","北京","四川","重庆"};
jCbirthplace = new JComboBox(homeplaces);
jCbirthplace.setBounds(240, 20, 100, h);
JLabel jLabel3 = new JLabel("出生年月:");
jLabel3.setBounds(380, 20, 80, h);
jTbirthday.setText("20121212");
jTbirthday.setBounds(460, 20, 100, h);

JLabel jLabel4 = new JLabel("性别:");
jLabel4.setBounds(20, 50, 30, h);
buttonGroup = new ButtonGroup();
jRadioButton1 = new JRadioButton("男",true);
jRadioButton1.setBounds(60, 50, 40, h);
jRadioButton2 = new JRadioButton("女",false);
jRadioButton2.setBounds(100, 50,40, h);
buttonGroup.add(jRadioButton1);
buttonGroup.add(jRadioButton2);

JLabel jLabel5 = new JLabel("年龄: ");
jLabel5.setBounds(190, 50, 50, h);
jTage.setText("1");
jTage.setBounds(240, 50, 100, h);
```

```
JLabel jLabel6 = new JLabel("手机:");
jLabel6.setBounds(380, 50, 80, h);
jTmobile.setText("13900000000");
jTmobile.setBounds(460, 50, 100, h);

JLabel jLabel7 = new JLabel("职工编号:");
jLabel7.setBounds(380, 80, 80, h);
jTcode.setText("201301010001");
jTcode.setBounds(460, 80, 100, h);

JLabel jLabel8 = new JLabel("单位名称:");
jLabel8.setBounds(20, 80, 80, h);
jTunit.setText("北京小学");
jTunit.setBounds(100, 80, 240, h);

JLabel jLabel9 = new JLabel("部门名称:");
jLabel9.setBounds(20, 110, 80, h);
jTbranch.setText("数学组");
jTbranch.setBounds(100, 110, 240, h);

JLabel jLabel10 = new JLabel("地址:");
jLabel10.setBounds(20, 140, 80, h);
jTaddress.setText("北京大兴兴华北路25号");
jTaddress.setBounds(100, 140, 240, h);

jBinsert.setText("插入");
jBinsert.setBounds(620, 20, 60, 30);
jBdelete.setText("删除");
jBdelete.setBounds(620, 60, 60, 30);
jBupdate.setText("修改");
jBupdate.setBounds(620, 100, 60,30);
jBquery.setText("查询");
jBquery.setBounds(620, 140, 60, 30);
jBsave.setText("保存");
jBsave.setBounds(620, 180, 60, 30);
jBcancel.setText("放弃");
jBcancel.setBounds(620, 220, 60, 30);
jBexit.setText("退出");
jBexit.setBounds(620, 260, 60, 30);

jBfirst.setText("首记录");
```

```
jBfirst.setBounds(50, 200, 80, 30);
jBnext.setText("下一个");
jBnext.setBounds(140, 200, 80, 30);
jBprevious.setText("上一个");
jBprevious.setBounds(230, 200, 80, 30);
jBlast.setText("尾记录");
jBlast.setBounds(320, 200, 80, 30);

JLabel jLabel11 = new JLabel("选择字段:");
jLabel11.setBounds(50, 260, 60, 30);
String[] keysets = {"ALL","姓名","单位名称","部门名称"};
jCkeyfield = new JComboBox(keysets);
jCkeyfield.setBounds(110, 260, 100, 30);
jBsearch.setText("搜寻");
jBsearch.setBounds(220, 260, 60, 30);

 //将上面产生的控件放置在容器中
cp.add(jLabel1);     cp.add(jTname);
cp.add(jLabel2);     cp.add(jCbirthplace);
cp.add(jLabel3);     cp.add(jTbirthday);
cp.add(jLabel4);     cp.add(jRadioButton1);  cp.add(jRadioButton2);
cp.add(jLabel5);     cp.add(jTage);
cp.add(jLabel6);     cp.add(jTmobile);
cp.add(jLabel7);     cp.add(jTcode);
cp.add(jLabel8);     cp.add(jTunit);
cp.add(jLabel9);     cp.add(jTbranch);
cp.add(jLabel10);    cp.add(jTaddress);

cp.add(jBinsert);   cp.add(jBdelete);  cp.add(jBupdate);
cp.add(jBquery);    cp.add(jBsave);    cp.add(jBcancel);
cp.add(jBexit);     cp.add(jBfirst);   cp.add(jBnext);
cp.add(jBprevious); cp.add(jBlast);    cp.add(jBsearch);

cp.add(jLabel11);   cp.add(jCkeyfield);


jBinsert.addActionListener(this);
jBdelete.addActionListener(this);
jBupdate.addActionListener(this);
jBquery.addActionListener(this);
jBsave.addActionListener(this);
jBcancel.addActionListener(this);
```

```
        jBexit.addActionListener(this);
        jBfirst.addActionListener(this);
        jBnext.addActionListener(this);
        jBprevious.addActionListener(this);
        jBlast.addActionListener(this);
        jBsearch.addActionListener(this);

        jCbirthplace.addActionListener(this);
        jCkeyfield.addActionListener(this);
        jRadioButton1.addItemListener(this);
        jRadioButton2.addItemListener(this);

        //设置窗体可见
        jFrame.setVisible(true);
        jFrame.addWindowListener(new WindowAdapter(){
              public void windowClosing( WindowEvent e )
              {System.exit(0);}
        });
    }
    public void actionPerformed(ActionEvent e){
        String str="";
        if (e.getSource()==jBinsert){
            JOptionPane.showMessageDialog(null,"insert··start");
            insertRecord();
        }
        if (e.getSource()==jBdelete){
            JOptionPane.showMessageDialog(null,"delete··");
            deleteRecord();
        }

        if (e.getSource()==jBupdate){
            JOptionPane.showMessageDialog(null,"update··");
            updateRecord();
        }
        if (e.getSource()==jBquery){
            JOptionPane.showMessageDialog(null,"query··");
            queryRecord();
        }
        if (e.getSource()==jBsave){
            JOptionPane.showMessageDialog(null,"保存··");
            saveRecord();
        }
```

```
        if (e.getSource()==jBcancel){
            JOptionPane.showMessageDialog(null,"放弃··");
            cancelRecord();
        }
        if (e.getSource()==jBsearch){
            JOptionPane.showMessageDialog(null,"搜索··");
            searchRecord();
        }
        if (e.getSource()==jBfirst){
            JOptionPane.showMessageDialog(null,"首记录··");
            locateRecord1("first");
        }
        if (e.getSource()==jBlast){
            JOptionPane.showMessageDialog(null,"尾记录··");
            locateRecord1("last");
        }
        if (e.getSource()==jBnext){
            JOptionPane.showMessageDialog(null,"下一个··");
            locateRecord1("next");
        }
        if (e.getSource()==jBprevious){
            JOptionPane.showMessageDialog(null,"上一个··");
            locateRecord1("previous");
        }
        if (e.getSource()==jBexit){
            System.exit(0);
        }
        if (e.getSource()==jCbirthplace){
            birthplace0=(String)jCbirthplace.getSelectedItem();
        }
    }
    public void itemStateChanged(ItemEvent e){
        if(jRadioButton1.isSelected()) sex0="男";
        if(jRadioButton2.isSelected()) sex0="女";
    }

    void insertRecord(){
        exeType="insert";
        setButton1(true,false,false,false);
        setButton2(true,true,true);
        setButton3(false,false,false,false);
        setButton4(false);
```

```
        //JOptionPane.showMessageDialog(null,"insert··end");
        //setButton1(true,true,true,true);
    }
    void deleteRecord(){
        exeType="delete";
        setButton1(false,true,false,false);
        setButton2(true,true,true);
        setButton3(false,false,false,false);
        setButton4(true);
    }
    void updateRecord(){
        exeType="update";
        setButton1(false,false,true,false);
        setButton2(true,true,true);
        setButton3(false,false,false,false);
        setButton4(true);
    }
    void queryRecord(){
        exeType="query";
        setButton1(false,false,false,true);
        setButton2(false,true,true);
        setButton3(false,false,false,false);
        setButton4(true);
    }

    void searchRecord(){
        String keyName=null;
        String str1="";
        boolean ret;
        keyName=(String)jCkeyfield.getSelectedItem();
        if (keyName=="ALL")
        {
            str1=null;
        }
        if (keyName=="姓名")
        {
            str1=" name"+" LIKE "+"'"+jTname.getText()+"%'";
            //JOptionPane.showMessageDialog(null,"条件="+str1);
        }
        if (keyName=="单位名称")
        {
            str1="unit"+" LIKE "+"'"+jTunit.getText()+"%'";
```

```
        }
        if (keyName=="部门名称")
        {
            str1="branch"+" LIKE "+"'"+jTbranch.getText()+"%'";
        }
        exists=db.queryDB(tableName,"*",str1);
        if (exists)
        {
            setButton3(true,true,true,true);
        }
    }
    void locateRecord1(String locateType){
        if (exists)
        {
            db.locateRecord(locateType);
            setTextValue();
        }
    }

    void saveRecord(){
        if (exeType=="insert")
        {
            sqlstr=getTextValue();
            JOptionPane.showMessageDialog(null,"sqlstr="+sqlstr);
            db.insertRecord(tableName,sqlstr);
        }
        setButton1(true,true,true,true);
        setButton2(true,true,true);

    }
    void cancelRecord(){
        setButton1(true,true,true,true);
        setButton2(true,true,true);
        setTextNull();
    }

    String getTextValue(){
        String s="";
        code0=jTcode.getText();
        name0=jTname.getText();
        if(jRadioButton1.isSelected()) sex0="男";
        if(jRadioButton2.isSelected()) sex0="女";
```

```
        //sex0=jTsex.getText();
        age0=jTage.getText();
        birthday0=jTbirthday.getText();
        birthplace0=(String)jCbirthplace.getSelectedItem();
        unit0=jTunit.getText();
        branch0=jTbranch.getText();
        mobile0=jTmobile.getText();
        address0=jTaddress.getText();
        s="'"+code0+"','"+name0+"','"+sex0+"',"+age0+",'"+birthday0+"','"+birthplace0;
        s=s +"','"+unit0+"','"+branch0+"','"+mobile0+"','"+address0+"'";
        return s;
    }

    void setTextValue(){
        try{
            jTcode.setText(db.RS.getString("code"));
            jTname.setText(db.RS.getString("name"));
            //设置性别
            if (db.RS.getString("sex")=="男")
            {
                jRadioButton1.setSelected(true);
                jRadioButton2.setSelected(false);
            }
            if (db.RS.getString("sex")=="女")
            {
                jRadioButton1.setSelected(false);
                jRadioButton2.setSelected(true);
            }
            jTage.setText(String.valueOf(db.RS.getInt("age")));
            jTbirthday.setText(db.RS.getString("birthday"));
            //jTbirthplace.setText(db.RS.getString("birthplace"));
            jCbirthplace.setSelectedItem(db.RS.getString("birthplace"));
            // setSelectedIndex(int anIndex)
            jTunit.setText(db.RS.getString("unit"));
            jTbranch.setText(db.RS.getString("branch"));
            jTmobile.setText(db.RS.getString("mobile"));
            jTaddress.setText(db.RS.getString("address"));
        }
        catch (SQLException e) {
            System.err.println("setTextValue err=" + e.getMessage( ));
        }
    }
```

```
 //设置文本框是否可编辑
void setAbled(boolean logic){
    jTcode.setEnabled(logic);
    jTname.setEnabled(logic);
    jTage.setEnabled(logic);
    jTbirthday.setEnabled(logic);
    jTmobile.setEnabled(logic);
    jTunit.setEnabled(logic);
    jTbranch.setEnabled(logic);
    jTaddress.setEnabled(logic);
    jCbirthplace.setEnabled(logic);
}
  //设置按钮的状态
void setButton1(boolean add,boolean del,boolean upd,boolean que){
    jBinsert.setEnabled(add);
    jBdelete.setEnabled(del);
    jBupdate.setEnabled(upd);
    jBquery.setEnabled(que);
}
void setButton2(boolean save,boolean can,boolean ext){
    jBsave.setEnabled(save);
    jBcancel.setEnabled(can);
    jBexit.setEnabled(ext);
}
void setButton3(boolean first ,boolean next,boolean previous,boolean last){
    jBfirst.setEnabled(first);
    jBnext.setEnabled(next);
    jBprevious.setEnabled(previous);
    jBlast.setEnabled(last);
}
void setButton4(boolean search){
    jBsearch.setEnabled(search);
}

  //将文本框清空
void setTextNull(){
    jTcode.setText("201301010000");
    jTname.setText(null);
    jTage.setText(null);
    jTbirthday.setText("20130101");
    jTmobile.setText("13500000000");
    jTunit.setText(null);
```

```
        jTbranch.setText(null);
        jTaddress.setText(null);
    }

    //设置操作类型，以使数据库根据不同的类型进行不同的操作
    void setExeType(String type){
        exeType=type;
    }
    }

    public class JBEa602{
    public static void main(String[] args) {
        infoClass obj=new infoClass();
    }
    }
```

编译后的程序运行界面如图 10-21 所示。

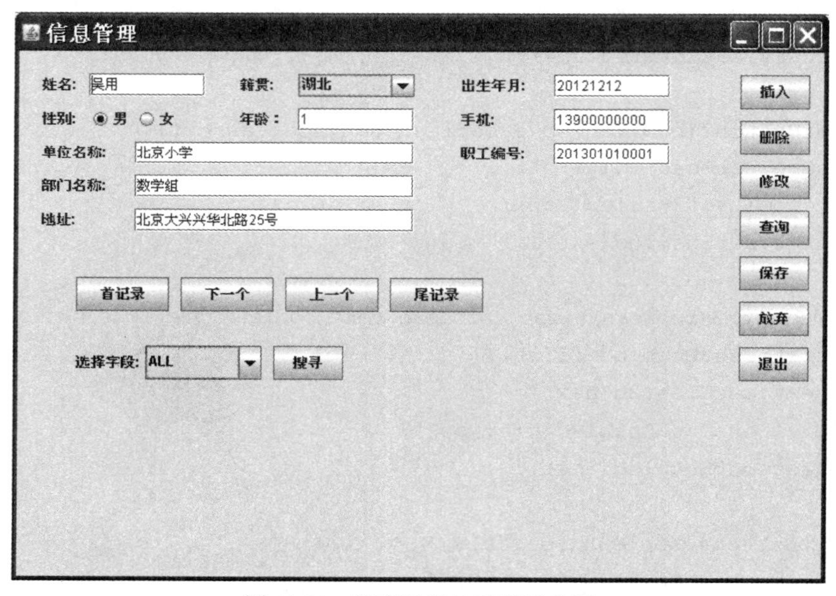

图 10-21　程序运行的界面示意图

说明：类 wuDB 的定义见第 8 章的程序 JBE8201.java。读者可以从 JBE8201.java 中将 wuDB 的定义部分拷贝到本程序，也可以通过包引入的方式来引入它。

10.7　本 章 小 结

本章主要介绍了 Java 的 AWT 和 Swing 基础（概述、Java 的 AWT 组件和 Swing 组件、利用 AWT 组件和 Swing 组件进行程序设计的基本步骤）、常用容器（框架、面板、滚动窗口、菜单设计、对话框等）、布局管理器（FlowLayout 布局、BorderLayout 布局、GridLayout 布局、

CardLayout 布局、null 布局）、事件处理（委托事件模型、键盘事件、鼠标事件）和常用组件（按钮、标签、文本行、文本域、复选框、单选框、选择框、列表）等内容，希望读者能认真掌握。

10.8　思 考 和 练 习 题

1. 编写一个计算器的程序，要求在文本框 Text1 和 Text2 中分别输入左操作数和右操作数，单击运算符按钮（+、 - 、*、/）时在另一个文本框中显示运算结果，如图 10-22 所示。注意在执行除运算时，若除数为 0，则要求出现错误提示信息。

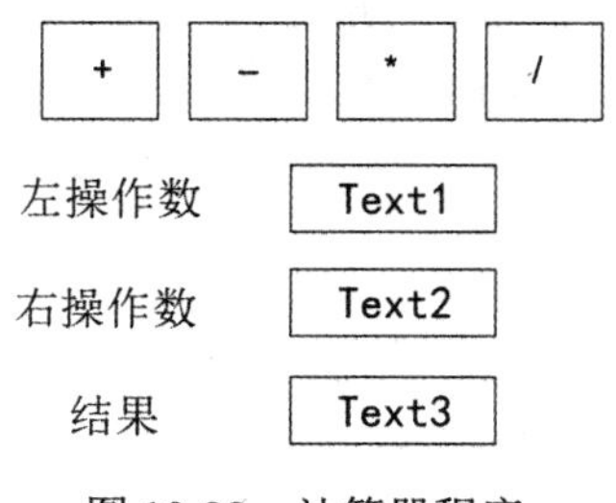

图 10-22　计算器程序

2. 编写一个菜单窗口，菜单详细信息见表 10-12。

表 10-12　菜 单 信 息 表

菜 单 项	文　件	编　辑	工　具	帮　助
菜单子项	新建	撤销	设置	关于
	打开	复制	统计字符	
	保存	粘贴		
	关闭	查找		
		替换		

3. 编写一个个人信息录入界面，录入界面形式如图 10-23 所示。

图 10-23　个人信息录入界面

参 考 文 献

[1] 吴仁群. Java 基础教程. [M]. 2 版. 北京：清华大学出版社，2012.

[2] 艾伦・唐尼，克里斯・梅菲尔德. Java 编程思维[M]. 袁国忠，译.北京：人民邮电出版社，2017.

[3] 孙涛. Java 语言程序设计实践教程[M]. 北京：清华大学出版社，2012.

[4] 关丽荣，等. Java 经典实例[M]. 北京：中国电力出版社，2009.

[5] 辛运帏，等. Java 程序设计（第二版）题解与上机指导（修订版）[M]. 北京：清华大学出版社，2010.

[6] 宾春清，等. Java 基础与实例精解[M]. 北京：北京航空航天大学出版社，2009.

[7] 敬铮. 数据库开发与专业应用[M]. 北京：国防工业出版社，2002.